Oracle
数据库管理 与应用

主编 宋芳

北京希望电子出版社
Beijing Hope Electronic Press
www.bhp.com.cn

内容简介

本书面向数据库管理人员和数据库开发人员，从实用角度出发，系统地介绍了数据库的相关概念和原理、Oracle 数据库管理及 Oracle 数据库应用开发基础。对于 Oracle 数据库初学者，本书是一本很好的入门教程，对 Oracle 的管理员和应用程序开发员，也有很好的学习和参考价值。

本书可作为数据库管理与应用课程的教材，也可作为 Oracle 数据库管理和开发人员的参考用书。

图书在版编目（CIP）数据

Oracle 数据库管理与应用 / 宋芳主编. — 北京：北京希望电子出版社, 2023.9

ISBN 978-7-83002-854-1

Ⅰ. ①O… Ⅱ. ①宋… Ⅲ. ①关系数据库系统 Ⅳ. ①TP311.132.3

中国国家版本馆 CIP 数据核字(2023)第 156359 号

出版：北京希望电子出版社	封面：黄燕美
地址：北京市海淀区中关村大街 22 号	编辑：付寒冰
中科大厦 A 座 10 层	校对：石文涛
邮编：100190	开本：787mm×1092mm　1/16
网址：www.bhp.com.cn	印张：16
电话：010-82620818（总机）转发行部	字数：379 千字
010-82626237（邮购）	印刷：北京虎彩文化传播有限公司
传真：010-62543892	版次：2023 年 9 月 1 版 1 次印刷
经销：各地新华书店	

定价：53.00 元

前言 PREFACE

党的二十大报告指出，教育、科技、人才是全面建设社会主义现代化国家的基础性、战略性支撑，要坚持教育优先发展、科技自立自强、人才引领驱动，加快建设教育强国、科技强国、人才强国，坚持为党育人、为国育才，全面提高人才自主培养质量。

计算机科学技术的飞速发展大大推动了社会的进步，也逐渐改变了人们的生活、工作和学习方式。其中数据库技术是计算机科学技术中发展最迅速的领域之一，也是应用最广泛的技术之一。因此，数据库系统已成为计算机信息系统与应用系统的核心技术和重要基础。Oracle数据库是数据库领域优秀的数据库管理系统之一，随着版本的不断升级，功能越来越强大。最新的版本软件可以更好地为各类用户提供完整的数据库解决方案，帮助用户建立自己的电子商务体系，从而增强了用户对外界变化的敏捷反应能力，提高了用户的市场竞争力。

本书从"统筹职业教育、高等教育、继续教育协同创新，推进职普融通、产教配合、科教融汇"的思路出发，围绕计算机相关专业的人才培养目标，按照注重基础、突出实用的原则进行内容设计，由浅入深、循序渐进地对数据库原理、Oracle基础知识、核心技术、应用方法等进行了详细介绍，能够帮助初学者快速上手，迅速提高并掌握数据库技术。本书根据不同的理论和知识点，配备了示例演示，让读者在实验环境中快速掌握知识点，以达到融会贯通、举一反三的目标。本书与实际应用紧密结合，可以使读者快速将学到的知识应用到实际工作中。

本书共10章，各章节的内容安排如下：

章节	内容概述	难点指数
第1章	主要介绍数据库的基本概念、数据模型、数据库系统的结构、数据库的规范化、数据库设计等	★☆☆
第1章	主要介绍数据库的基本概念、数据模型、数据库系统的结构、数据库的规范化、数据库设计等	★☆☆
第2章	主要介绍Oracle的发展历史及版本、Oracle的体系结构、Oracle数据库的安装、配置、监听及服务等	★★☆
第3章	主要介绍SQL语言的发展历史与SQL语言的基础知识，包括数据定义、数据查询、数据操纵、数据控制等	★★★
第4章	主要介绍Oracle PL/SQL语言及编程，包括PL/SQL的程序结构、程序控制语句、游标、过程、函数、包、触发器、同义词、序列等	★★☆
第5章	主要介绍Oracle对象的基本操作，包括启动和关闭Oracle、表操作、视图操作、索引操作、数据查询与数据操纵等	★★★
第6章	主要介绍数据库的安全性、用户管理、权限管理、角色管理、概要文件管理等	★★☆
第7章	主要介绍数据库存储管理操作，包括数据文件、表空间与数据文件、控制文件、重做日志文件、归档重做日志文件等	★★★
第8章	主要介绍数据库的备份与恢复操作，包括备份与恢复的概念、逻辑备份和恢复、脱机备份与恢复、联机备份与恢复等	★★★
第9章	主要介绍闪回技术，包括闪回技术的概念、闪回查询技术、闪回错误恢复技术等	★★☆
第10章	综合应用案例	★★★

本书由河南物流职业学院宋芳主编，在编写过程中力求严谨细致，但由于时间与精力有限，疏漏之处在所难免，望广大读者批评指正。

编　者

2023年8月

目录 CONTENTS

第1章 数据库技术概述

1.1 数据库的基本概念 ... 2
- 1.1.1 数据管理的发展 ... 2
- 1.1.2 数据库与数据库管理系统 ... 6
- 1.1.3 数据库系统 ... 7

1.2 数据模型 ... 8
- 1.2.1 E-R模型 ... 8
- 1.2.2 关系模型 ... 11

1.3 数据库系统的结构 ... 16
- 1.3.1 数据库的三级模式结构 ... 16
- 1.3.2 数据库的体系结构 ... 18
- 1.3.3 数据库的连接 ... 21

1.4 数据库的规范化 ... 22
- 1.4.1 数据依赖 ... 22
- 1.4.2 相关概念 ... 22
- 1.4.3 范式 ... 23

1.5 数据库设计 ... 25
- 1.5.1 需求分析 ... 26
- 1.5.2 概念结构设计 ... 27
- 1.5.3 逻辑结构设计 ... 27
- 1.5.4 物理结构设计 ... 28
- 1.5.5 数据库的实施 ... 28
- 1.5.6 数据库的运行和维护 ... 29

课后作业 ... 30

第2章 初识Oracle数据库

2.1 Oracle的发展历史及版本介绍 ... 32
- 2.1.1 Oracle的发展历史 ... 32
- 2.1.2 Oracle 19c版本介绍 ... 33

2.2 Oracle体系结构概述 ... 34
- 2.2.1 存储结构 ... 34
- 2.2.2 内存结构 ... 39
- 2.2.3 进程结构 ... 40
- 2.2.4 数据字典 ... 42

2.3 安装Oracle 19c数据库 ... 43
- 2.3.1 Oracle 19c的安装条件 ... 43
- 2.3.2 Oracle 19c数据库的安装过程 ... 43

2.4 配置Oracle监听及服务 ... 48
- 2.4.1 配置Oracle监听程序 ... 48
- 2.4.2 启动与停止Oracle服务 ... 50

课后作业 ... 51

第3章 SQL语言基础

- 3.1 SQL语言简介 ········· 53
  - 3.1.1 发展历史 ········· 53
  - 3.1.2 语言特点 ········· 53
  - 3.1.3 Oracle示例数据库简介 ········· 55
- 3.2 数据定义 ········· 57
  - 3.2.1 创建操作 ········· 57
  - 3.2.2 删除操作 ········· 61
  - 3.2.3 修改操作 ········· 62
- 3.3 数据查询 ········· 63
  - 3.3.1 简单查询 ········· 64
  - 3.3.2 WHERE子句 ········· 67
  - 3.3.3 ORDER BY子句 ········· 69
  - 3.3.4 GROUP BY子句 ········· 70
  - 3.3.5 HAVING子句 ········· 73
  - 3.3.6 多表连接查询 ········· 74
  - 3.3.7 集合操作 ········· 80
  - 3.3.8 子查询 ········· 82
- 3.4 数据操纵 ········· 85
  - 3.4.1 插入数据 ········· 85
  - 3.4.2 修改数据 ········· 88
  - 3.4.3 删除数据 ········· 89
- 3.5 数据控制 ········· 90
  - 3.5.1 授权语句 ········· 90
  - 3.5.2 授权收回语句 ········· 93
- 课后作业 ········· 94

第4章 Oracle PL/SQL语言及编程

- 4.1 PL/SQL简介 ········· 96
  - 4.1.1 程序结构 ········· 96
  - 4.1.2 注释 ········· 97
  - 4.1.3 数据类型 ········· 98
  - 4.1.4 变量和常量 ········· 100
  - 4.1.5 结构控制语句 ········· 100
  - 4.1.6 表达式 ········· 103
- 4.2 游标 ········· 104
  - 4.2.1 游标的概念 ········· 104
  - 4.2.2 游标的处理 ········· 105
  - 4.2.3 游标的属性 ········· 107
  - 4.2.4 游标变量 ········· 109
- 4.3 过程 ········· 110
  - 4.3.1 过程的创建 ········· 110
  - 4.3.2 过程的调用 ········· 111
  - 4.3.3 过程的删除 ········· 112
  - 4.3.4 参数类型及传递 ········· 112
- 4.4 函数 ········· 113
  - 4.4.1 函数的创建 ········· 113
  - 4.4.2 函数的调用 ········· 114
  - 4.4.3 函数的删除 ········· 115
- 4.5 包 ········· 115
  - 4.5.1 基本原理 ········· 115
  - 4.5.2 包的创建 ········· 116
  - 4.5.3 包的调用 ········· 118
  - 4.5.4 包的删除 ········· 118
- 4.6 触发器 ········· 118
  - 4.6.1 基本原理 ········· 118
  - 4.6.2 触发器的创建 ········· 120
  - 4.6.3 触发器的执行 ········· 120
  - 4.6.4 触发器的删除 ········· 121
- 4.7 同义词 ········· 121
  - 4.7.1 同义词的创建 ········· 121
  - 4.7.2 同义词的使用 ········· 122
  - 4.7.3 同义词的删除 ········· 122
  - 4.7.4 同义词的查看 ········· 122
- 4.8 序列 ········· 123
  - 4.8.1 序列的创建 ········· 123
  - 4.8.2 序列的使用 ········· 124
  - 4.8.3 序列的修改 ········· 124
  - 4.8.4 序列的删除 ········· 124
  - 4.8.5 序列的查看 ········· 124
- 课后作业 ········· 125

第5章 Oracle对象的操作基础

5.1 启动和关闭Oracle ········ 127
5.1.1 Oracle数据库的启动 ········ 127
5.1.2 Oracle数据库的关闭 ········ 134
5.2 表 ········ 137
5.2.1 设计表 ········ 137
5.2.2 创建表 ········ 140
5.2.3 修改表 ········ 141
5.3 视图 ········ 142
5.3.1 创建视图 ········ 142
5.3.2 修改视图 ········ 145
5.3.3 删除视图 ········ 145
5.4 索引 ········ 145
5.4.1 创建索引 ········ 146
5.4.2 删除索引 ········ 146
5.5 数据查询与数据操纵 ········ 147
5.5.1 对数据表进行查询 ········ 147
5.5.2 新建表并批量插入记录 ········ 150
5.5.3 通过视图操纵数据 ········ 150
课后作业 ········ 152

第6章 数据库安全管理

6.1 数据库安全性概述 ········ 154
6.2 用户管理 ········ 154
6.2.1 创建用户 ········ 156
6.2.2 修改用户 ········ 157
6.2.3 删除用户 ········ 158
6.2.4 查询用户信息 ········ 158
6.3 权限管理 ········ 159
6.3.1 授予权限 ········ 159
6.3.2 回收权限 ········ 167
6.4 角色管理 ········ 169
6.4.1 创建角色 ········ 170
6.4.2 角色权限的授予与回收 ········ 171
6.4.3 修改角色口令 ········ 172
6.4.4 角色的生效与失效 ········ 173
6.4.5 删除角色 ········ 173
6.4.6 使用角色进行权限管理 ········ 174
6.4.7 查询角色信息 ········ 175
6.5 概要文件管理 ········ 176
6.5.1 概要文件中的参数 ········ 176
6.5.2 概要文件的管理 ········ 177
课后作业 ········ 179

第7章 数据库存储管理

7.1 数据文件 ········ 181
7.1.1 数据文件概述 ········ 181
7.1.2 数据文件的管理 ········ 181
7.2 表空间与数据文件 ········ 184
7.2.1 表空间概述 ········ 185
7.2.2 创建表空间 ········ 187
7.2.3 修改表空间 ········ 190
7.2.4 删除表空间 ········ 192
7.2.5 表空间信息的查询 ········ 193
7.3 控制文件 ········ 194
7.3.1 控制文件概述 ········ 194
7.3.2 控制文件的管理 ········ 195
7.4 重做日志文件 ········ 198
7.4.1 重做日志文件概述 ········ 198
7.4.2 重做日志文件的管理 ········ 198
7.5 归档重做日志文件 ········ 199
7.5.1 归档重做日志文件概述 ········ 199
7.5.2 归档重做日志文件的管理 ········ 200
课后作业 ········ 202

第8章 数据库的备份与恢复

- 8.1 备份与恢复概述 ·········· 204
- 8.2 逻辑备份与恢复 ·········· 205
  - 8.2.1 使用expdp导出数据 ·········· 206
  - 8.2.2 使用impdp导入数据 ·········· 207
- 8.3 脱机备份与恢复 ·········· 209
  - 8.3.1 脱机备份 ·········· 209
  - 8.3.2 脱机恢复 ·········· 211
- 8.4 联机备份与恢复 ·········· 211
  - 8.4.1 使用RMAN程序进行联机备份 ·········· 211
  - 8.4.2 使用RMAN程序进行联机恢复 ·········· 216
- 8.5 各种备份与恢复方法的比较 ·········· 217
- 课后作业 ·········· 218

第9章 闪回技术

- 9.1 闪回技术概述 ·········· 220
- 9.2 闪回查询技术 ·········· 220
  - 9.2.1 闪回查询 ·········· 221
  - 9.2.2 闪回版本查询 ·········· 221
  - 9.2.3 闪回事务查询 ·········· 223
- 9.3 闪回错误恢复技术 ·········· 223
  - 9.3.1 闪回数据库 ·········· 224
  - 9.3.2 闪回表 ·········· 224
  - 9.3.3 闪回回收站 ·········· 225
- 课后作业 ·········· 227

第10章 综合应用案例

- 10.1 项目概述 ·········· 229
- 10.2 系统架构 ·········· 229
- 10.3 数据库设计 ·········· 230
  - 10.3.1 E-R图 ·········· 230
  - 10.3.2 表结构设计 ·········· 231
  - 10.3.3 创建数据库对象 ·········· 232
- 10.4 应用系统设计 ·········· 236
  - 10.4.1 持久层设计 ·········· 237
  - 10.4.2 业务逻辑层设计 ·········· 241
  - 10.4.3 表示层设计 ·········· 244

附录 课后作业参考答案

参考文献

第 1 章
数据库技术概述

📖 **内容概要**

　　数据库技术是实现数据管理的有效技术，是计算机科学的重要分支。许多信息系统都是以数据库为基础建立的。本章将介绍数据库的基本概念、数据模型、数据库系统的结构、数据库的规范化、数据库设计等。本章是学习后面各章节内容的预备和基础。

1.1 数据库的基本概念

数据库技术是计算机技术中发展最为迅速的领域之一，已成为人们存储数据、管理信息和共享资源时最常用的一种计算机技术。数据库技术在科学、经济、文化和军事等各个领域都发挥着重要的作用。

1.1.1 数据管理的发展

自计算机产生以来，人类社会便进入信息时代，数据处理在速度和规模上的需求已远远超出过去人工或机械方式的能力范畴，计算机以其快速准确的计算能力和海量的数据存储能力在数据处理领域得到了广泛的应用。随着数据处理的工作量呈几何级数不断增加，数据管理技术便应运而生，其演变过程随着计算机硬件和软件的发展速度及计算机应用领域的不断拓宽而不断变化。总的来说，数据管理的发展经历了人工管理、文件系统和数据库系统3个阶段。

1. 人工管理阶段

计算机没有应用到数据管理领域之前，数据管理的工作是由人工完成的。这种数据处理方式经历了很长一段时间。

20世纪50年代中期以前，计算机主要用于科学计算。当时作为外存使用的只有纸带、卡片、磁带等设备，并没有磁盘等可以直接存取的存储设备；而计算机系统软件的状况是没有操作系统，没有管理数据的软件。在这种情况下，数据管理方式为人工管理。

人工管理数据具有如下特点。

（1）数据不被保存。

当时的计算机主要用于科学计算，一般不需要将数据长期保存，只是在计算某一课题时将数据输入，用完就撤走。

（2）应用程序管理数据。

数据需要由应用程序自行管理，没有相应的软件系统负责数据的管理工作。应用程序中不仅要规定数据的逻辑结构，而且要设计数据的物理结构，包括存储结构、存取方法、输入方式等，因此程序员的负担很重。

（3）数据不能共享。

数据是面向应用的，一组数据只能对应一个程序。当多个应用程序涉及某些相同的数据时，由于必须各自定义，无法互相利用、互相参照，即数据组中可能存在需要分别被不同程序处理的相同数据，也就是说存在冗余数据。

（4）数据不具有独立性。

如果数据的逻辑结构或物理结构改变，则必须对应用程序做相应的修改，即数据是不能独立于其逻辑结构和物理结构的。这将导致进一步加重程序员的负担。

在人工管理阶段，应用程序与数据之间的对应关系如图1-1所示。

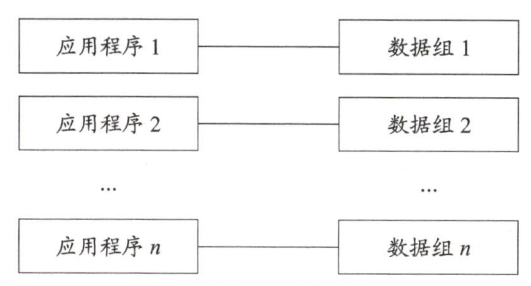

```
应用程序 1        数据组 1

应用程序 2        数据组 2

   ...              ...

应用程序 n        数据组 n
```

图 1-1　人工管理阶段应用程序与数据之间的对应关系

2. 文件系统阶段

20世纪50年代后期到60年代中期，硬件方面已有了磁盘、磁鼓等直接存储设备；在软件方面，不同类型操作系统的出现极大地增强了计算机系统的功能。操作系统中用来进行数据管理的部分是文件系统。用户可以把相关的数据组织成一个文件存放在计算机中，在需要时由计算机通过文件系统找出所要的文件，再对其进行处理。

文件系统管理数据具有如下优点。

（1）数据可以长期保存。

数据可以组织成文件长期保存在计算机中反复使用。

（2）由文件系统管理数据。

文件系统把数据组织成内部有结构的记录，实现"按文件名访问，按记录进行存取"的管理技术。文件系统使应用程序与数据之间有了初步的独立性，程序员可不必过多地考虑数据存储的物理细节。例如，文件系统中可以有顺序结构文件、索引结构文件、Hash文件等。数据在存储上的不同不会影响程序的处理逻辑。如果数据的存储结构发生改变，应用程序的改变很小，这将大大节省程序的维护工作量。

但是，文件系统仍存在以下缺点。

（1）数据共享性差，冗余度大。

在文件系统中，一个（或一组）文件基本上对应于一个应用（程序），即文件是面向应用的。当不同的应用（程序）使用部分相同的数据时，也必须建立各自的文件，而不能共享相同的数据，因此，数据的冗余度大，浪费存储空间；同时，由于相同数据的重复存储、各自管理，容易造成数据的不一致性，给数据的修改和维护带来困难。

（2）数据独立性差。

文件系统中的文件是为某一特定应用服务的，文件的逻辑结构对该应用来说是优化的，因此，如果要想对现有的数据再增加一些新的应用就会很困难，系统不容易扩充。一旦数据的逻辑结构发生改变，就必须修改应用程序，修改文件结构的定义，因此，数据与程序之间仍缺乏独立性。

文件系统阶段应用程序与数据之间的关系如图1-2所示。

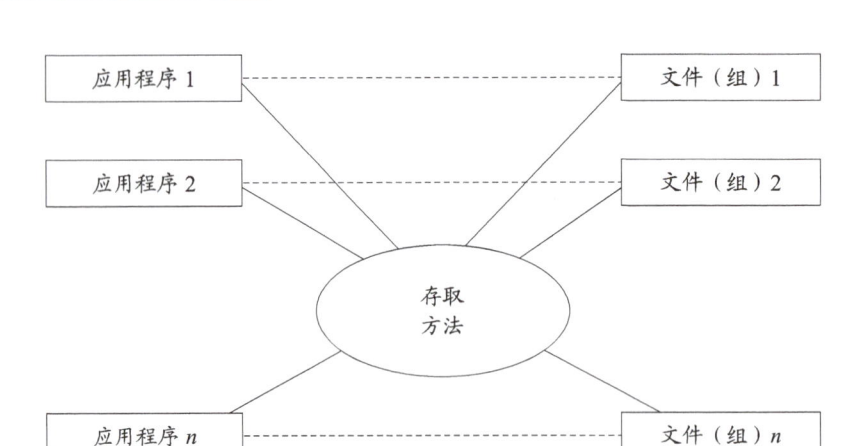

图 1-2　文件系统阶段应用程序与数据之间的关系

3. 数据库系统阶段

20世纪60年代后期，计算机用于管理的规模越来越大，应用也越来越广泛，所管理的数据量急剧增长，同时多种应用、多种语言互相覆盖的共享数据集合的要求也越来越强烈。

这一时期，硬件方面已有大容量磁盘，硬件价格也在下降，而软件价格则在上升，因而为编制和维护系统软件及应用程序所需的成本相对增加。在这种背景下，以文件系统作为数据管理手段已经不能满足应用的需要。为解决多用户、多应用共享数据的需求，使数据为尽可能多的应用服务，数据库技术便应运而生，出现了统一管理数据的专用软件系统——数据库管理系统（database management system，DBMS）。

用数据库系统管理数据相比用文件系统管理数据具有明显的优点：数据库以数据为中心组织数据，减少了数据的冗余，提供了更高的数据共享能力；同时，程序和数据具有较高的独立性，当数据的逻辑结构改变时，不涉及数据的物理结构，也不影响应用程序，从而降低了应用程序开发与维护的费用。从文件系统到数据库系统，标志着数据管理技术的飞跃。

在数据库系统阶段，应用程序与数据之间的对应关系如图1-3所示。

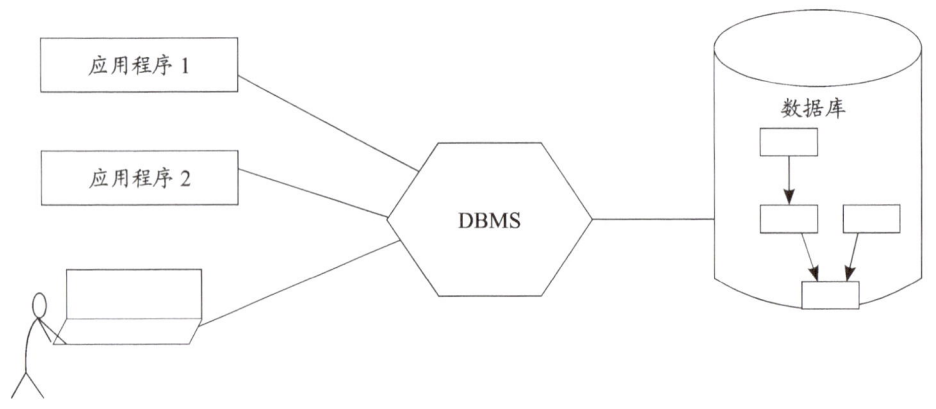

图 1-3　数据库系统阶段应用程序与数据之间的对应关系

随着计算机应用的进一步发展和网络的出现，有人提出数据管理的高级数据库阶段，这一阶段的主要标志是20世纪80年代的分布式数据库系统、90年代的对象数据库系统和21世纪初的网络数据库系统的出现。

(1) 分布式数据库系统。

20世纪80年代以前的数据库系统是集中式的。集中式数据库把数据集中在一个数据库中进行管理,减少了数据冗余和不一致性,数据联系比文件系统更好(在文件系统中,数据分散在各个文件中,文件之间缺乏联系)。但集中式系统也有弱点:一是随着数据量增加,系统变得相当庞大,操作复杂,开销大;二是数据集中存储,大量的通信都要通过主机,会造成主机的拥堵现象。随着小型计算机和微型计算机的普及、计算机网络软件和远程通信的发展,分布式数据库系统崛起了。

分布式数据库系统主要有以下3个特点:
- 数据库的数据在物理上分布于各个场地,但在逻辑上是一个整体。
- 各个场地既可以执行局部应用(访问本地数据库),又可以执行全局应用(访问异地数据库)。
- 分布于各地的计算机通过数据通信网络相互联系。本地计算机不能单独胜任的处理任务,可以通过通信网络取得其他计算机和数据库的支持。

分布式数据库系统兼顾了集中管理和分布处理两个方面,因而具有良好的性能。

(2) 对象数据库系统。

在数据处理领域,关系数据库是相当出色的,使用也相当普遍。但是现实世界存在着许多具有复杂数据结构的应用领域,如多媒体数据、多维表格数据等的应用,已有的层次、网状和关系3种数据模型(data model)在处理这些应用领域的问题时都显得力不从心。这就需要更高级的数据库技术来表达,以便管理、构造与维护大容量的持久数据,并使这些数据能与大型的复杂程序紧密结合。对象数据库正是适应这种形势发展起来的,它是面向对象的程序设计技术与数据技术结合的产物。

对象数据库系统主要有以下两个特点:
- 对象数据库模型能完整地描述现实世界的数据结构,表达数据间嵌套、递归的关系。
- 具有面向对象技术的封装性(把数据与操作定义在一起)和继承性(继承数据结构和操作)的特点,提高了软件的可重用性。

(3) 网络数据库系统。

随着客户机/服务器(client/server,C/S)结构的出现,人们可以更有效地使用计算机资源。C/S结构也大大促进了数据库系统向网络化方面的发展。如今,计算机网络在实现通信交往、资源共享或协调工作等方面发挥着越来越大的作用,已经成为信息化社会中十分重要的一类基础设施。

网络数据库系统就是一种基于计算机网络的数据库管理系统,它允许多个用户通过网络访问和共享同一数据库〔用户可以通过各种客户端设备(如PC、笔记本电脑、智能手机等)连接到服务器,并使用专门的数据库管理软件(如SQL查询工具)来访问和操作数据〕。这种数据库系统的主要特点是数据的集中存储和管理,以及数据的高效访问和处理。

网络数据库系统已被广泛应用于各个领域,如企业管理、电子商务、在线教育、科研、在线医疗健康管理等。

数据管理技术所经历的3个阶段的比较如表1-1所示。

表 1-1　数据管理技术所经历的 3 个阶段的比较

		人工管理阶段	文件系统阶段	数据库系统阶段
背景	应用背景	科学计算	科学计算、管理	大规模管理
	硬件背景	无直接存储设备	磁盘、磁鼓	大容量磁盘
	软件背景	没有操作系统	有文件系统	有数据库管理系统
	处理方式	批处理	联机实时处理、批处理	联机实时处理、分布处理、批处理
特点	数据库的管理者	用户（程序员）	文件系统	数据库管理系统
	数据面向的对象	某一应用程序	某一应用程序	一个企业（部门）的数字化信息
	数据的共享程度	无共享，冗余度极大	共享性差，冗余度大	共享性高，冗余度小
	数据的独立性	不独立，完全依赖于程序	独立性差	具有高度的物理独立性和一定的逻辑独立性
	数据的结构化	无结构	记录内有结构，整体无结构	整体结构化，用数据模型描述
	数据控制能力	应用程序自行控制	应用程序自行控制	由数据库管理系统提供数据安全性、完整性检查，并发控制和恢复能力

1.1.2　数据库与数据库管理系统

数据库、数据库管理系统是密切相关的两个基本概念，一般可以简单地将数据库理解为存放数据的仓库，而数据库管理系统是用来管理和控制数据库文件的组织、存储和访问方式的工具。

1. 数据库

顾名思义，数据库就是存放数据的仓库，只不过这个仓库在计算机的存储设备上。而数据是按照一定的数据模型组织并存放在外存上的一组相关数据的集合，通常这些数据是面向一个组织、企业或部门的。例如，在学生成绩管理系统中，学生的基本信息、课程信息、成绩信息等都存储在学生成绩管理数据库中。人们收集并抽取出一个应用所需要的大量数据之后，应将其保存起来供进一步查询或加工处理，以获得更多有用的信息。现在，人们借助数据建模、数据库等计算机技术，不仅能科学地保存和管理大量复杂的数据，还能充分地利用这些宝贵的信息资源。

严格地讲，数据库是长期存储在计算机内的、有组织的、大量的、可共享的数据集合。数据库中的数据按一定的数据模型组织、描述和存储，具有较小的冗余度、较高的数据独立性和易扩展性，并可为用户共享。简单来说，数据库数据具有永久存储、有组织和可共享3个基本特点。

2. 数据库管理系统

在建立了数据库之后，下一个问题就是如何科学地组织和存储数据，如何高效地获取和维护数据。而实现这一任务的，就是数据库管理系统（DBMS）。

DBMS是指数据库系统中对数据进行管理的软件系统，它是数据库系统的核心组成部分，数据库系统的一切操作，包括查询、更新及各种控制，都是通过DBMS进行的。DBMS是基于数据模型的，因此可以把它看成是某种数据模型在计算机系统上的具体实现。根据所采用数据模型的不同，DBMS可以分为网状型、层次型、关系型、面向对象型等。

如果用户要对数据库进行操作，需要由DBMS把操作从应用程序带到外部级、概念级，再导向内部级，进而操纵存储器中的数据。DBMS的主要目标是使数据成为一种可管理的资源，DBMS应使数据易于被各种不同的用户所共享，并增进数据的安全性、完整性、可用性，提供高度的数据独立性。

■1.1.3 数据库系统

数据库系统是指在计算机系统中引入数据库后的系统，一般由数据库、数据库管理系统（及其开发工具）、应用系统和数据库管理员构成。应当指出的是，数据库的建立、使用和维护等工作只靠一个DBMS是远远不够的，还要有专门的人员来管理，这些人被称为数据库管理员（database administrator，DBA）。

在不引起混淆的情况下，可以把数据库系统简称为数据库。数据库系统组成如图1-4所示。

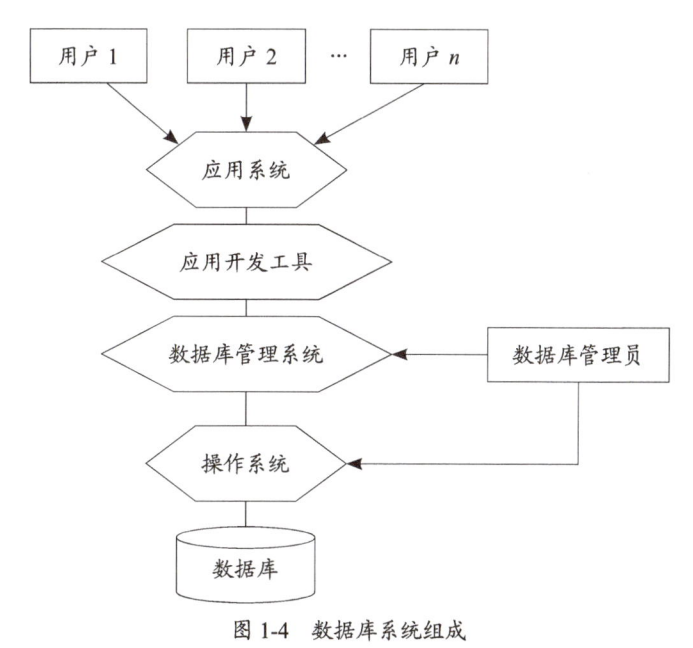

图1-4 数据库系统组成

1.2 数据模型

模型，是对现实世界特征的模拟与抽象。例如，一组建筑规划沙盘、精致逼真的航模等，都是对现实生活中事物的描述和抽象，会让人们联想到现实世界中对应的实物。数据模型也是一种模型，它是对现实世界数据特征的抽象。由于计算机不可能直接处理现实世界中的具体事物，因此必须事先把具体事物转换成计算机能够处理的数据，即首先要数字化，要把现实世界中的人、事、物、概念用数据模型这个工具来抽象、表示和加工处理。数据模型是数据库中用来对现实世界进行抽象的工具，是数据库中用于提供信息表示和操作手段的形式构架，是现实世界的一种抽象模型。

数据模型按不同的应用层次分为3种类型，分别是概念数据模型（conceptual data model）、逻辑数据模型（logical data model）和物理数据模型（physical data model）。

1. 概念数据模型

概念数据模型又称概念模型，是一种面向客观世界、面向用户的模型，与具体的数据库管理系统无关，与具体的计算机平台无关。人们通常先将现实世界中的事物抽象到信息世界，建立所谓的"概念模型"，然后再将信息世界的模型映射到机器世界，将概念模型转换为计算机世界中的模型。因此，概念模型是从现实世界到机器世界的一个中间层次。

2. 逻辑数据模型

逻辑数据模型又称逻辑模型，是一种面向数据库系统的模型，它是概念模型到计算机之间的中间层次。概念模型只有在转换成逻辑模型之后才能在数据库中得以表示。目前，逻辑模型的种类很多，其中比较成熟的有层次模型、网状模型、关系模型、面向对象模型等。

这4种逻辑数据模型的根本区别在于数据结构不同，即数据之间联系的表示方式不同。

（1）层次模型用"树结构"表示数据之间的联系。
（2）网状模型用"图结构"表示数据之间的联系。
（3）关系模型用"二维表"表示数据之间的联系。
（4）面向对象模型用"对象"表示数据之间的联系。

3. 物理数据模型

物理数据模型又称物理模型，它是一种面向计算机物理表示的模型，此模型是数据模型在计算机上的物理结构表示。

数据模型通常由三部分组成，分别是数据结构、数据操纵和完整性约束，也称为数据模型三要素。

1.2.1 E-R模型

概念模型中最著名的是实体-联系模型（entity-relationship model，E-R模型）。E-R模型是陈品山（Peter P.Chen）于1976年提出的。这个模型直接从现实世界中抽象出实体型内部及实体型之间的联系，然后用实体-联系图（E-R图）表示数据模型。设计E-R图的方法称为E-R方法。

E-R图是设计概念模型的有力工具，其中涉及很多术语。

1. 相关术语

（1）实体（entity）。

现实世界中客观存在并可相互区分的事物叫作实体。实体可以是一个具体的人或物，如王伟、汽车等；也可以是抽象的事件或概念，如购买一本图书、学生与课程之间的联系等。

（2）属性（attribute）。

实体的某一特性称为属性，如学生实体有学号、姓名、年龄、性别、系等属性。属性有"型"和"值"之分："型"即为属性名，如姓名、年龄、性别是属性的"型"；"值"即为属性的具体内容，如"990001,张立,20,男,计算机"，这些属性值的集合表示一个学生实体。

（3）实体型（entity type）。

若干个属性的型组成的集合可以表示一个实体的类型，简称实体型，如"学生(学号,姓名,年龄,性别,系)"就是一个实体型。

（4）实体集（entity set）。

同型实体的集合称为实体集，如所有的学生、所有的课程等。

（5）码（key）。

能唯一标识一个实体的属性或属性集称为实体的码。例如，学生的学号可作为码，而学生的姓名不能作为学生实体的码，因为学生有可能重名，姓名不能唯一标识出学生。

（6）域（domain）。

属性值的取值范围称为该属性的域。例如，学号的域为6位整数，姓名的域为字符串集合，年龄的域为小于40的整数，性别的域为"男,女"。

（7）联系（relationship）。

在现实世界中，事物内部以及事物之间是有联系的，这些联系同样也要抽象并反映到信息世界中来。在信息世界中，事务内部以及事务之间的联系将被抽象为实体型内部的联系和实体型之间的联系。实体型内部的联系通常是指组成实体的各属性之间的联系，实体型之间的联系通常是指不同实体集之间的联系。

两个实体型之间的联系有如下3种类型。

（1）一对一联系（1∶1）。

实体集A中的一个实体至多与实体集B中的一个实体相对应，反之亦然，则称实体集A与实体集B为一对一的联系，记作1∶1，如班级与班长、观众与座位、病人与床位之间的联系。

（2）一对多联系（1∶n）。

实体集A中的一个实体与实体集B中的多个实体相对应，反之，实体集B中的一个实体至多与实体集A中的一个实体相对应，记作1∶n，如班级与学生、公司与职员之间的联系。

（3）多对多联系（$m∶n$）。

实体集A中的一个实体与实体集B中的多个实体相对应，反之，实体集B中的一个实体与实体集A中的多个实体相对应，记作$m∶n$，如教师与学生、学生与课程之间的联系。

实际上，一对一联系是一对多联系的特例，而一对多联系又是多对多联系的特例。通常可以用图形来表示两个实体型之间的这3种联系，如图1-5所示。

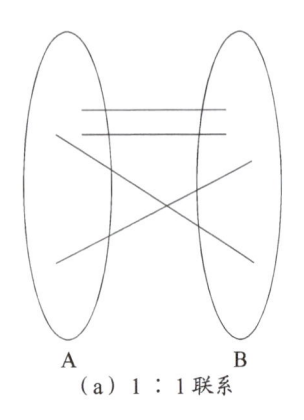

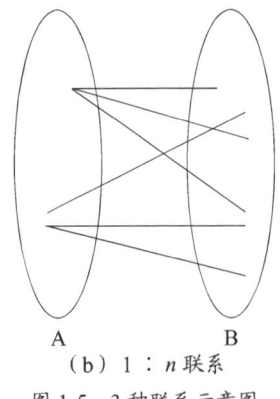

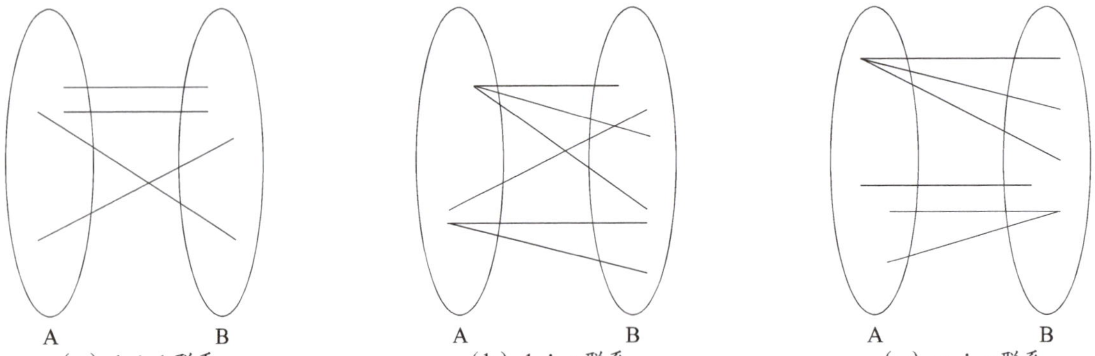

（a）1∶1 联系　　　　　（b）1∶n 联系　　　　　（c）m∶n 联系

图 1-5　3 种联系示意图

2. E-R 图

在 E-R 图中有如下 4 个基本成分。

（1）矩形框，表示实体类型（研究问题的对象），相应的命名记入框中。

（2）菱形框，表示联系类型（实体间的联系），相应的命名记入框中。

（3）椭圆形框，表示实体类型和联系类型的属性，相应的命名记入框中。

（4）直线，联系类型与其涉及的实体类型之间以直线连接，用来表示它们之间的联系，并在直线端部标注联系的种类（1∶1、1∶n 或 $m∶n$）。

下面以图书管理设计 E-R 模型为例来说明设计 E-R 图的过程。在图书管理系统中，读者从图书馆借书，图书馆从出版社购书，E-R 图的具体建立过程如下：

（1）首先确定实体类型。本问题有 3 个实体类型：读者、书、出版社。

（2）确定联系类型。读者和书之间是 $m∶n$ 联系，起名为"借阅"；出版社和书之间是 $1∶n$ 联系，起名为"订购"。

（3）把实体类型和联系类型组合成 E-R 图。

（4）确定实体类型和联系类型的属性。实体类型"读者"的属性有读者编号、姓名、年龄、性别、系别等，实体类型"书"的属性有书号、书名、作者、价格等，实体类型"出版社"的属性有出版社编号、出版社名、地址等，联系类型"借阅"的属性有借阅日期、归还日期等。

（5）确定实体类型的码，在 E-R 图属于码的属性名下画一条横线。具体的 E-R 图如图 1-6 所示。

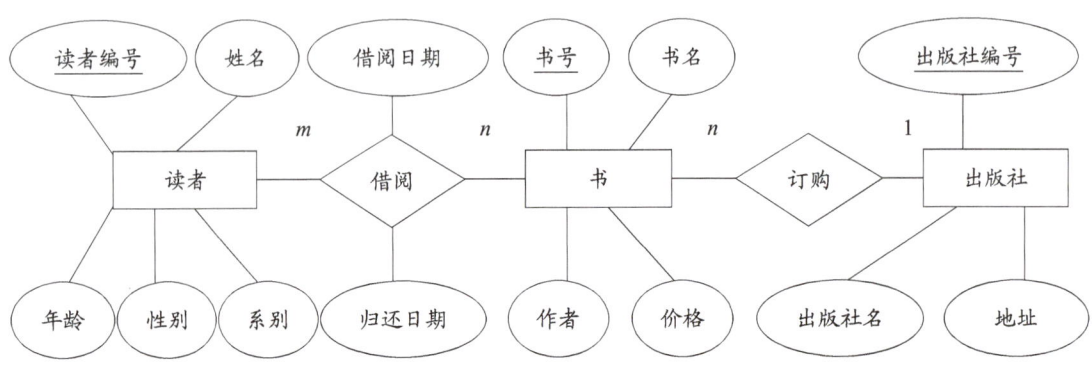

图 1-6　图书管理 E-R 图

E-R模型有两个明显的优点：一是接近于人的思维，容易理解；二是与计算机无关，用户容易接受。因此，E-R模型已成为软件工程中一个重要的设计方法。但是，E-R模型只能说明实体间语义的联系，还不能进一步说明详细的数据结构。一般遇到一个实际问题，总是先设计一个E-R模型，然后再把E-R模型转换成计算机能实现的数据模型。

1.2.2 关系模型

目前，数据库领域中最常用的逻辑数据模型有4种，分别是：
- 层次模型（hierarchical model）。
- 网状模型（network model）。
- 关系模型（relational model）。
- 面向对象模型（object-oriented model）。

其中，层次模型和网状模型统称为非关系模型。非关系模型的数据库系统在20世纪70年代至80年代初非常流行，在当时的数据库系统产品中占据主导地位，现在已逐渐被关系型数据库系统取代。

1970年美国IBM公司San Jose研究室的研究员E.F.Codd首次提出了数据库系统的关系模型，开创了数据库关系方法和关系数据理论的研究，为数据库技术奠定了理论基础。20世纪80年代以来，计算机厂商新推出的数据库管理系统几乎都支持关系模型，很多非关系系统的产品也都加上了对关系模型的接口。面向对象的方法和技术在计算机各个领域，包括程序设计语言、软件工程、信息系统设计、计算机硬件设计等各方面都产生了深远的影响，也促进了数据库中面向对象数据模型的研究和发展。随着因特网的迅速发展，目前也出现了支持各种半结构化和非结构化数据的新一代数据模型，如XML数据模型等。截至目前，在数据库应用领域中，仍是以基于关系模型的数据库为主。

关系模型是目前主流数据库采用的一种数据模型。

1. 关系模型的基本术语

（1）二维表。

在关系模型中，数据结构只有单一的二维表结构，用于表示实体与实体间的关系。也就是说，一个关系对应一张二维表，二维表名就是关系名。如图1-8中包含两个二维表，即两个关系：学生信息关系和选课信息关系。

（2）属性及值域。

二维表中的列（字段）称为关系的属性。属性的个数称为关系的元数，又称为度。度为1的关系称为一元关系，度为n的关系称为n元关系。关系的属性包括属性名和属性值两部分，其列名即为属性名，列值即为属性值。属性值的取值范围称为值域，每一个属性对应一个值域，不同属性的值域可以相同。

例如，在图1-7中，"学生信息表"中有学号、姓名、性别、年龄4个属性，是四元关系。其中，性别属性的值域是"男"和"女"，年龄属性的值域是18～65。"选课信息表"

中有学号、课程号、成绩3个属性，是三元关系。其中，"101001"是"学号"属性的一个值，"001"是"课程号"属性的一个值。

```
           关系名→学生信息表        ↙属性（字段、数据项）
          ┌──────┬──────┬──────┬──────┐
          │ 学号 │ 姓名 │ 性别 │ 年龄 │   ←关系模式（记录类型）
          ├──────┼──────┼──────┼──────┤
          │101001│ 王军 │  男  │  24  │
          │101003│黄明业│  男  │  24  │   ←元组（记录）
          │103018│ 张华 │  女  │  25  │
          │104024│吴林华│  女  │  27  │
          └──────┴──────┴──────┴──────┘
             ↑              ↑
            主键          属性值（字段值）
              ╲     外键
     参照表    ╲    ↓
                  选课信息表
          ┌──────┬────────┬──────┐
          │ 学号 │ 课程号 │ 成绩 │
          ├──────┼────────┼──────┤
          │101001│  001   │  75  │
          │101003│  003   │  80  │
          │103018│  005   │  85  │
          │104024│  002   │  77  │
          └──────┴────────┴──────┘
```

图1-7　关系模型

（3）关系模式。

二维表中的表头（记录类型），即对关系的描述称为关系模式，关系模式的一般形式为：

关系名(属性1,属性2,…,属性n)

图1-7中的两个关系模式可表示为：

学生信息表(学号,姓名,性别,年龄)
选课信息表(学号,课程号,成绩)

（4）元组。

二维表中的一行，即每一条记录的值称为关系的一个元组。其中，每一个属性的值称为元组的分量。关系由关系模式和元组的集合组成。

图1-7中学生信息表由以下元组组成。

(101001,王军,男,24)
(101003,黄明业,男,24)
(103018,张华,女,25)
(104024,吴林华,女,27)

图1-7中选课信息表由以下元组组成。

(101001,001,75)
(101003,003,80)
(103018,005,85)
(104024,002,77)

（5）键（码）。

由一个或多个属性组成。在实际使用中，有下列几种键：
- **候选键**（candidate key）：若关系中的某一属性组的值能唯一地标识一个元组，则称该属性组为候选键。
- **主键**（primary key）：若一个关系有多个候选键，则选定其中一个为主键。主键中包含的属性称为主属性。不包含在任何候选键中的属性称为非键（码）属性（non-key attribute）。关系模型的所有属性组是这个关系模式的候选键，称为全键（all-key）。
- **外键**（foreign key）：设F是关系R的一个或一组属性，但不是关系R的码。如果F与关系S的主码相对应，则称F是关系R的外码，关系R称为参照关系，关系S称为被参照关系或目标关系。

在图1-7所示的学生信息表中，"学号"就是主键；在选课信息表中，"(学号,课程号)"为主键，而"学号"为外键。

（6）主属性与非主属性。

关系中包含在任何一个候选键中的属性称为主属性，不包含在任何一个候选键中的属性称为非主属性。在图1-7中的"学生信息表"中，"学号"和"姓名"都是候选键，所以"学号"和"姓名"是主属性，其他属性是非主属性。

2. 关系的性质

一般用集合的观点定义关系，关系是多个属性值域的笛卡儿积的子集。也就是说，把关系看成一个集合，集合中的元素是元组，每个元组的属性个数均相同。如果一个关系的元组个数是无限的，称为无限关系；反之，称为有限关系。

在关系模型中对关系做了一些规范性的限制，可通过二维表格形象地理解关系的性质。

（1）关系中每个属性值都是不可分解的，即关系的每个元组分量必须是原子的。从二维表的角度讲，即不允许表中嵌套表。表1-2(a)就出现了这种表中嵌套表的情况，在"学时"下嵌套"理论"和"实验"。因为关系是从域出发定义的，每个元组分量都是不可再分的。遇到这种情况，可对表格进行简单的等价变换，使之成为符合规范的关系。例如，可将表1-2(a)改为表1-2(b)。

表 1-2 关系规范举例

课程	学时	
	理论	实验
数据库原理	54	10
编译原理	40	10

（a）不符合规范，非关系

课程	理论学时	实验学时
数据库原理	54	10
编译原理	40	10
操作系统	50	12

（b）符合规范的关系

（2）关系中不允许出现相同的元组。从语义角度看，二维表中的一行即一个元组，代表着一个实体。现实生活中不可能出现完全一样、无法区分的两个实体，因此，二维表中不允许出现相同的两行。同一关系中不能有两个相同的元组存在，否则将使关系中的元组失去唯一性，这一性质在关系模型中很重要。

（3）在定义一个关系模式时，属性的排列次序可任意交换，因为交换属性排序的先后，并不改变关系的实际意义。

（4）在一个关系中，元组的排列次序可任意交换，并不改变关系的实际意义。判断两个关系是否相等，是从集合的角度来考虑的，与属性及元组的次序无关，与关系的命名也无关。如果两个关系仅仅是上述差别，在其余各方面完全相同，就认为这两个关系相等。

（5）关系模式相对稳定，关系却随着时间的推移不断变化。这是由数据库的更新操作（包括插入、删除、修改）引起的。

3. 关系模式

关系模式是对关系的描述。关系模式是"型"，而关系是"值"。定义关系模式必须指明：

（1）元组集合的结构，包括属性构成、属性来自的域、属性与域之间的映像关系。

（2）元组语义以及完整性约束条件。

（3）属性间的数据依赖关系集合。

关系模式可以形式化地表示为 R(U,D,dom,F)，其中各字符的含义如下：

- **R**：关系名。
- **U**：组成该关系的属性名集合，即属性组。
- **D**：属性组U中属性所属的域。
- **dom**：属性对应域的映像集合。
- **F**：属性间的数据依赖关系集合。

关系模式通常可以简记为R(U)或R(A1,A2,…,An)，其中，R为关系名，A1,A2,…,An为属性名。

4. 关系的数据操作和完整性

关系数据模型的操作主要包括查询、插入、删除和修改数据。关系模型中的数据操作是集合操作，操作对象和操作结果都是关系，即若干元组的集合，而不像非关系模型中那样是单记录的操作方式。另一方面，关系模型把存取路径向用户隐藏起来，用户只要指出"做什么"或

"找什么",不必详细说明"怎么做"或"怎么找",从而大大地提高了数据的独立性,提高了用户生产率。

关系的数据操作必须满足关系的完整性约束条件。关系的完整性约束条件有3类:实体完整性、参照完整性和用户定义的完整性。

(1) 实体完整性(entity integrity)。

一个基本关系通常对应现实世界的一个实体集,如学生关系对应于学生的集合。现实世界中的实体是可区分的,即它们具有某种唯一性标识。相应地,关系模型中以主键作为唯一性标识。主键中的属性即主属性,不能取空值。所谓空值就是"不知道"或"无意义"的值。如果主属性取空值,就说明存在某个不可标识的实体,即存在不可区分的实体,这与现实世界的应用环境相矛盾,因此这个实体一定不是一个完整的实体。

实体完整性规则是指若属性A是基本关系R的主属性,则属性A不能取空值。

(2) 参照完整性(referential integrity)。

现实世界中的实体之间往往存在某种联系,在关系模型中实体与实体间的联系都是用关系来描述的,这样就自然存在着关系与关系间的引用。

参照完整性规则是指若属性(或属性组)F是基本关系R的外键,它与基本关系S的主键Ks相对应(基本关系R和S不一定是不同的关系),则对于R中每个元组在F上的值必须为:

- 或者取空值(F的每个属性值均为空值)。
- 或者等于S中某个元组的主键值。

参照完整性规则就是定义外键与主键之间的引用规则。

下面以具体实例来说明参照完整性规则在关系中的实现。

在关系数据库中有下列两个关系模式:

- **学生关系模式**:S(学号,姓名,性别,年龄,班级号,系别), PK(学号)。
- **学习关系模式**:SC(学号,课程号,成绩), PK(学号,课程号), FK1(学号), FK2(课程号)。

根据规则要求,关系SC中的"学号"值应该在关系S中出现。如果关系SC中有一个元组"(S07,C04,80)",而学号S07却在关系S中找不到,那么就认为在关系SC中引用了一个不存在的学生实体,这就违反了参照完整性规则。另外,在关系SC中"学号"不仅是外键,也是主键的组成部分,因此这里"学号"值不允许为空。

(3) 用户定义的完整性(user-defined integrity)。

实体完整性和参照完整性适用于任何关系数据库系统。除此之外,不同的关系数据库系统根据其应用环境的不同,往往还需要一些特殊的约束条件。

用户定义的完整性就是针对某一具体关系数据库的约束条件,它反映某一具体应用所涉及的数据必须满足的语义要求。关系模型应提供定义和检验这类完整性的机制,以便用统一的系统的方法处理它们,而不是由应用程序承担这一功能。

上述的学生关系S中,学生的年龄定义为两位整数,但范围较大,为此可以写出如下规则把年龄限制在15~30岁之间。

CHECK（age BETWEEN 15 AND 30）

5. 关系数据模型的存储结构

在关系数据模型中，实体与实体间的联系都是用二维表表示的。在数据库的物理组织中，表以文件形式存储，有的系统一张表对应一个操作系统文件，有的系统则自己设计文件结构。

6. 关系数据模型的优缺点

关系数据模型具有下列优点：
- 关系模型与非关系模型不同，它是建立在严格的数学概念的基础上的。
- 关系模型的概念单一，无论实体还是实体之间的联系都用关系表示，对数据的检索结果也是关系（即表）。因此其数据结构简单、清晰，用户易懂易用。
- 关系模型的存取路径对用户透明，因而关系模型具有更高的数据独立性、更好的安全保密性，同时也简化了程序员的工作及数据库开发建立的工作。

正是由于上述优点的存在，关系数据模型诞生以后得以快速发展。但是，关系数据模型也有缺点。其中最主要的缺点是，由于存取路径对用户透明，查询效率往往不如非关系数据模型。因此为了提高性能，必须对用户的查询请求进行优化，这就增加了开发数据库管理系统的难度。

1.3 数据库系统的结构

数据库系统的结构可以从多种不同的层次或不同的角度进行解读。从数据库管理系统角度看，数据库系统通常采用三级模式结构，这是数据库管理系统内部的系统结构；从数据库最终用户角度看，数据库系统的结构分为集中式结构（包括单用户结构和主从式结构）、分布式结构、客户机/服务器结构和并行结构，这是数据库系统外部的体系结构。

本节分别从以上两个方面介绍数据库的系统结构。

1.3.1 数据库的三级模式结构

模式（schema）是对数据库中全体数据的逻辑结构和特征的描述，它仅仅涉及型的描述，不涉及具体的值。模式的一个具体值称为模式的一个实例（instance），同一个模式可以有很多实例。模式是相对稳定的，而实例是相对变动的，这是因为数据库中的数据是在不断更新的。模式反映的是数据的结构及其联系，而实例反映的是数据库某一时刻的状态。

虽然实际的数据库系统软件的产品种类很多，它们支持不同的数据模型，使用不同的数据库语言，建立在不同的操作系统之上。但从数据库管理系统的角度看，它们的体系结构都具有相同的特征，即采用三级模式结构。

1. 数据库系统的三级模式结构

数据库系统的三级模式结构是指数据库系统是由外模式、模式和内模式三级构成的，如图1-8所示。

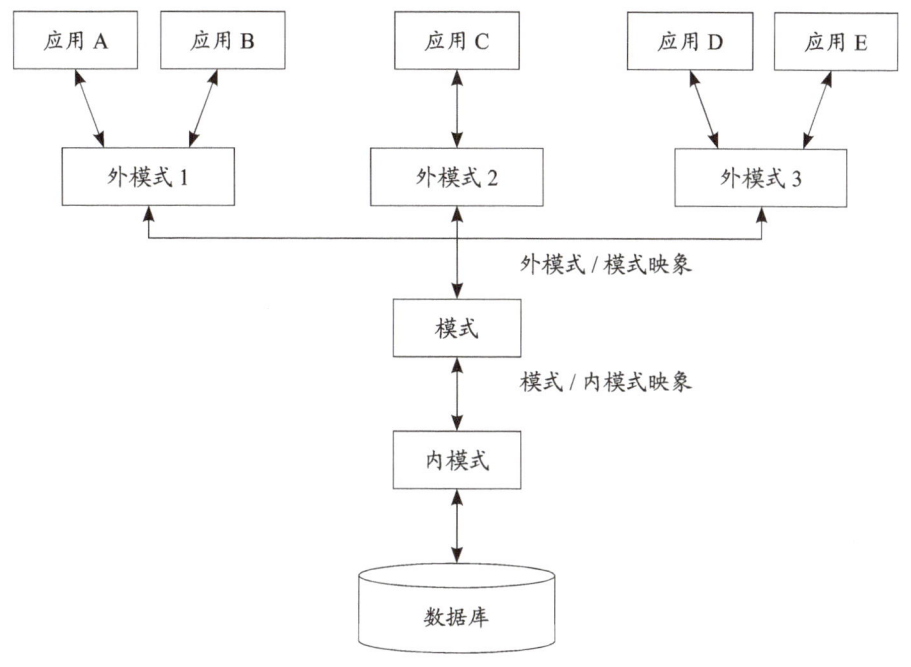

图 1-8　数据库系统的三级模式结构图

（1）模式。

模式也称为逻辑模式，是数据库中全体数据的逻辑结构和特征的描述，是所有用户数据的公共视图。在模式的定义中，通过某个具体数据模型描述了数据库的完整逻辑结构，同时还给出了实体和属性的名称及其约束条件等完整性控制定义，是一个可以放进数据项值的框架。

（2）外模式。

外模式也称子模式或用户模式，从逻辑上看，外模式是模式的一个逻辑子集，一个模式可以推导出多个不同的外模式。外模式是数据库用户看见和使用的对局部数据的逻辑结构和特征的描述，通常是与某个具体应用相关的数据子集的逻辑表示。多个应用（用户）可以共享一个外模式，一个外模式可以为多个应用（用户）使用。设立外模式的好处有以下几点：

- 方便了用户的使用，简化了用户的接口。用户只需依照外模式编写应用程序或在终端输入命令，而无须了解数据的逻辑结构和存储结构。
- 保证数据的独立性。由于在三级模式之间存在两级映象，使得物理模式和逻辑模式的变化都反映不到外模式一层，从而不用修改应用程序，提高了数据的独立性。
- 有利于数据共享。从同一模式产生不同的外模式，减少了数据的冗余度，有利于为多种应用服务。
- 用户程序只能操作对应的外模式范围内的数据，所以会与数据库中的其他数据相互隔离，这样便缩小了程序错误传播的范围，保证了其他数据的安全。

（3）内模式。

描述数据的物理存储的模式叫内模式，也称物理模式。它是对数据的物理结构和存储结构的描述，是数据库的内部表示方式。它规定数据项、记录、数据集、索引和存取路径在内的一切物理组织方式，以及优化性能、响应时间和存储空间的需求。它还规定记录的位置、块的大小与溢出区等。一个数据库只有一个内模式。

无论哪一级模式都只能处理数据的一个框架，按这些框架组织和存储的数据才是数据库的内容。但要注意的是框架和数据是两回事，它们放在不同的地方。所以，模型、模式、具体值是3个不同的概念。

2. 数据库系统的二级映象功能和数据独立性

数据库系统的三级模式对应数据的3个抽象级别，它把数据的具体组织交由DBMS管理，使用户能逻辑、抽象地处理数据，而不必关心数据在计算机中的具体表示与存储方式。

对于每一个外模式，数据库系统都有一个外模式/模式映象，它定义了该数据库外模式与模式之间的对应关系。这些映象定义通常包含在各自外模式的描述中。当模式改变时（如增加新的数据类型、新的数据项、新的关系等），由数据库管理员对各个外模式/模式映象做相应改变，可以使外模式不变，从而不必修改应用程序，保证了数据的逻辑独立性。

数据库只有一个模式，也只有一个内模式，所以模式/内模式映象是唯一的，它定义了数据的全局逻辑结构与存储结构之间的对应关系，即说明逻辑记录在内部是如何表示的。该映象定义通常包含在模式描述中。当数据库的存储结构改变时（如采用了更先进的存储结构等），由数据库管理员对模式/内模式映象做相应的改变，可以使模式保持不变，从而保证了数据的物理独立性。

■1.3.2 数据库的体系结构

从数据库管理系统的角度看，数据库系统是一个三级模式结构，但数据库的这种模式结构对最终用户和程序员是透明的，他们见到的仅是数据库的外模式和应用程序。从最终用户角度来看，数据库系统分为单用户结构、主从式结构、分布式结构和客户机/服务器结构。

1. 单用户结构的数据库系统

单用户数据库系统是最早期的、最简单的数据库系统，如图1-9所示。在单用户系统中，整个数据库系统（包括应用程序、DBMS、数据等）都装在一台计算机上，由一个用户独占，不同的机器间不能共享数据。

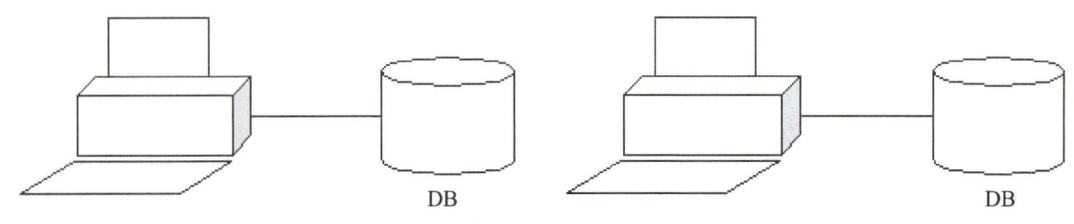

图1-9　单用户结构的数据库系统

例如，一个企业的各个部门都使用本部门的机器来管理本部门的数据，各个部门的机器是独立的。因为不同部门之间不能共享数据，所以企业内部存在大量的冗余数据。

2. 主从式结构的数据库系统

主从式结构是指一个主机带多个终端的多用户结构。在这种结构中，数据库系统（包括应用程序、DBMS、数据等）集中存放在主机上，所有任务都由主机完成，各个用户通过主机的终端并发地存取数据库，共享数据资源，如图1-10所示。

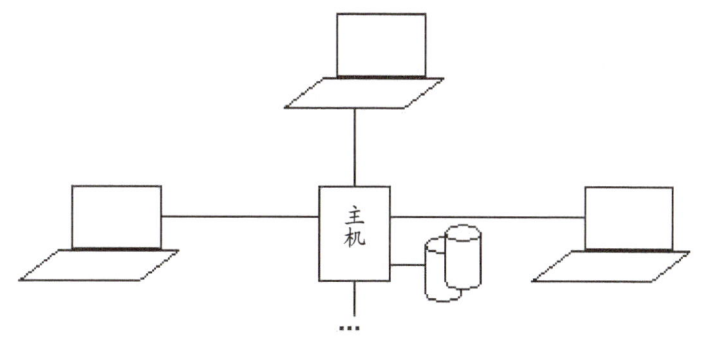

图1-10 主从式结构的数据库系统

主从式结构的优点是结构简单，数据易于维护和管理。缺点是当终端用户增加到一定程度后，主机的任务过于繁重，成为瓶颈，从而使系统性能大幅度下降。另外，当主机出现故障，可能导致整个系统不能使用，因而系统的可靠性不高。

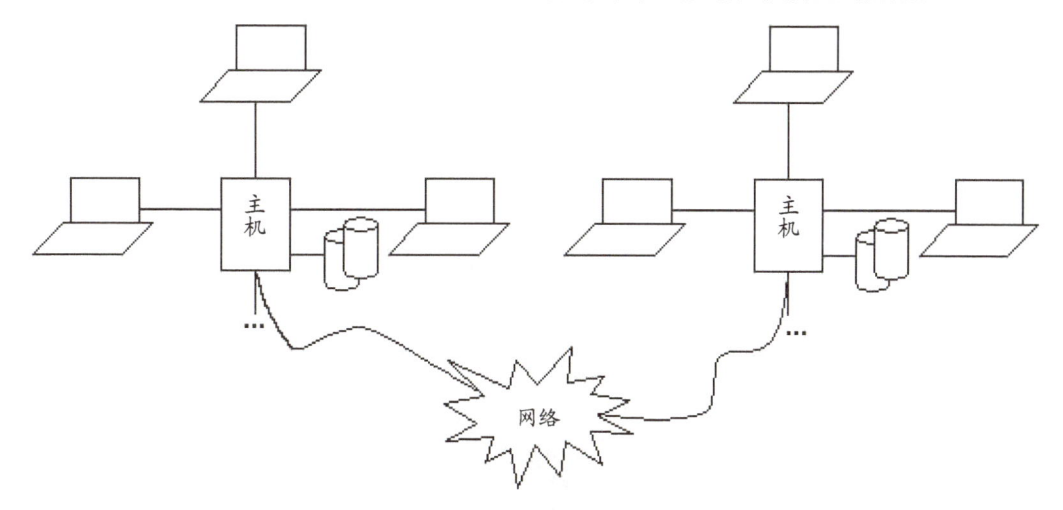

3. 分布式结构的数据库系统

分布式结构的数据库系统是指数据库中的数据在逻辑上是一个整体，但物理分布在计算机网络的不同节点上，如图1-11所示。网络的每一个节点都可以独立处理本地数据库中的数据，执行局部应用；同时也可以存取和处理多个异地数据库中的数据，执行全局应用。

图1-11 分布式结构的数据库系统

分布式结构的数据库系统是计算机网络发展的必然产物，它适应了地理上分散的公司、团体和组织对于数据库应用的需求，但数据的分布存放会给数据的管理、维护带来困难。此外，当用户需要经常访问远程数据时，系统效率将受网络环境的制约。

4. 客户机/服务器结构的数据库系统

主从式数据库系统中的主机和分布式数据库系统中的每个节点机一样，通常是一个通用计算机，既执行DBMS功能，又执行应用程序。随着工作站功能的增强和广泛使用，人们开始把DBMS功能和应用分开，即网络中某些节点上的计算机专门用于执行DBMS功能，称为数据库服务器（简称服务器），其他节点上的计算机则安装DBMS外围的应用开发工具，支持用户的应用，称为客户机，这就是客户机/服务器结构的数据库系统。

在客户机/服务器结构中，客户端的用户请求被传送到数据库服务器，数据库服务器进行处理后只将结果返回给用户（而不是整个数据），从而显著减少了网络数据的传输量，提高了系统的性能、吞吐量和负载能力。

另外，客户机/服务器结构的数据库往往更加开放，它们一般都能在多种不同的硬件和软件平台上运行，可以使用不同厂商的数据库应用开发工具，应用程序具有更强的可移植性，同时减少了软件维护的开销。

客户机/服务器数据库系统可以分为集中式服务器结构（图1-12）和分布式服务器结构（图1-13）。前者在网络中仅有一台数据库服务器，而有多台客户机。后者在网络中有多台数据库服务器。分布式服务器结构是客户机/服务器结构与分布式结构的结合。

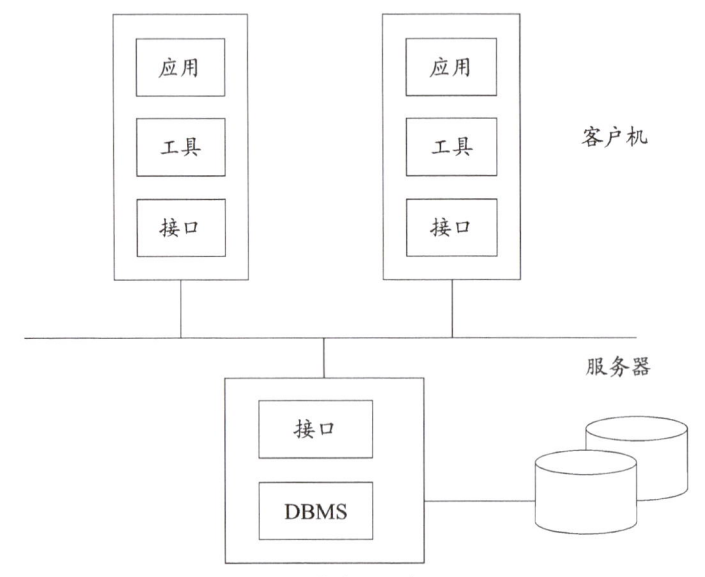

图 1-12　集中式服务器结构

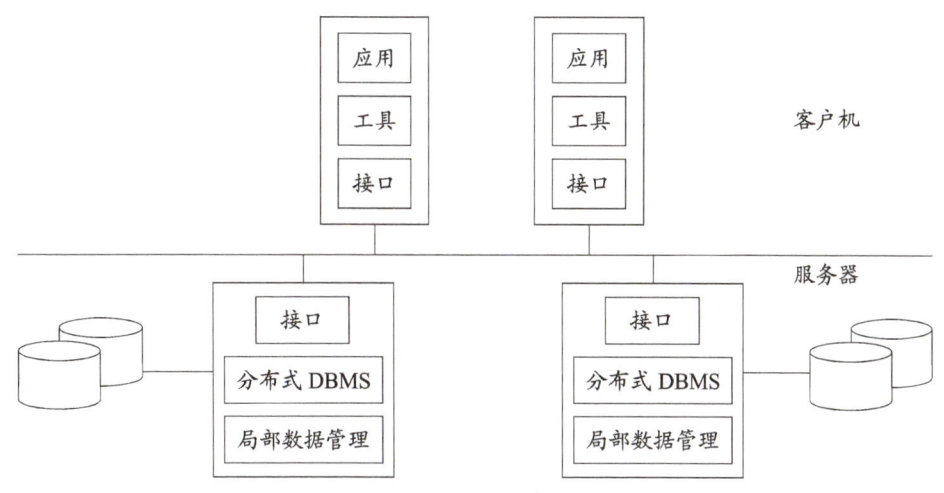

图 1-13 分布式服务器结构

与主从式结构相似,在集中式服务器结构中,一个数据库服务器要为众多的客户机服务,往往容易构成瓶颈,制约系统的性能。与分布式结构相似,在分布式服务器结构中,数据分布在不同的服务器上,会给数据的处理、管理和维护带来困难。

■1.3.3 数据库的连接

1. 关系数据库标准语言SQL

不同的应用程序可以选择不同的DBMS,而对数据库的具体操作都是通过DBMS来实现的,应用程序不可能跳过DBMS直接访问数据本身,所以在应用程序与DBMS之间就需要有一个统一的接口,这就是SQL语言。

结构化查询语言(structure query language,SQL)是关系型数据库管理系统中最流行的数据查询和更新语言,用户可以使用SQL语言对数据库执行各种操作,包括数据定义、数据操纵和数据控制等与数据库有关的全部功能。

SQL语言具有功能丰富、简单易学、使用方式灵活等突出优点,备受计算机工业界和计算机用户的欢迎。尤其自SQL成为国际标准后,各数据库管理系统厂商纷纷推出各自的支持SQL的软件或与SQL接口的软件,这就使得大多数数据库均采用了SQL作为共同的数据存取语言和标准接口。

但是,不同的数据库管理系统厂商开发的SQL并不完全相同。这些不同的SQL一方面遵循了标准SQL语言规定的基本操作,另一方面又在标准SQL语言的基础上进行了扩展,增强了一些功能。不同厂商的SQL往往有不同的名称,例如,Oracle产品中的SQL称为PL/SQL(procedural language/SQL,过程化SQL语言),Microsoft SQL Server产品中的SQL称为Transact-SQL。

关于SQL语言的更多介绍将在第3章中给出,这里不展开说明。

2. DBMS的接口

有了统一的SQL语言，就可以在应用程序中通过SQL语言来表达数据访问的需求。由应用程序将SQL语句传递给DBMS，DBMS收到SQL语句后执行相应的操作，再把结果返回给应用程序，完成一次对数据库的访问。负责完成相应传递功能的程序就是DBMS的接口。

在整个数据库系统进行安装部署的时候，DBMS的接口应根据系统要求安装到各个服务器或是客户机上，并进行相应的配置，以保障应用程序能够连接到正确的数据库。一般来说，大型数据库均提供专门的接口供应用程序连接使用，而对于小型数据库，应用程序通常会使用数据库中间件进行连接。Windows系统提供的ODBC就是一款通用的数据库中间件，利用ODBC可以连接文本文件、Excel文件，以及Access数据库等各种不同类型的数据文件，当然，经过配置也可以连接SQL Server或Oracle等大型数据库的数据源。

1.4 数据库的规范化

关系数据库设计的一个重要结果是生成一组关系模式，而一个不规范的关系模式可能会带来数据冗余、插入异常、修改异常和删除异常。因此，需要有一套规范化的理论以判断所设计的关系模式达到了哪种程度的规范化，这是数据库逻辑设计的一个有力工具。

1.4.1 数据依赖

数据依赖是指通过一个关系中属性之间值的相等与否来体现数据间的相互关系，是对现实世界属性之间相互联系的抽象，是数据内在的性质，是语义的体现。

关系模式是用来定义关系的，一个关系数据库包含一组关系，定义这组关系的关系模式集合为U，属性间数据的依赖关系集合为F，因此，关系模式R定义为一个三元组$R(U,F)$。当且仅当U上的一个关系r满足F时，r称为关系模式$R(U,F)$的一个关系。

由于关系模式经常出现数据冗余量大、数据的插入和删除异常的问题，导致此关系模式不是一个最优关系模式，这主要是因为模式中的某些数据依赖引起的。规范化理论正是用于改造关系模式的，它通过分解关系模式来消除其中不合适或不准确的数据依赖，以解决上述的问题。

1.4.2 相关概念

1. 函数依赖

假设R(U)是一个关系模式，U是R的属性集合，X和Y是U的子集。对于R(U)上的任意一个可能的关系r，如果r中不存在两个元组，它们在X上的属性值相同，而在Y上的属性值不同，则称"X函数确定Y"或"Y函数依赖于X"，记为$X \rightarrow Y$。

2. 平凡函数依赖和非平凡函数依赖

在关系模式R(U)中，对于U的子集X和Y，如果$X \rightarrow Y$且Y不是X的子集，则$X \rightarrow Y$称为非平凡

函数依赖；若Y是X的子集，则称其为平凡函数依赖。

3. 完全依赖与部分依赖

在关系模式R(U)中，如果$X \rightarrow Y$，并且对X的任何一个真子集X'，不存在$X' \rightarrow Y$，则称Y完全依赖于X，否则，可以说Y不完全依赖于X，或称Y部分依赖于X。

4. 传递函数依赖

在关系模式R(U)中，如果$X \rightarrow Y$，$Y \rightarrow Z$，且Y不是X的子集，也不存在$Y \rightarrow X$，则称Z传递依赖于X。

5. 键

设K为关系模式R(U,F)中的属性或属性组合，若U完全依赖于K，则称K为R的一个候选键；若关系模式R有多个候选键，则选定其中一个作为主键。候选键能够唯一标识关系，是关系模式中一组最重要的属性。另外，主键和外键一起提供了表示关系之间的联系的手段。

1.4.3 范式

使用规范化理论研究关系模式中各属性之间的依赖关系以及对关系模式性能的影响，可以探讨关系模式应该具备的性质与设计方法。关系必须是规范化的关系，应该满足一定的约束条件。通常把关系的规范化形式称为范式（normal form，NF）。范式表示的是关系模式的规范化程度，即满足某种约束条件的关系模式，根据满足的约束条件的不同可确定6种范式。在6种范式中，本节主要介绍前3种范式。一般来说，在进行数据库设计时，规范化到第三范式已经足够。

1. 第一范式（1NF）

如果一个关系模式R的所有属性都是不可分的基本数据项，则称R为1NF。

任何一个关系数据库中，1NF是对关系模式最起码的要求，不满足1NF的数据库模式不能称为关系数据库。

由表1-3可以看出，"薪金"是可以分割的数据项，因此不符合1NF的标准，必须对其进行规范化处理，规范化处理后如表1-4所示。但是满足了1NF不一定就是一个好的关系模式。

表1-3 不符合1NF的关系

工作证号	员工姓名	薪金	
		基本工资	奖金
2006001	张天	800	3000
2006002	王耀	1000	4000
2006003	孙东平	1200	5000

表 1-4　符合 1NF 的关系

工作证号	员工姓名	基本工资	奖金
2006001	张天	800	3000
2006002	王耀	1000	4000
2006003	孙东平	1200	5000

2. 第二范式（2NF）

若关系模式R为1NF，并且每一个非主属性都完全依赖于R的键，则称R为2NF。关系R不仅满足1NF，且R中只存在一个主键，所有非主属性都应该完全依赖于该主键。

2NF不允许关系模式的属性之间有函数依赖$X \rightarrow Y$，其中，X是键的真子集，Y是非主属性。

在表1-5中，关系满足1NF，但不满足2NF。

表 1-5　不符合 2NF 的关系

工作证号	员工姓名	项目代号	所在城市
2006001	张天	07001	北京
2006002	王耀	06002	郑州
2006003	孙东平	07001	北京

在表1-5中，主键由"工作证号"和"项目代号"组成，而"员工姓名"依赖于"工作证号"且"所在城市"依赖于"项目代号"，这样会造成数据冗余和更新异常。增加新的项目数据时，没有对应的员工信息；删除员工信息时，有可能同时将项目信息删除。解决的方法是将一个这样的非2NF分解成多个2NF的关系模式，方法如下：

员工关系：工作证号、员工姓名

项目关系：项目代号、所在城市

员工与项目关系：工作证号、项目代号

3. 第三范式（3NF）

如果关系模式R为2NF，X是R的候选键，Y、Z是R的非主属性组，如果不存在$Y \rightarrow Z$，亦即不存在属性是通过其他属性（组）传递依赖于键，则称R为3NF。

表1-6给出的关系满足2NF，但不满足3NF。在表1-6中，"项目名称"和"所在城市"依赖于"项目代号"，"邮政编码"也依赖于"项目导致代号"，但是这个依赖是由于"邮政编码"依赖于"所在城市"，而后者又依赖于"项目代号"，导致"邮政编码"传递依赖于"项目代号"。例如，如果北京的项目很多，那么北京的邮政编码"100000"就会出现大量重复；而另一方面，如果某个城市没有项目，就会造成所在城市和邮政编码对应信息的缺失。也就是说，仍然存在数据冗余和更新异常。解决传递依赖的方法仍然是对关系进行分解，将它分成两个3NF。

表 1-6　不符合 3NF 的关系

项目代号	项目名称	所在城市	邮政编码
07001	调研项目	北京	100000
06002	开发项目	郑州	450000
07002	管理项目	北京	100000

项目关系：项目代号、项目名称、所在城市
城市关系：所在城市、邮政编码

4. 关系模式规范化的步骤

规范化的基本思想是逐步消除数据依赖不合理的部分，使模式中的各关系模式达到某种程度上的分离，尽量减少数据冗余和更新异常的出现，即让一个关系或描述一种实体，或描述实体属性之间的联系，是概念的单一化。关系模式规范化的基本步骤如图1-14所示（仅列出1NF到3NF的步骤）。

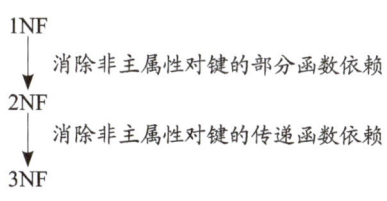

```
1NF
 ↓   消除非主属性对键的部分函数依赖
2NF
 ↓   消除非主属性对键的传递函数依赖
3NF
```

图 1-14　关系模式规范化的步骤

> **知识点拨**
>
> 关系数据库中关系模式规划化的6种范式：第一范式（1NF）、第二范式（2NF）、第三范式（3NF）、巴斯-科德范式（BCNF）、第四范式（4NF）和第五范式（5NF，又称完美范式）。范式的等级越高，应满足的约束条件就越严格。范式的每一级别都依赖于它的前一级别，例如，若一个关系模式满足2NF，则一定满足1NF。通常，数据库中的关系模式满足第三范式即可。但是，具体划分到哪种范式，往往要看具体情况。范式越高，数据冗余程度越低，但处理速度相对较慢。所以理论上是第三范式即可，而在实际设计开发过程中，很可能为了速度直接采用第一范式，这需要在数据库设计时根据实际情况进行权衡。

1.5　数据库设计

有人说，一个成功的管理信息系统，是由"50%的业务+50%的软件"所组成，而50%的成功软件又由"25%的数据库+25%的程序"所组成。因此，数据库设计是软件开发的一个关键步骤。数据库设计是指在给定的环境下，创造一个性能良好的、能满足不同用户的使用要求、又能被选定的DBMS所接受的数据模式。

大体上可以把数据库设计划分为6个阶段：需求分析阶段、概念结构设计阶段、逻辑结构设计阶段、物理结构设计阶段、数据库实施阶段、数据库运行和维护阶段，如图1-15所示。

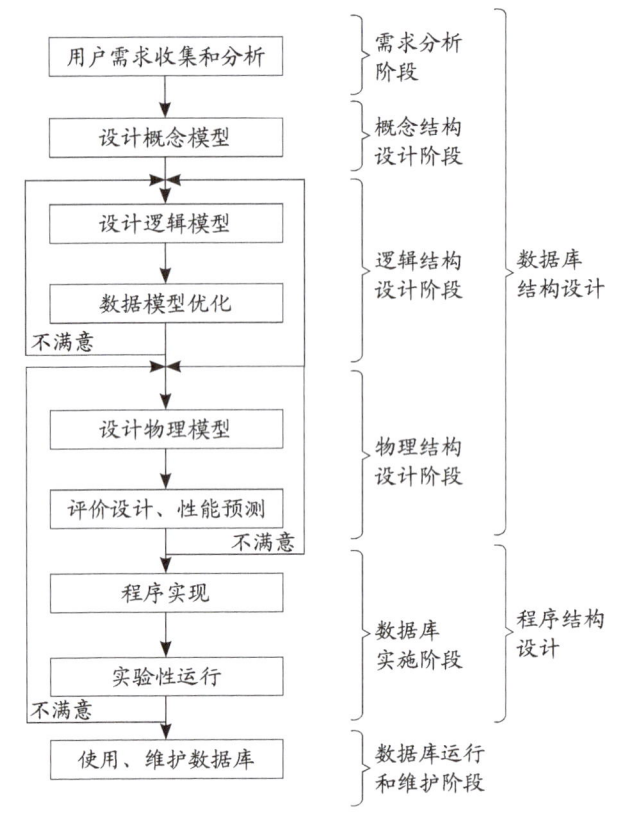

图 1-15　数据库设计阶段划分

■1.5.1　需求分析

准确地搞清楚用户要求，是数据库设计的关键。需求分析的好坏，决定了数据库设计的成败。确定用户的最终需求其实是一件很困难的事。一方面用户缺少计算机知识，开始时无法确定计算机究竟能为自己做什么，不能做什么，所以无法准确地表达自己的需求，而且提出的需求往往还不断地变化。另一方面设计人员缺少用户的专业知识，不易理解用户的真正需求，甚至误解用户的需求。此外，新的硬件、软件技术的出现也会使用户需求发生变化。因此，设计人员必须与用户不断深入地进行交流，才能逐步确定用户的实际需求。

需求分析阶段的成果是系统需求规格说明书，主要包括数据流图（data flow diagram，DFD）、数据字典（data dictionary，DD）、各种说明性文档、统计输出表、系统功能结构图等。系统需求规格说明书是后期设计、开发、测试和验收等过程的重要依据。

需求分析的任务是通过详细调查现实世界要处理的对象（如组织、部门、企业等），充分了解原系统（手工系统或计算机系统）的工作概况，明确用户的各种需求，然后在此基础上确定新系统的功能。新系统必须充分考虑今后可能的扩充和改变，不能仅仅按当前应用的需求来设计数据库。需求分析的重点是调查、收集与分析用户在数据管理中的信息要求、处理要求、安全性与完整性要求等。

需求分析阶段的主要任务有以下几方面：

（1）确认系统的设计范围，调查信息需求，收集数据。分析需求调查得到的资料，明确计算机应当处理和能够处理的范围，确定新系统应具备的功能。

（2）综合各种信息包含的数据，各种数据之间的关系，以及数据的类型、取值范围和流向。

（3）建立需求说明文档、数据字典、数据流图。将需求调查文档化，文档既要为用户所理解，又要方便数据库的概念结构设计。需求分析的结果应及时与用户进行交流，反复修改，直到得到用户的认可。在数据库设计中，数据需求分析是对有关信息系统现有数据及数据间联系的收集和处理，当然也要适当考虑系统在将来的需求。一般地，需求分析包括数据流分析及功能分析。功能分析是指系统如何得到事务活动所需要的数据，在事务处理中如何使用这些数据进行处理，以及处理后数据流向的全过程的分析，一般用数据流图来表示。

在需求分析阶段，应当用文档形式整理出整个系统所涉及的数据、数据间的依赖关系、事务处理的说明和需要产生的报告，并且尽量借助于数据字典加以说明。除使用数据流图、数据字典以外，需求分析还可使用判定表、判定树等工具。

1.5.2　概念结构设计

概念结构设计是数据库设计的第二阶段，其目标是对需求说明书提供的所有数据和处理要求进行抽象与综合处理，按一定的方法构造反映用户环境的数据及其相互联系的概念模型，即用户数据模型或企业数据模型。这种概念数据模型与DBMS无关，是面向现实世界的数据模型，极易为用户所理解。

为了保证所设计的概念数据模型能够完全、正确地反映用户的数据及其相互关系，便于进行所要求的各种处理，在本阶段中可吸收用户参与和评议设计。在进行概念结构设计时，可设计各个应用的视图（view），即各个应用所看到的数据及其结构，然后再进行视图集成（view integration），以形成用户的概念数据模型。这样形成的初步数据模型还要经过数据库设计者和用户的审查和修改，最后形成所需的概念数据模型。

1.5.3　逻辑结构设计

逻辑结构设计阶段的设计目标是把上一阶段得到的与DBMS无关的概念数据模型转换成等价的、为某个特定的DBMS所接受的逻辑模型所表示的概念模式，同时将概念结构设计阶段得到的应用视图转换成外模式，即特定DBMS下的应用视图。在转换过程中要进一步落实需求说明，并满足DBMS的各种限制。逻辑结构设计阶段的结果是用DBMS提供的数据定义语言写成的数据模式。逻辑结构设计的具体方法与DBMS的逻辑数据模型有关。

逻辑结构设计即是在概念结构设计的基础上进行数据模型设计，可以采用层次模型、网状模型和关系模型。由于当前绝大多数DBMS都是基于关系模型的，E-R方法又是概念结构设计的主要方法，如何在全局E-R图基础上进行关系模型的逻辑结构设计成为这一阶段的主要内容。在进行逻辑结构设计时并不考虑数据在某一DBMS下的具体物理实现，即不考虑数据是如何在计算机中存储的。

1.5.4 物理结构设计

将一个给定的逻辑结构实施到具体的环境中时,逻辑数据模型要选取一个具体的工作环境,这个工作环境提供了数据存储结构与存取方法,这个过程就是数据库的物理结构设计。物理结构设计阶段的任务是把逻辑结构设计阶段得到的逻辑数据库在物理上加以实现,其主要内容是根据DBMS提供的各种手段,设计数据的存储形式和存取路径,如文件结构、索引的设计等,即设计数据库的内模式。数据库的内模式对数据库的性能影响很大,应根据处理需求及DBMS、操作系统和硬件的性能进行精心设计。

数据库的物理设计通常分为两步:第一,确定数据库的物理结构;第二,评价实施的空间效率和时间效率。确定数据库的物理结构包含确定数据的存储结构、设计数据的存取路径、确定数据的存放位置以及确定系统配置等方面的内容。数据库物理设计过程中需要对时间效率、空间效率、维护代价和各种用户要求进行权衡,选择一个优化方案作为最终的数据库物理结构。

1.5.5 数据库的实施

数据库实施主要包括以下工作:
- 用数据描述语言(data description language,DDL)定义数据库结构。
- 组织数据入库。
- 编制与调试应用程序。
- 数据库试运行。

1. 定义数据库结构

确定了数据库的逻辑结构与物理结构后,就可以用所选用的DBMS提供的数据描述语言来严格描述数据库结构。

2. 数据装载

数据库结构建立好后,就可以向数据库中装载数据(即组织数据入库)了。组织数据入库是数据库实施阶段最主要的工作。对于数据量不是很大的小型系统,可以用人工方式完成数据的入库,其步骤为:

(1)筛选数据。需要装入数据库中的数据通常都分散在各个部门的数据文件或原始凭证中,所以首先必须把需要入库的数据筛选出来。

(2)转换数据格式。筛选出的需要入库的数据,其格式往往不符合数据库要求,还需要进行转换。这种转换有时会很复杂。

(3)输入数据。将转换好的数据输入计算机的数据库中。

(4)校验数据。检查输入的数据是否有误。

对于中、大型系统,由于数据量很大,用人工方式组织数据入库将会耗费大量的人力物力,而且很难保证数据的正确性。因此还应该设计一个数据输入子系统,以辅助数据的入库工作。

3. 编制与调试应用程序

数据库应用程序的设计应该与数据设计并行进行。在数据库实施阶段，当数据库结构建立好后，就可以开始编制与调试数据库的应用程序，也就是说，编制与调试应用程序是与组织数据入库同步进行的。调试应用程序时可能数据入库尚未完成，可先使用模拟数据。

4. 数据库试运行

应用程序调试完成，并且已有一小部分数据入库后，就可以开始数据库的试运行。数据库试运行也称为联合调试，其主要工作包括：

（1）功能测试。即实际运行应用程序，执行对数据库的各种操作，测试应用程序的各种功能。

（2）性能测试。即测量系统的性能指标，分析是否符合设计目标。

■ 1.5.6 数据库的运行和维护

数据库试运行结果符合设计目标后，数据库就可以真正投入运行了。数据库投入运行标志着开发任务的基本完成和维护工作的开始，但并不意味着设计过程的终结。由于应用环境在不断变化，数据库运行过程中物理存储也会不断变化，对数据库设计进行评价、调整、修改等维护工作是一个长期的任务，也是设计工作的继续和提高。

在数据库运行阶段，对数据库经常性的维护工作主要是由DBA完成的，其维护工作包括：故障维护，数据库的安全性、完整性控制，数据库性能的监督、分析和改进，数据库的重组和重构等。

> **拓展阅读**
>
> 优化数据中心建设布局。在区域数据中心集群间，以及集群和主要城市间建立数据中心直连网络，促进数据中心分级分类布局建设，加快实现集约化、规模化、绿色化发展。
>
> ——《"十四五"国家信息化规划》

学习体会

课后作业

1. 选择题

(1) 若关系中的某一属性组的值能唯一地标识一个元组，则称之为（　　）。

　　A. 主键　　　　　B. 候选键　　　　C. 外键　　　　　D. 联系

(2) 以下不属于数据模型三要素的是（　　）。

　　A. 数据结构　　　B. 数据操纵　　　C. 数据控制　　　D. 完整性约束

(3) 以下对关系性质的描述中，哪个是错误的？（　　）

　　A. 关系中每个属性值都是不可分解的

　　B. 关系中允许出现相同的元组

　　C. 定义关系模式时可随意指定属性的排列次序

　　D. 关系中元组的排列次序可任意交换

2. 填空题

(1) 数据管理发展的3个阶段是_____、_____和_____。

(2) 数据库系统的三级模式包括_____、_____和_____。

3. 思考题

(1) 用数据库系统管理数据相比用文件系统管理数据的优点有哪些？

(2) 关系模式规范化的步骤有哪些？

(3) 数据库设计的阶段包括哪些？

第 2 章 初识 Oracle 数据库

内容概要

Oracle 数据库管理系统自发布以来，一直以其良好的体系结构、强大的数据处理能力、丰富而实用的功能和众多创新技术的应用得到广大用户的认可。本章主要介绍 Oracle 的发展历史及版本、Oracle 体系结构，以及 Oracle 19c 数据库安装前的准备工作，Oracle 19c 的安装与配置、启动与停止 Oracle 服务等内容。

2.1 Oracle的发展历史及版本介绍

■ 2.1.1 Oracle的发展历史

1970年的6月，IBM公司的研究员Edgar Frank Codd在*Communications of the ACM*上发表了名为《大型共享数据库数据的关系模型》（A Relational Model of Data for Large Shared Data Banks）的著名论文，拉开了关系型数据库软件革命的序幕。IBM于1973年开发了原型系统System R来研究关系型数据库的实际可行性，但是在当时层次和网状数据库占据主流，并没有及时推出关系型数据库产品。

1977年6月，Larry Ellison、Bob Miner和Ed Oates在硅谷共同创办了一家名为软件开发实验室（Software Development Laboratories，SDL）的计算机公司，这就是Oracle公司的前身。公司创立之初，Miner是总裁，Oates为副总裁，而Ellison因为一个合同的关系，还在另一家公司上班。没多久，第一位员工Bruce Scott加盟进来。由于受到Codd那篇著名论文的启发，Ellison和Miner预见到数据库软件的巨大潜力。于是，SDL公司开始策划构建可商用的关系数据库管理系统（relational database management system，RDBMS），并将这个产品命名为Oracle。1979年，SDL更名为关系软件有限公司（Relational Software,Inc.，RSI），并于当年夏季发布了可用于DEC公司的PDP-11计算机上的商用Oracle产品，这是世界上第一个商用关系数据库管理系统。

1983年，为了突出公司的核心产品，RSI公司又更名为Oracle，Oracle公司从此正式走入人们的视野。现在，Oracle公司是全球最大的信息管理软件及服务供应商之一，提供包括Oracle、Java、MySQL在内的软、硬件产品，向全球一百多个国家的用户提供数据库、应用系统、开发工具及相关的咨询、培训和支持服务。

Oracle发展大事记如下：

1977年，Oracle公司创立。

1979年，推出第一个商用关系数据库管理系统。

1983年，发布了Oracle第3版，这是一个完全用C语言编写的数据库产品。

1986年，发布第一个"客户机/服务器"式的数据库。

1992年，发布Oracle第7版，是Oracle真正出色的产品，取得了巨大的成功。

1995年，发布第一个64位关系数据库管理系统。

1996年，发布了一个开放的、基于标准的、支持Web体系结构的版本。

1997年，Oracle第8版发布。Oracle 8支持面向对象的开发及新的多媒体应用，这个版本也为支持因特网、网络计算等奠定了基础。

1999年，第一次在应用开发工具中集成了Java和XML。

2001年，在Oracle OpenWorld大会中发布了Oracle 9i。在Oracle 9i的诸多新特性中，最重要的就是实时应用集群（Real Application Clusters，RAC）技术。

2007年，Oracle 11g正式发布，该版本的功能大大增强，并大幅提高了系统的性能与安全性。该版本采用全新的Data Guard技术，最大化软件的可用性；利用全新的高级数据压缩技术降低了数据存储的支出，明显缩短了应用程序测试环境部署和分析测试结果所花费的时间；增加了对RFID Tag、DICOM医学图像、3D空间等重要数据类型的支持，加强了对二进制XML格式的支持和性能优化。

2008年，Oracle宣布收购项目组合与管理软件的供应商Primavera软件公司。

2009年，Oracle收购Sun Microsystems。Sun被Oracle公司接管，对Java的发展十分有益。

2013年，Oracle Database 12c正式发布。

2019年，Oracle Database 19c正式发布，为目前最新的长期支持版本，拥有超高水平的版本稳定性、超长的支持和错误修复支持周期。

2022年，Oracle Database 21c发布，该版本为创新版，已生产可用，新功能包括对原生的区块链表的多模支持、SQL宏支持，以及多租户多负载优化等。

2023年，Oracle推出免费的Oracle Database 23c早期开发人员版本，适用于云端和本地部署。

2.1.2　Oracle 19c版本介绍

Oracle 19c是截止到2023年最新的"长期支持"版本，这意味着Oracle Database 19c将获得5年的高级支持（截止至2024年4月）和至少3年的延长支持（截止至2027年4月）。Oracle 19c是智能、可靠和安全的数据库，它具有自动化管理、高可用性和高安全性等特点，具体介绍如下：

（1）自动化管理。Oracle 19c引入了自动化管理功能，以帮助管理人员更轻松地管理数据库，其中最显著的功能是自动索引管理。自动索引管理使用机器学习来识别和优化查询，以创建适当的索引，这不仅提高了查询性能，还减少了索引管理的工作量。此外，Oracle 19c还提供了自动重优化、自动处理序列和自动缩放等功能。

（2）高可用性。Oracle 19c提供了多种高可用性功能，以确保业务数据的可靠性，其中最重要的是Oracle Data Guard。它提供了远程镜像和故障转移功能，可以在发生故障时自动将工作负载转移到备用数据库，从而确保业务的连续性。此外，Oracle 19c还提供了基于重放的故障转移测试和Active Data Guard自动切换等功能。

（3）高安全性。Oracle 19c在提高安全性方面做了很多努力，包括一些额外的安全特性，如Database Vault和Advanced Security，用以防止未授权的访问和数据泄露。Database Vault可以将数据库限制为只允许授权用户访问，而Advanced Security则提供加密传输、密钥管理和审计等功能。此外，Oracle 19c提供了一种名为Oracle Database Security Assessment Tool的工具，用以评估数据库安全性并提供建议和解决方案。

与其他RDBMS相比，Oracle数据库具有如下优势：

- Oracle数据库是目前数据库管理系统中稳定性较好的。

- 运行速度快。
- 支持SQL语言并扩展了相关SQL语言功能。
- Oracle数据库提供了角色、用户、权限分工，提供数据库、数据表、列等不同级别上的权限控制。
- 在数据完整性检查、一致性、安全性等方面表现良好，数据库管理功能完善。
- 支持二进制图形、图像、声音、视频等多媒体数据类型。
- Oracle数据库能够在Windows、Linux等多种平台上部署运行。

2.2 Oracle体系结构概述

Oracle的体系结构由内存结构、进程结构、存储结构组成，如图2-1所示。其中，内存结构由全局共享区（system global area，SGA）和程序共享区（program global area，PGA）组成；进程结构由用户进程和Oracle进程组成；存储结构由逻辑存储和物理存储组成。

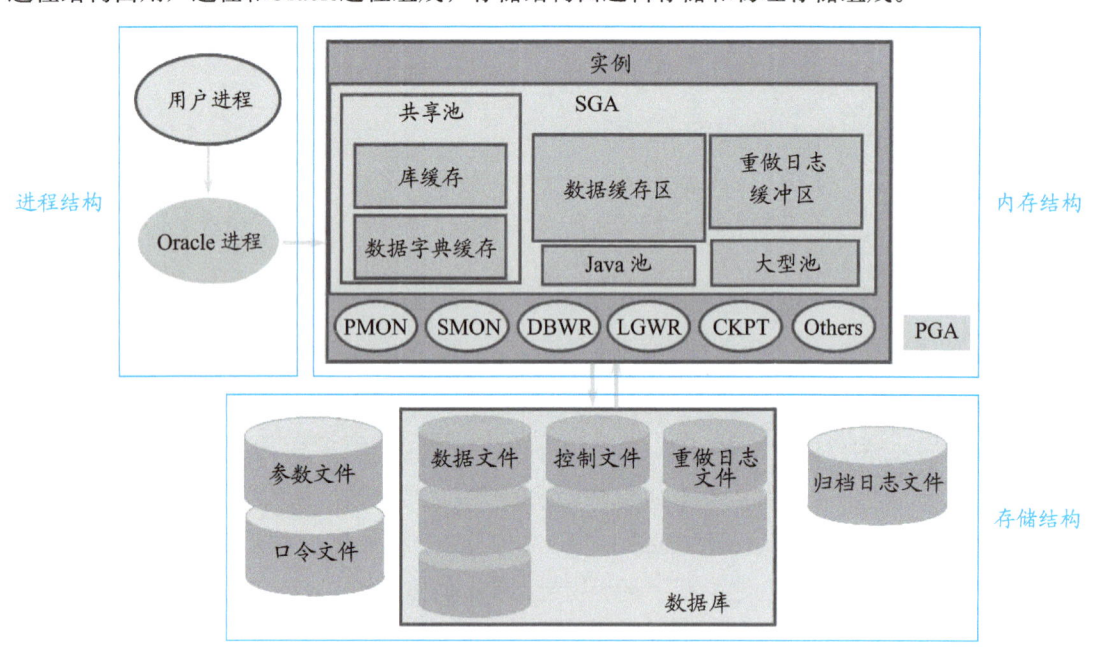

图 2-1　Oracle 的体系结构

2.2.1 存储结构

Oracle数据库的存储结构分为逻辑存储结构和物理存储结构，这两种存储结构既相互独立又相互联系，如图2-2所示。

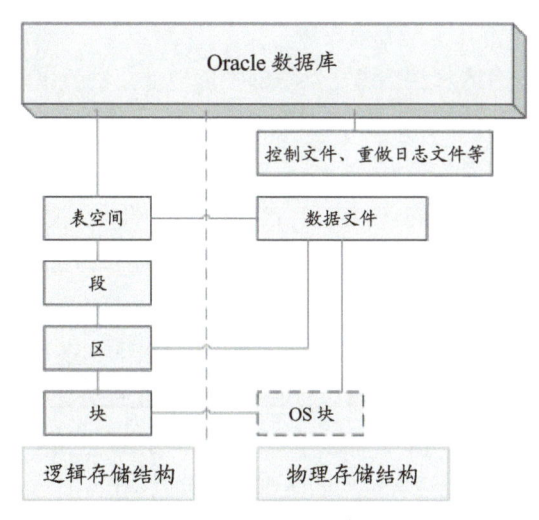

图 2-2　Oracle 的存储结构

逻辑存储结构主要描述Oracle数据库的内部存储结构，即从概念上描述在Oracle数据库中如何组织、管理数据。从逻辑上来看，数据库是由系统表空间、用户表空间等组成。表空间是最大的逻辑单位，块是最小的逻辑单位。逻辑存储结构中的块与操作系统中的块相对应。

物理存储结构主要描述Oracle数据库的外部存储结构，即在操作系统中如何组织、管理数据。因此，物理存储结构和操作系统平台有关。从物理上看，数据库由控制文件、数据文件、重做日志文件等操作系统文件组成。

1. 逻辑存储结构

Oracle的逻辑存储结构是由一个或多个表空间组成的，一个表空间（tablespace）由一组段组成，一个段（segment）由一组区组成，一个区（extent）由一批数据库块组成，一个数据库块（block）对应一个或多个物理块。Oracle的逻辑存储结构示意图如图2-3所示。

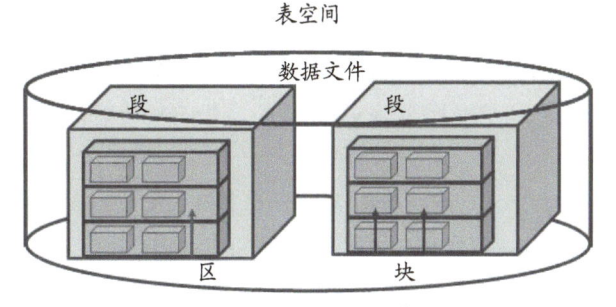

图 2-3　Oracle 的逻辑存储结构

（1）数据库块。

块是数据库使用的I/O最小单元，也是最基本的存储单位，又称逻辑块或Oracle块，其大小在建立数据库时指定。虽然在初始化文件中可见，但是不能修改。为了保证存取的速度，它是OS数据块的整数倍。Oracle的操作都是以块为基本单位，一个区间可以包含多个块，如果区间大小不是块大小的整数倍，Oracle实际也扩展到块的整数倍。

数据块的基本结构由以下几个部分组成：
- **块头部**：包含块中一般的属性信息，如块的物理地址、块所属段的类型等。
- **表目录**：包含块中表的信息，这些信息用于聚集段。
- **行目录**：包括块中的有效行信息。
- **空闲区**：数据块中尚未使用的存储空间，当向数据中添加新数据时，将减小空闲空间。
- **行数据区**：块中已经使用的空间，在此存储了表或索引的数据。

（2）区。

区是数据库存储空间分配的逻辑单位。关于extent的翻译有多种解释，有的译作扩展，有的译作盘区，通常译为区。在一个段中可以存在多个区，区是为数据一次性预留的一个较大的存储空间，当该区被用满时，数据库会继续申请一个新的预留存储空间，即新的区，直到到达段的最大区数量（max extent）或没有可用的磁盘空间可以申请。

理论上一个段可以划分无穷个区，但是多个区对Oracle的性能是有影响的。Oracle建议把数据分布在尽量少的区上，以减少Oracle的管理与磁头的移动。通过命令DBA/ALL/USER_EXTENTS可以查询详细的区信息。

（3）段。

段是对象在数据库中占用的空间，虽然段和数据库对象是一一对应的，但段是从数据库存储的角度来看的。一个段只能属于一个表空间，但一个表空间可以有多个段。

表空间和数据文件是物理存储上的一对多的关系，表空间和段是逻辑存储上的一对多的关系，段不直接和数据文件发生关系。一个段可以属于多个数据文件，段可以指定扩展到哪个数据文件上面。

段基本可以分为以下4种：
- **数据段**（data segment）：存储表中的所有数据。
- **索引段**（index segment）：存储表中最佳查询的所有索引数据。
- **回滚段**（rollback segment）：存储修改之前的位置和值。
- **临时段**（temporary segment）：存储表排序操作期间建立的临时表的数据。

通过命令DBA/ALL/USER_SEGMENTS可以查询详细的段信息。

（4）表空间。

表空间是最大的逻辑单位，对应一个或多个数据文件，表空间的大小是它所对应的数据文件大小的总和。表空间是Oracle逻辑存储结构中数据的逻辑组织，第1个数据库至少有一个系统表空间（system tablespace）。

Oracle 19c自动创建的表空间有以下5种：

①Sysaux（辅助系统表空间）：用于减少系统负荷，提高系统的作业效率。

②System（系统表空间）：存放关于表空间的名称、控制文件、数据文件等管理信息，是最重要的表空间。它属于sys、system两个用户，仅被这两个或其他具有足够权限的用户使用。不可删除或者重命名System表空间。

③Temp（临时表空间）：临时表空间存放临时表和临时数据，用于排序。

④Undotbs（重做表空间）：该表空间用于实现Oracle数据库事务的撤销（Undo）功能，使得当一个事务需要回滚时，所有已做的修改可以反向执行，使数据库能从逻辑错误中恢复。

⑤Users（用户表空间）：用于永久存放用户对象和私有信息，也称为数据表空间。

一般情况下，系统用户使用System表空间，非系统用户使用Users表空间。

2. 物理存储结构

Oracle的物理存储结构主要包含3种数据文件：控制文件、数据文件和日志文件。此外还包括一些参数文件。控制文件负责管理数据文件和日志文件，参数文件负责寻找控制文件。其中，数据文件的扩展名为.DBF，日志文件的扩展名为.LOG，控制文件的扩展名为.CTL。

（1）控制文件（control file）。

数据库控制文件是一个很小的二进制文件，它维护着数据库的全局物理结构，用以支持数据库成功地启动和运行。创建数据库的同时就提供了与之对应的控制文件。在数据库使用过程中，Oracle不断地更新控制文件，所以只要数据库是打开的，控制文件就必须处于可写状态。若由于某些原因，控制文件不能被访问，则数据库也就不能正常工作了。

每一次Oracle数据库的实例启动时，它的控制文件就用于标识数据库和日志文件，所以，当进行数据库操作时它们必须被打开。当数据库的物理组成更改时，Oracle会自动更改该数据库的控制文件。数据恢复时，也要使用控制文件。如果数据库的物理结构发生了变化，用户应该立即备份控制文件。一旦控制文件不幸被损毁，数据库就无法顺利启动了。也因为如此，控制文件的管理与维护工作就显得格外重要。

（2）数据文件（data file）。

一个Oracle数据库可以拥有一个或多个物理的数据文件，数据文件包含了全部数据库数据。逻辑数据库结构的数据也物理地存储在数据库的数据文件中。

数据文件具有如下特征：

- 一个数据库可拥有多个数据文件，但一个数据文件只对应一个数据库。
- 可以对数据文件进行设置，使其在数据库空间用完的情况下进行自动扩展。
- 一个表空间（数据库存储的逻辑单位）可以由一个或多个数据文件组成。

数据文件是用于存储数据库数据的文件，如表、索引数据等都物理地存储在数据文件中。数据文件中的数据在需要时可以读取并存储在Oracle的内存储区中。表空间是一个或多个数据文件在逻辑上的统一组织，而数据文件是表空间在物理上的存在形式。没有数据文件的存在，表空间就失去了存在的物理基础；而离开了表空间，Oracle就无法获得数据文件的信息，无法访问对应的数据文件，这样的数据文件就成了垃圾文件。

数据文件的大小可以用两种方式表示，即字节和数据块。数据块是Oracle数据库中最小的数据组织单位，它的大小由参数"DB_BLOCK_SIZE"来确定。

（3）日志文件（redo log file）。

日志文件也称为重做日志文件。重做日志文件用于记录对数据库的所有修改信息，包括用户对数据的修改和管理员对数据库结构的修改。重做日志文件是保证数据库安全和数据库备份与恢复的文件。

重做日志文件主要在数据库出现故障时使用。在每一个Oracle数据库中，至少有两个重做日志文件组，每组有一个或多个重做日志成员，一个重做日志成员物理地对应一个重做日志文件。在现实作业系统中为确保日志的安全，基本上对日志文件采用镜像的方法。在同一个日志文件组中，其日志成员的镜像个数最多可以达到5个。有关日志的模式包括归档模式（ARCHIVELOG）和非归档模式（NOARCHIVELOG）两种。

Oracle在重做日志文件中以重做记录的形式记录用户对数据库进行的操作。当需要进行数据库恢复时，Oracle将根据重做日志文件中的记录，恢复丢失的数据。重做日志文件是由重做记录组成的，重做记录又称为重做条目，它由一组修改向量组成。每个修改向量都记录了数据库中某个数据块所做的修改。例如，如果用户执行了一条UPDATE语句对某张表中的一条记录进行修改，同时将生成一条重做记录。这条重做记录可能由多个变更向量组成，在这些变更向量中记录了所有被这条语句修改过的数据块中的信息。被修改的数据块包括表中存储这条记录的数据块和回滚段中存储的相应的回滚条目的数据块。

利用重做记录，不仅能够恢复对数据文件所做的修改操作，还能够恢复对回滚段所做的修改操作。因此，重做日志文件不仅可以保护用户数据库，还能够保护回滚段数据。在进行数据库恢复时，Oracle会读取每个变更向量，然后将其中记录的修改信息重新应用到相应的数据块上。

> **提示**：数据文件、控制文件、日志文件及一些其他文件（如参数文件、备份文件等）构成了Oracle数据库的物理存储结构，这些对应于操作系统的具体文件，是Oracle数据库的物理载体。

（4）参数文件（parameter file）。

当Oracle实例启动时，它从一个初始化参数文件中读取初始化参数。初始化参数文件记载了许多数据库的启动参数，如内存大小、控制文件、进程数等，这些对数据库的性能影响很大。如果不是很了解，不要轻易乱改写，否则会引起数据库性能下降。这个初始化参数文件可以是一个只读的文本文件，或者是可以读/写的二进制文件，这个二进制文件总是存储在服务器上，被称为服务器参数文件（sever parameter file）。使用服务器参数文件，可以让管理员通过使用ALTER SYSTEM命令把对数据库所做的改变保存起来，这样即使重新启动数据库，所做的改变也不会丢失。因此，Oracle建议用户使用服务器参数文件。用户既可以通过编辑初始化的文本文件，也可以使用Oracle自带的数据库管理工具（database configuration assistant，DBCA）来创建服务器参数文件。

2.2.2 内存结构

Oracle的内存结构主要分为全局共享区（SGA）与程序共享区（PGA），如图2-4所示。

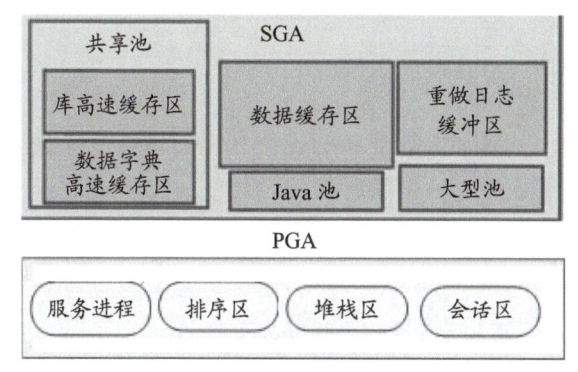

图 2-4 Oracle 的内存结构

1. 全局共享区

全局共享区（SGA）是一块巨大的共享内存区域，它被看作是Oracle数据库的一个大缓冲池，这里的数据可以被Oracle的各个进程共用。SGA主要包括共享池、数据缓存区、重做日志缓冲区、Java池和大型池等几个部分。

（1）共享池（shared pool）。

共享池保存了最近执行的SQL语句、PL/SQL程序和数据字典信息，是对SQL语句和PL/SQL程序进行语法分析、编译、执行的内存区。共享池主要又可以分为库高速缓存区和数据字典高速缓存区两个部分。

库高速缓存区（library cache）也称库缓存，用于解析用户进程提交的SQL语句或PL/SQL程序以及保存最近解析过的SQL语句或PL/SQL程序。Oracle DBMS执行各种SQL、PL/SQL之前，要对其进行语法解析、对象确认、权限判断、操作优化等一系列操作，并生成执行计划。库缓存会保存已经解析的SQL和PL/SQL。因此，为提高效率应尽量使用预处理查询。

数据字典高速缓存区（data dictionary cache）也称数据字典缓存。在Oracle运行过程中，Oracle会频繁地对数据字典中的表、视图进行访问，以便确定操作的数据对象是否存在、是否具有合适的权限等。数据字典缓存保存了最常用的数据字典信息，其中存放的记录是一条一条的，而其他缓存区中保存的是数据块。

（2）数据缓存区（database buffer cache）。

该缓存区保存最近从数据文件中读取的数据块，其中的数据被所有用户共享。这个缓存区的块基本上在两个不同的列表中管理。一个是块的"脏"表（dirty list），需要用数据库块的书写器（DBWR）来写入；另外一个是"不脏的"块的列表（free list），一般情况下，该列表使用最近最少使用（least recently used，LRU）算法来管理。

数据缓存区可以细分为3部分：default pool、keep pool和recycle pool。如果不是人为设置初始化参数文件（Init.ora文件），Oracle将默认为default pool。由于操作系统寻址能力的限制，不通过特殊设置，32位系统中的块缓存区高速缓存最大可以达到1.7 GB，64位系统中的块缓存区高速缓存最大可以达到10 GB。

（3）重做日志缓冲区（redo log buffer）。

重做日志缓冲区会把对数据库的任何修改都按顺序记录在其中，然后由LGWR进程将它写入磁盘。这些修改信息可能是数据操纵语言（data manipulation language，DML）语句，如INSERT、UPDATE、DELETE语句，也可能是数据定义语言（data definition language，DDL）语句，如CREATE、ALTER、 DROP等语句。

为什么需要重做日志缓冲区？这是因为内存到内存的操作较内存到硬盘的操作速度快很多，所以重做日志缓冲区可以加快数据库的操作速度，但是考虑到数据库的一致性与可恢复性，数据在重做日志缓冲区中的滞留时间不会很长。重做日志缓冲区一般都很小，大于3 MB的重做日志缓冲区已经没有太大的实际意义。

（4）Java池（Java pool）。

Oracle 8i以后提供了对Java的支持，Java池用于存放Java代码、Java程序等，一般不小于20 MB，以便虚拟机运行。如果不用Java程序，则没有必要改变该缓冲区的默认大小。

（5）大型池（large pool）。

大型池的得名不是因为大，而是因为它用于分配大块的内存，处理比共享池更大的内存，从8.0版本开始引入。大型池用于需要大内存的操作，为其提供相对独立的内存空间，以便提高性能。大型池是可选的内存结构，DBA可以决定是否需要在SGA中创建大型池。需要大型池的操作有数据库的备份和恢复、大量排序的SQL语句、并行化的数据库操作等。

下面的操作将使用大型池：
- MTS：在SGA的大型池中分配用户全局区（user global area，UGA）。
- **语句的并行查询**（parallel execution of statements）：允许进程间消息缓冲区的分配，用来协调并行查询服务器。
- **备份**（backup）：用作RMAN磁盘I/O缓存。

2. 程序共享区

程序共享区（PGA）是用户进程连接到数据库并创建一个对应的会话时，由Oracle为服务进程分配的、专门用于当前用户会话的内存区。PGA的大小由操作系统决定，并且分配后保持不变；PGA是非共享的，会话终止时会自动释放PGA所占的内存。

2.2.3 进程结构

进程是操作系统中的一个概念，是一个可以独立调用的活动，用于完成指定的任务。

进程与程序的区别是：
- 进程是动态创建的，完成后销毁；程序是静态的实体，可以复制、编辑。
- 进程强调执行过程，程序仅仅是指令的有序集合。
- 进程在内存中，程序在外存中。

Oracle中包括用户进程和Oracle进程两类。Oracle进程又包括服务器进程和后台进程。

当用户运行一个应用程序时，就建立了一个用户进程，其主要作用是在客户端将用户的SQL语句传递给服务器进程。

服务器进程用于处理用户进程的请求，其处理过程为：首先分析SQL命令并生成执行方案，然后从数据缓存区中读取数据，最后将执行结果返回给用户。

后台进程为所有数据库用户异步完成各种任务。主要的后台进程有数据库写进程（DBWR）、日志写进程（LGWR）、系统监控进程（SMON）、进程监控进程（PMON）、检查点进程（CKPT）、归档进程（ARCn）、恢复进程（RECO）和封锁进程（LCKn）。

（1）数据库写进程（DBWR）。

该进程的主要作用是将修改过的数据缓冲区的数据写入对应数据文件，并且维护系统内的空缓冲区。DBWR是一个很底层的工作进程，它批量地把缓冲区的数据写入磁盘而不受前台进程的控制。

以下条件会触发DBWR工作：
- 系统中没有多余的空缓冲区用来存放数据。
- CKPT进程触发DBWR。

（2）日志写进程（LGWR）。

该进程将重做日志缓冲区中的数据写入重做日志文件，LGWR是一个必须和前台用户进程通信的进程。当数据被修改的时候，系统会产生一个重做日志并记录在重做日志缓冲区内。在提交的时候，LGWR必须将被修改数据的重做日志缓冲区内的数据写入日志数据文件，然后再通知前台进程提交成功，并由前台进程通知用户。LGWR承担了维护系统数据完整性的任务。

（3）系统监控进程（SMON）。

该进程的工作主要包含：清除临时空间，在系统启动时完成系统实例恢复，聚结空闲空间，从不可用的文件中恢复事务的活动，Oracle并行服务中失败节点的实例恢复，清除OBJ$表，缩减回滚段，使回滚段脱机等。

（4）进程监控进程（PMON）。

该进程主要用于清除失效的用户进程，释放用户进程所用的资源，如PMON将回滚未提交的工作、释放锁、释放分配给失败进程的SGA资源等。

（5）检查点进程（CKPT）。

检查点进程负责执行检查点，并更新控制文件，启用DBWR进程将"脏"缓存块中的数据写入数据文件（该任务一般由LGWR执行）。CKPT对于许多应用都不是必需的，只有当数据库数据文件很多，LGWR在检查点时性能明显降低的情况下才使用CKPT。

CKPT的作用主要是同步数据文件、日志文件和控制文件。由于DBWR/LGWR的工作原理，造成了数据文件、日志文件、控制文件的不一致，此时就需要用CKPT进程来同步。CKPT会更新数据文件/控制文件的头信息。当一个检查点发生时，Oracle必须更新所有数据文件的文件头，记录这个检查点的详细信息。这个动作是由CKPT进程完成的，但是CKPT进程并不将数据块写入磁盘，写入的动作总是由DBWR进程完成的。

（6）归档进程（ARCn）。

归档进程在发生日志切换（log switch）时将重做日志文件复制到指定的存储设备中。只有当数据库运行在ARCHIVELOG模式下，且自动归档功能被开启时，系统才会启动ARCn进程。

一个Oracle实例中最多可以运行10个ARCn进程。若当前的ARCn进程还不能满足工作负载的需要，则LGWR进程将启动新的ARCn进程。alert log会记录LGWR启动ARCn进程。

如果预计系统存在繁重的归档任务，例如，将进行大批量数据装载时，可以通过设置初始化参数LOG_ARCHIVE_MAX_PROCESSES来指定多个归档进程，通过ALTER SYSTEM语句可以动态地修改该参数，增加或减少归档进程的数量。然而，通常情况并不需要改变该参数，该参数默认值为1。当系统负载增大时，LGWR进程会自动启动新的ARCn进程。

（7）恢复进程（RECO）。

恢复进程用于分布式数据库结构，它能自动解决分布式事务的错误。一个节点的RECO进程会自动地连接到一个有疑问的分布式事务的其他相关的数据库。当RECO重新连接到相关的数据库服务时，它会自动地解决有疑问的事务，并从相关数据库的活动事务表（pending transaction table）中移除和此事务有关的数据。

如果RECO进程无法连接到远程服务，RECO进程会在一定时间间隔后尝试再次连接，但是每次尝试连接的时间间隔会以指数级的方式增长。只有实例允许分布式事务时才会启动RECO进程。实例中不会限制并发的分布式事务的数量。

（8）封锁进程（LCKn）。

在并行服务器中用于多个实例间的封锁。

2.2.4 数据字典

数据字典（data dictionary）是Oracle数据库的重要组成部分，是Oracle存放有关数据库信息的地方，如一个表的创建者信息、创建时间信息、所属表空间信息、用户访问权限信息等。当用户对数据库中的数据进行操作遇到困难时，就可以访问数据字典来查看有关的详细信息。

Oracle中的数据字典有静态和动态之分。静态数据字典在用户访问数据字典时不会发生改变，但动态数据字典是依赖数据库运行的，反映数据库运行的一些内在信息，所以这类数据字典往往不是一成不变的。数据字典主要有以下3个用途：

- Oracle通过访问数据字典查找关于用户、模式对象和存储结构的信息。
- Oracle每次执行一个数据定义语句时都会修改数据字典。
- 任何Oracle用户都可以将数据字典作为数据库的只读参考信息。

数据字典由一系列拥有数据库元数据（metadata）信息的数据字典表和用户可以读取的数据字典视图组成。

- **数据字典表**：数据字典表属于sys用户，大部分数据字典表的名称中都包含"$"符号。
- **数据字典视图**：数据字典表中的信息经过解密和一些加工处理后，以视图的方式呈现给用户。大多数用户都可以通过数据字典视图查询所需要的与数据库相关的系统信息。

数据字典的主要内容包括：

- 系统的空间信息，即分配了多少空间、当前使用了多少空间等。
- 数据库中所有模式对象的信息，如表、视图、簇、同义词及索引等。
- 例程运行的性能和统计信息。
- Oracle用户的名字。

- 用户访问或使用的审计信息。
- 用户及角色被授予的权限信息。
- 列的约束信息的完整性。
- 列的缺省值。

在Oracle数据库中，数据字典可以看作是一组表和视图结构。它们存放在System表空间中。在数据库系统中，数据字典不仅是每个数据库的核心，而且对每个用户也是非常重要的信息。用户可以用SQL语句访问数据库的数据字典。通过数据字典可实现如下功能：

- 当执行DDL语句修改方案、对象后，Oracle都会将本次修改的信息记录在数据字典中。
- 用户可以通过数据字典视图获得各种方案、对象及对象的相关信息。
- Oracle通过查询数据字典表或数据字典视图获取有关用户、方案、对象的定义信息和其他存储结构的信息。
- DBA可以通过数据字典的动态性能视图监视例程的状态，将其作为性能调整的依据。

2.3 安装Oracle 19c数据库

2.3.1 Oracle 19c的安装条件

Oracle 19c可以在Windows、Linux和UNIX系统下运行。下面介绍Oracle 19c在Windows平台上的安装。安装Oracle之前，需要先安装64位Windows 10及以上版本的操作系统，或安装Windows Server 2012 R2 X64及以上版本的服务器操作系统，具体的硬件配置要求如表2-1所示。

Oracle数据库的安装要求比较简单，一般会在检测条件时给出相应的提示，目前Oracle 19c对操作系统的要求为至少Windows 10及以上版本。

表 2-1 Oracle 19c 在 64 位 Windows 环境下对硬件配置的要求

硬件需求	说明
CPU	至少为64位处理器
物理内存（RAM）	最小为1 GB，建议2 GB以上
虚拟内存	物理内存的两倍
硬盘（NTFS格式）	企业版至少6.5 GB以上
	标准版至少6 GB以上
TEMP临时空间	最小为1 GB，建议2 GB以上
处理器主频	550 MHz以上

2.3.2 Oracle 19c数据库的安装过程

下面将以Oracle 19c数据库软件在64位Windows 10操作系统下的安装操作为例，对Oracle 19c的安装过程进行介绍。

Oracle数据库管理与应用

> **知识点拨**
>
> Oracle安装文件可从官方网站下载，因其分不同操作系统版本，下载时要注意与本机操作系统的版本兼容。

步骤 01 以管理员（Administrator）身份登录要安装Oracle 19c的计算机，以便对计算机的文件夹拥有完全的访问权限并能执行所需的修改操作。

步骤 02 在数据库安装文件目录中双击setup.exe，启动Oracle 19c安装向导，自动出现安装选项，如图2-5所示。

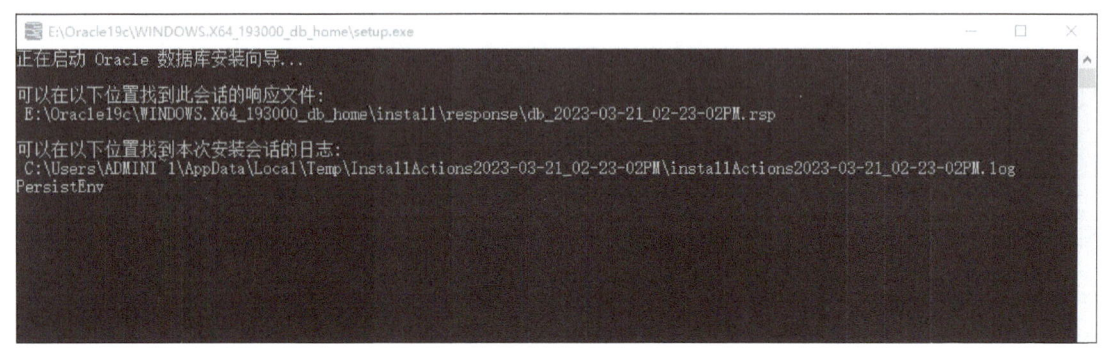

图 2-5　启动安装向导

步骤 03 在打开的"选择配置选项"对话框中，选择"创建并配置单实例数据库"选项，单击"下一步"按钮，如图2-6所示。在"选择系统类"对话框中选择"桌面类"选项，单击"下一步"按钮，如图2-7所示。

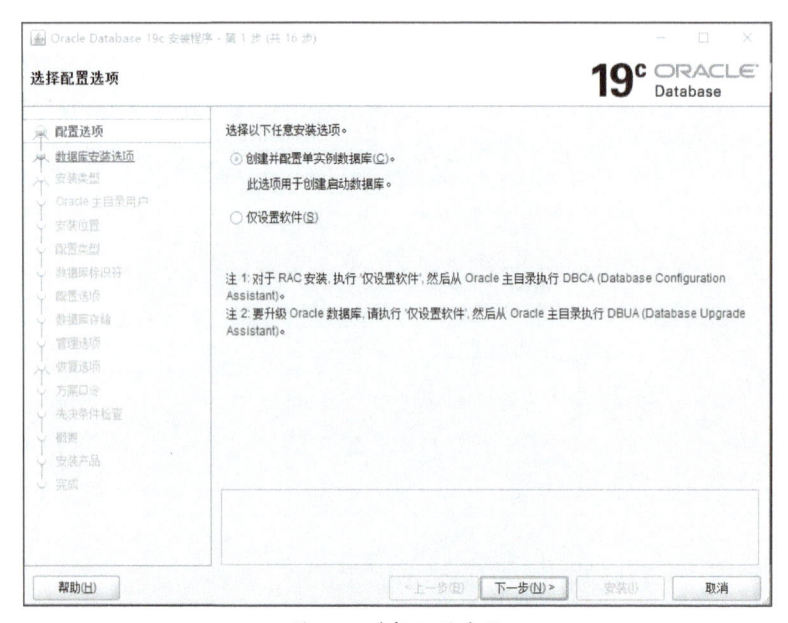

图 2-6　选择配置选项

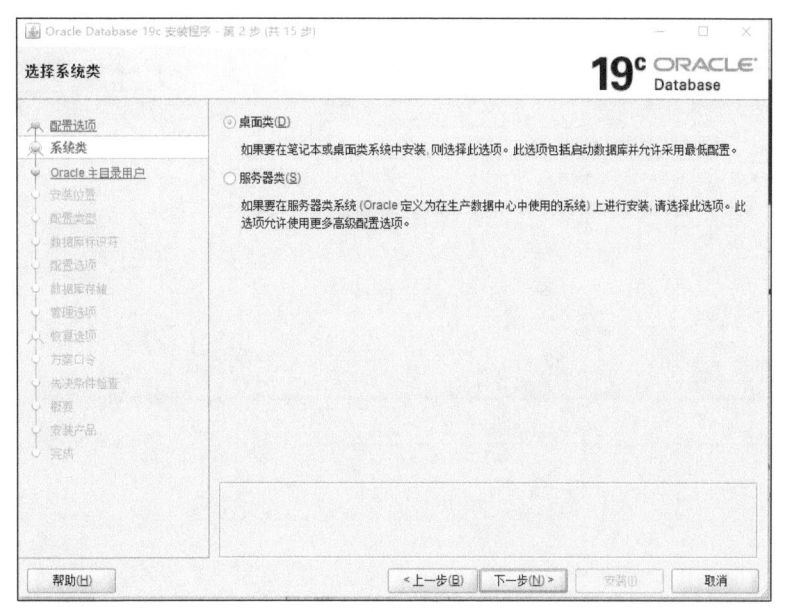

图 2-7　选择安装系统类型

步骤 04 在"指定Oracle主目录用户"对话框中选择"使用虚拟帐户[①]"选项,单击"下一步"按钮,如图2-8所示。在"典型安装配置"对话框中,指定Oracle基目录及数据库文件位置,选择数据库版本为"企业版",选择字符集为Unicode,设置全局数据库名为"orcl",设置登录数据库的口令并确认口令,如图2-9所示。

图 2-8　设置 Oracle 主目录用户

[①] 正确的写法应为"账户",这里的写法是为了和软件保持一致。

图 2-9　设置安装选项

步骤 05 单击"下一步"按钮，进入"执行先决条件检查"对话框，如图2-10所示，检查完毕后单击"下一步"按钮。在"概要"对话框中将显示Oracle 19c安装程序的概要信息，确认无误后单击"安装"按钮，如图2-11所示。

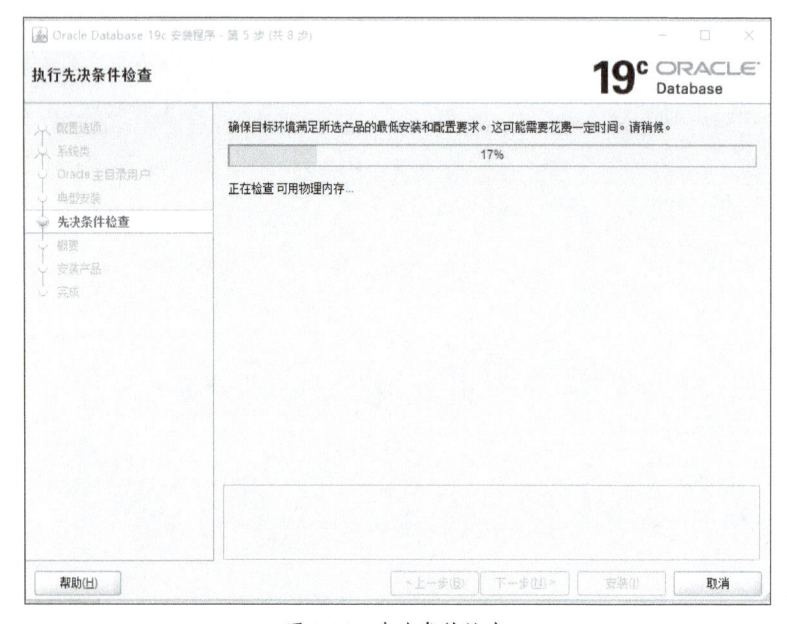

图 2-10　先决条件检查

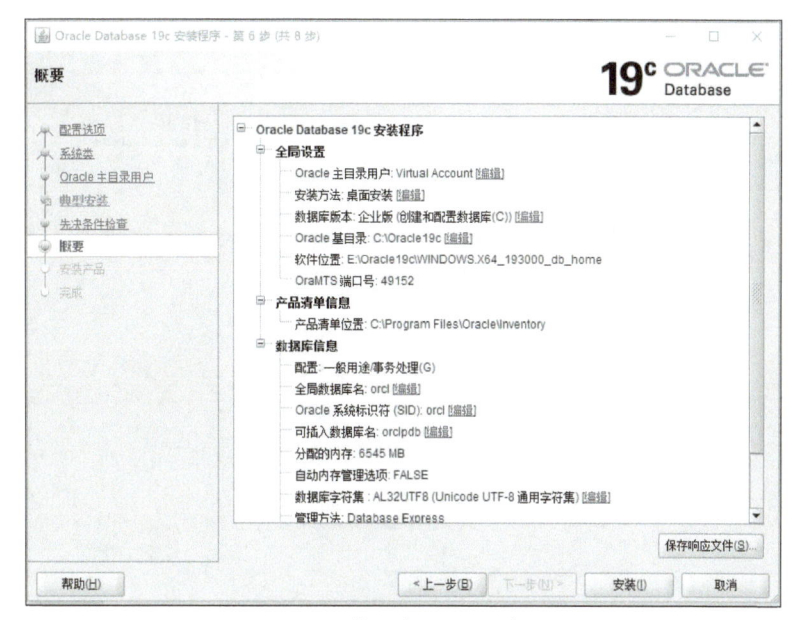

图 2-11　安装程序的概要信息显示

步骤 06 数据库开始安装，根据计算机配置不同，安装时间约几分钟至几十分钟，如图2-12所示。

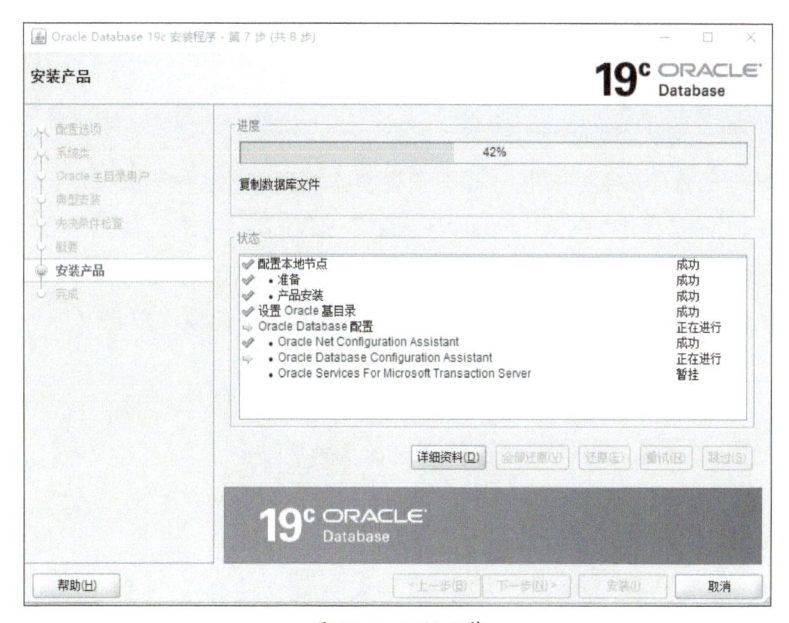

图 2-12　开始安装

步骤07 安装完成后，系统提示已完成安装，单击"关闭"按钮即可，如图2-13所示。

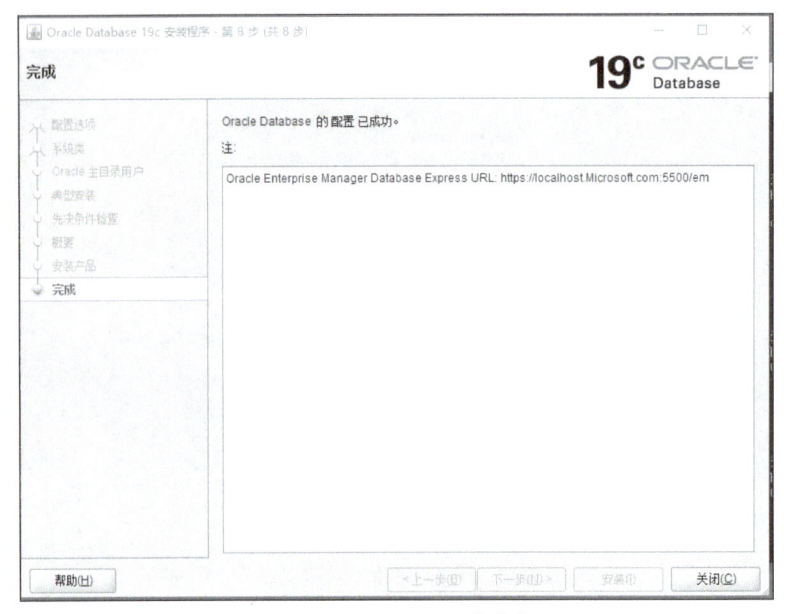

图 2-13　Oracle 19c 安装完成

2.4　配置Oracle监听及服务

■2.4.1　配置Oracle监听程序

Oracle 19c数据库软件安装完成后，需要配置其监听程序，具体步骤如下：

步骤01 选择"开始"→"程序"→"OraDB19Home1"→"配置与管理工具"→"Net Configuration Assistant"，打开Net Configuration Assistant对话框，选择"监听程序配置"选项，单击"下一步"按钮，如图2-14所示。在弹出的对话框中选择"添加"选项，单击"下一步"按钮，如图2-15所示。

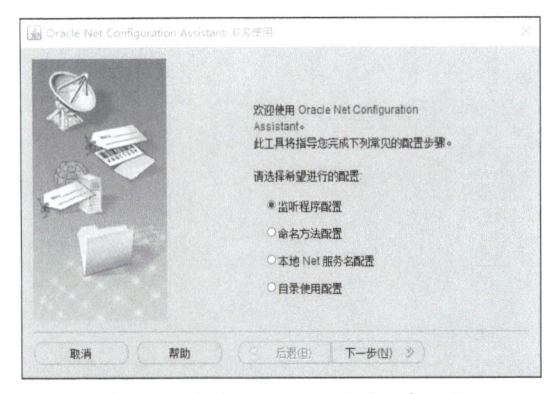

图 2-14　启动 Oracle 19c 监听程序配置　　　　　图 2-15　选择"添加"选项

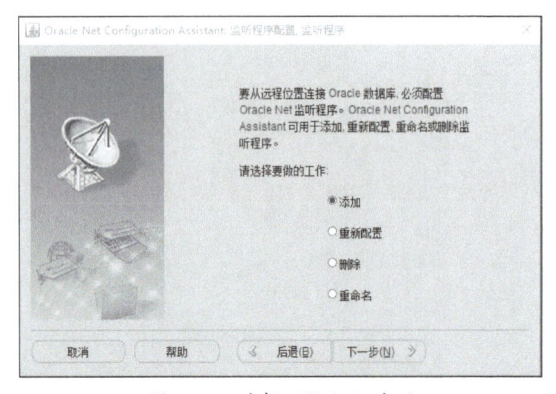

步骤02 输入监听程序名，单击"下一步"按钮，如图2-16所示。选择"TCP"协议作为"选定的协议"，单击"下一步"按钮，如图2-17所示。

图 2-16　输入监听程序名

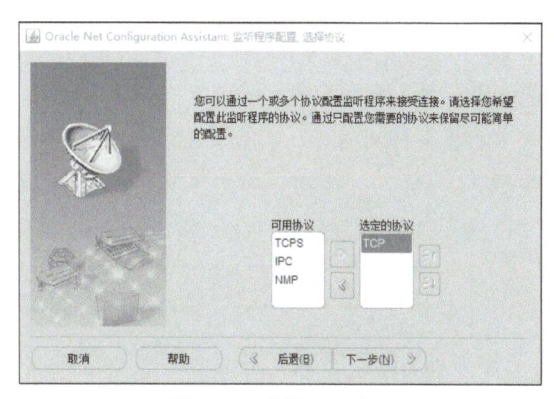

图 2-17　选择网络协议

步骤03 选择"使用标准端口号1521"选项，单击"下一步"按钮，如图2-18所示。在新对话框中，若不需要配置其他监听程序，则选择"否"，单击"下一步"按钮，如图2-19所示。

图 2-18　设置监听程序端口号

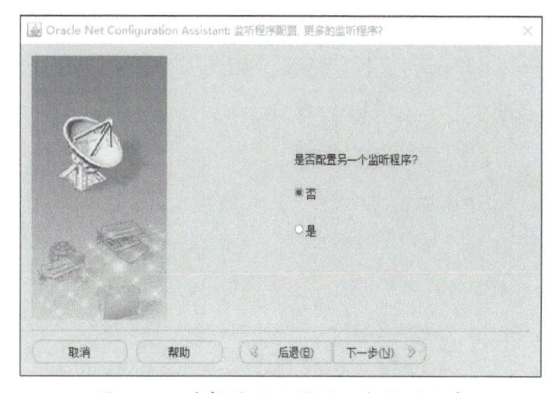

图 2-19　选择是否配置另一个监听程序

步骤04 监听程序配置完成，如图2-20所示。单击"下一步"按钮，返回配置助手初始界面，若不需要配置其他配置项，则单击"完成"按钮，如图2-21所示。

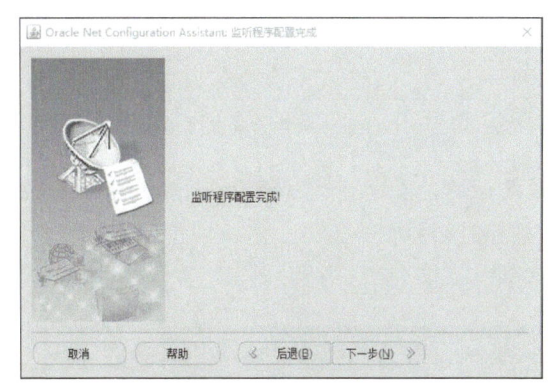

图 2-20　监听程序配置完成

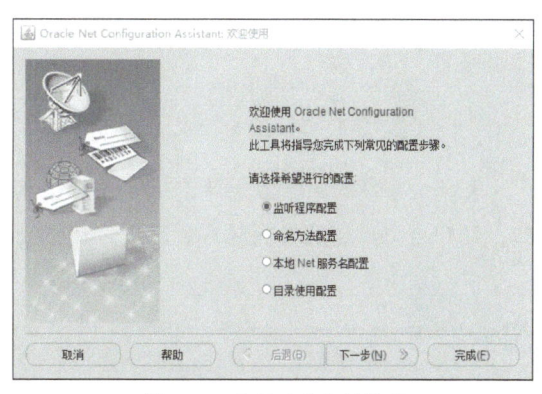

图 2-21　配置助手初始界面

■2.4.2 启动与停止Oracle服务

Oracle 19c安装完毕以后，默认情况下，Oracle服务进程会随着Windows系统的启动而自动启动，用户也可以根据需要，手动启动或停止相关Oracle服务。下面介绍启动和停止Oracle服务的方法。

右击系统"开始"按钮，选择"运行"选项，在"运行"对话框中输入"services.msc"并单击"确定"按钮，打开Windows的"服务"窗口。在"服务"窗口中，可以看到以"Oracle"开头的服务项，在"状态"栏可以看到服务是否正在运行，如图2-22所示。

图 2-22 Oracle 相关服务

在Oracle服务上单击鼠标右键，选择"启动"选项，即可启动该项服务；选择"停止"选项，即可停止此项服务，如图2-23所示。也可以双击Oracle服务打开服务属性对话框，设置其启动类型，如图2-24所示。

图 2-23 启动或停止 Oracle 服务

图 2-24 Oracle 服务的属性对话框

在Oracle数据库服务暂停以后，还可以将其重新启动，操作方式参考启动Oracle服务的操作。用户可以根据业务需要，启动或停止Oracle数据库的相关服务。

拓展阅读

鼓励企业开放搜索、电商、社交等数据，发展第三方大数据服务产业。提高异构数据互操作能力，培育发展一批面向不同场景的数据应用产品，持续提升数据开发利用能力。加快各行业各领域数据全过程应用。

——《"十四五"国家信息化规划》

课后作业

1. 选择题

（1）下列操作系统中，不能运行Oracle 19c的是（　　）。

  A. Windows   B. Linux   C. macOS   D. UNIX

（2）Oracle数据库中数据文件的扩展名是（　　）。

  A. .DBF   B. .LOG   C. .CTL   D. .XLS

2. 填空题

（1）Oracle数据库的存储结构分为_____和_____。

（2）数据字典由_____和_____组成。

3. 实训题

（1）完成Oracle 19c的安装。

（2）完成Oracle监听的配置工作。

第 3 章
SQL 语言基础

内容概要

结构化查询语言SQL是一种数据库查询语言，用于存取数据以及查询、更新和管理关系数据库系统。SQL语言结构简洁，功能强大，简单易学，现已成为数据库操作的国际标准语言。本章通过典型示例，详细介绍了SQL语言的各种知识和语法规范，使读者全面了解SQL语言。本章所有的示例都基于Oracle提供的示例数据库。

3.1 SQL语言简介

结构化查询语言SQL是关系型数据库管理系统中最普遍采用的一种数据库查询语言，可实现对数据库的查询、更新和管理等操作，是操纵和管理数据库的重要工具。

3.1.1 发展历史

结构化查询语言SQL是1974年由美国IBM公司San Jose研究所中的科研人员Boyce和Chamberlin提出的，然后于1975～1979年在关系数据库管理系统原型System R上实现了这种语言，它的前身是SQUARE语言。SQL语言结构简洁，功能强大，简单易学，所以自从IBM公司1981年推出以来，SQL语言便得到了广泛的应用。如今Oracle、MySQL、DB2、Informix、SQL Server这些大中型的数据库管理系统，都将SQL语言作为查询语言。

1986年10月，美国国家标准局（ANSI）的数据库委员会批准将SQL作为关系数据库语言的美国标准，同年公布了SQL标准文本SQL-86。1987年国际标准化组织ISO将其采纳为国际标准。1989年公布了SQL-89，1992年又公布了SQL-92（也称为SQL2）。随后几年陆续发布了5个版本的SQL标准，2016年颁布的SQL：2016标准，已经扩展到了12部分，引入了XML类型、Window函数、时序数据及JSON类型等。

由于SQL语言具有功能丰富、简洁易学、使用方式灵活等突出优点，因此备受计算机工业界和计算机用户的欢迎。尤其自SQL成为国际标准后，各数据库管理系统厂商纷纷推出各自的支持SQL的软件或与SQL接口的软件，使得SQL成为共同的数据存取语言和标准接口。但是，不同的数据库管理系统厂商开发的SQL并不完全相同。这些不同厂商的SQL一方面遵循了标准SQL语言规定的基本操作，另一方面又在标准SQL语言的基础上进行了扩展，增强了一些功能。不同厂商的SQL有不同的名称。例如，Oracle产品中的SQL称为PL/SQL，Microsoft SQL Server产品中的SQL称为Transact-SQL。

3.1.2 语言特点

SQL语言的主要特点如下所述。

1. 综合统一

SQL语言集数据查询、数据操纵、数据定义和数据控制功能于一体，且具有统一的语言风格，使用SQL语句可以独立完成数据管理的核心操作。

2. 语言简洁

虽然SQL语言的功能极强，但其语言结构却十分简洁，仅用几个动词就完成了其核心功能。SQL中的命令动词如表3-1所示。

表 3-1　SQL 的命令动词

SQL的功能	命令动词
数据定义	CREATE，ALTER，DROP
数据操纵	SELECT，INSERT，UPDATE，DELETE
数据控制	GRANT，REVOKE，COMMIT，ROLLBACK

SQL语言的主要功能包括数据定义、数据操纵和数据控制。其中，数据定义功能通过数据定义语言（data definition language，DDL）实现，它用来定义数据库的逻辑结构，包括定义基本表、视图和索引等。基本的DDL包括3类，即定义、修改和删除，分别对应CREATE、ALTER和DROP语句。SQL的数据操纵功能通过数据操纵语言（data manipulation language，DML）实现，它负责数据的查询与更新，包括查找、插入、修改和删除4种操作，对应的命令见表3-1。数据控制是指对数据库的安全性和完整性的控制。数据控制功能对应的实现语句有GRANT、REVOKE、COMMIT和ROLLBACK等，分别代表赋权、回收、提交和回滚等操作。

3. 集合操作

SQL采用集合操作方式，对数据的处理是成组进行的，而不是一条一条处理的，因而加快了数据的处理速度。执行SQL语句时，每次只能发送并处理一条语句。

4. 高度非过程化

SQL具有高度非过程化的特点。执行SQL语句时，只需告诉计算机去做什么，而无须告诉计算机怎么做。这种对数据库进行存取操作却无须了解存取路径的方式，大大减轻了用户的负担，有利于提高数据的独立性。

5. 多样的操作形式

SQL的操作形式分为交互式和嵌入式。交互式SQL能够独立地用于联机交互的使用方式，直接键入SQL命令就可以对数据库进行操作。而嵌入式SQL能够嵌入高级语言（如Java、C、C#、Python等）程序中，以实现对数据库的存取操作。

无论是哪种使用方式，SQL语言的语法结构基本一致。这种统一的语法结构的特点，为使用SQL提供了极大的灵活性和便捷性。

6. 支持三级模式结构

SQL支持关系数据库的三级模式结构，如图3-1所示。
- **模式**：全体基本表构成了数据库的模式。
- **外模式**：视图和部分基本表构成了数据库的外模式。
- **内模式**：数据库的存储文件及其索引文件构成了关系数据库的内模式。

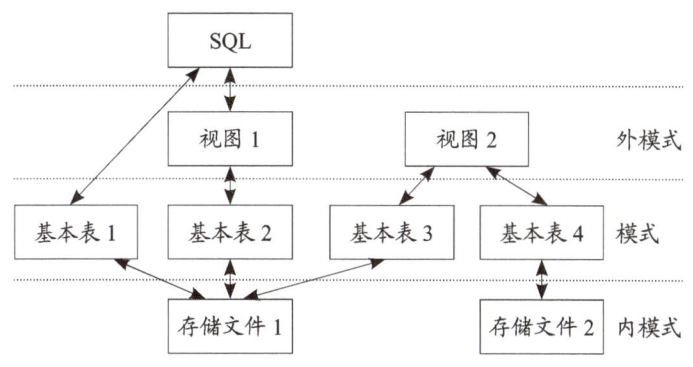

图 3-1　SQL 对关系数据库模式的支持

■3.1.3　Oracle示例数据库简介

　　Oracle的示例数据库为用户学习关系数据库和SQL语句提供了一个通用平台，它包含了一套完整的数据实例，便于对Oracle数据库的各种功能和特征进行演示。本章演示的SQL语言均基于Oracle提供的示例数据库，通过本节的学习可以使读者全面了解Oracle中的示例数据库。

　　Oracle提供了一个经典的示例数据库，以及一个名为scott的用户，密码默认为tiger。Scott示例数据库很早以前就开始使用，最初是由4张表来示例关系数据库的各种特性，但是随着Oracle数据库技术的不断发展，这4张表已经变得不能展示Oracle数据库的最基本特征了。为了适应产品文档、培训课件、软件开发和应用案例的各种需求，自Oracle 9i开始，又提供了一个更为丰富的示例数据库。Oracle的这个示例数据库是基于一个假想的通过各种渠道销售物资的公司，这些示例方案分别对应于该公司的不同部门，它们相互交织在一起，共同完成公司的各种业务，示例提供了不同层次、不同复杂程度的数据库应用技术方面的范例。

　　该示例数据库包含4张表：雇员表emp、部门表dept、奖金表bonus和工资等级表salgrade。这4张表的详细信息如表3-2、表3-3、表3-4和表3-5所示。

表 3-2　雇员表

编号	字段	类型	描述
1	empno	NUMBER(4)	雇员编号，主键
2	ename	VARCHAR2(10)	雇员姓名
3	job	VARCHAR2(9)	工作职位
4	mgr	NUMBER(4)	雇员的领导编号
5	hiredate	DATE	雇用日期
6	sal	NUMBER(4)	月薪
7	comm	NUMBER(7,2)	奖金
8	deptno	NUMBER(7,2)	部门编号，外键

表 3-3　部门表

编号	字段	类型	描述
1	deptno	NUMBER(2)	部门编号，主键
2	dname	VARCHAR2(14)	部门名称
3	loc	VARCHAR2(13)	部门位置

表 3-4　奖金表

编号	字段	类型	描述
1	ename	VARCHAR2(10)	雇员姓名
2	job	VARCHAR2(9)	工作职位
3	comm	NUMBER(7,2)	奖金
4	sal	NUMBER(4)	月薪

表 3-5　工资等级表

编号	字段	类型	描述
1	grade	NUMBER	等级名称
2	losal	NUMBER	该等级最低工资
3	hisal	NUMBER	该等级最高工资

下面对各个示例模式进行简单介绍。

（1）人力资源HR。

这是最简单的关系数据库方案，用于介绍最简单和最基本的问题，创建其他几个方案之前必须先创建HR方案。HR类似以前的Scott模式，其中有部门和员工等多张数据表。HR示例数据库中共有7张表，分别是雇员表（employees）、部门表（departments）、地点表（locations）、国家表（countries）、地区表（regions）、岗位表（jobs）和工作履历表（job_history）。这些表使用了基本数据类型，适用于学习Oracle数据库的一些基本特性。

（2）订单目录OE。

这是一个较为复杂的模式，OE方案建立在人力资源HR方案之上。它在模型中增加了客户、产品和订单数据表。这些复杂的布局可以使用额外的数据类型，包括嵌套数据表和额外数据表选项，如索引组织表（IOTs）。同时，该模式中还保存了一个称为在线目录OC的与对象相关的例子，用来测试Oracle中面向对象的特性。OE方案包含7张表：客户表（customers）、产品说明表（product_description）、产品信息表（product_information）、订单项目表（order_item）、订单表（order）、库存表（inventories）和仓库表（warehouses）。

（3）在线目录OC。

它是OE方案的子方案，是面向对象的数据库对象的集合，用于测试Oracle中面向对象的特性。它将产品组织成为一个层次结构，以便用户通过不断挖掘逐渐细化的产品分类而找到特定的产品。

（4）信息交换IX。

该模式设计用于演示Oracle的高级排队中进程间通信的特性。实际上，在10g以前的版本中，该模式称为排队组装服务质量。

（5）产品媒体PM。

该模式集中用于多媒体数据类型，包含两张表（online_media和print_media）、一种对象类型adheader_typ和一张嵌套表textdoc_typ。

（6）销售历史记录SH。

该模式不是很复杂。它比其他模式包含更多行的数据，主要用于展示大数据量的例子，是实验SQL分析函数、MODEL语句等的好地方。它包含1张大范围分区的销售表sales和另外5张表：times表、promotions表、channels表、products表和customers表。

3.2 数据定义

SQL的数据定义是针对数据库三级模式结构所对应的各种数据对象进行的。在标准SQL语言中，这些数据对象主要包括表、视图和索引。当然，在Oracle数据库中还有各种其他的数据对象，如触发器、游标、过程、程序包等。本节仅以表、视图和索引对数据定义语句进行说明。

SQL的数据定义语句如表3-6所示。

表3-6　SQL的数据定义语句

操作对象	创建操作	删除操作	修改操作
表	CREATE TABLE	DROP TABLE	ALTER TABLE
视图	CREATE VIEW	DROP VIEW	
索引	CREATE INDEX	DROP INDEX	

> **知识点拨**
>
> 在标准SQL语言中，由于视图是基于表的虚表，索引是依附在基本表上的，因此视图和索引均不提供修改操作。用户若要修改视图或索引，则只能通过删除后再创建的方法。但在Oracle中可以通过ALTER VIEW对视图进行修改。

■3.2.1 创建操作

在数据库中，对所有数据对象的创建均由CREATE语句来完成，本节仅介绍使用CREATE语句创建表、视图和索引的操作。

1. 创建表

建立数据库最重要的一项工作就是创建基本表。SQL语言使用CREATE TABLE语句创建基本表，其语法格式如下：

```
CREATE TABLE <表名>(
<列名><数据类型>[列级完整性约束条件]
[,<列名><数据类型>[列级完整性约束条件]]…
[,<表级完整性约束条件>]
);
```

其中，<表名>是所要定义的基本表的名字，它可以由一个或多个属性（列）组成。

在创建表的同时通常可以定义与该表有关的完整性约束条件，这些完整性约束条件将被存入系统的数据字典中，当用户操作表中数据时，将由DBMS自动检查该操作是否违背这些完整性约束条件。

如果完整性约束条件仅涉及一个属性列，则约束条件既可以定义在列级也可以定义在表级，如果该约束涉及该表的多个属性列，则必须定义在表级上。

在示例数据库中创建一个"经理"表，名为manager，它由manager_id（编号）、first_name（名）、last_name（姓）、email（邮箱）、phone_number（电话号码）、dept_id（科室编号）、salary（薪资）和workdate（工作日期）8个属性组成。其中，manager_id不能为空，值是唯一的，具体的创建语句和运行结果如图3-2所示。

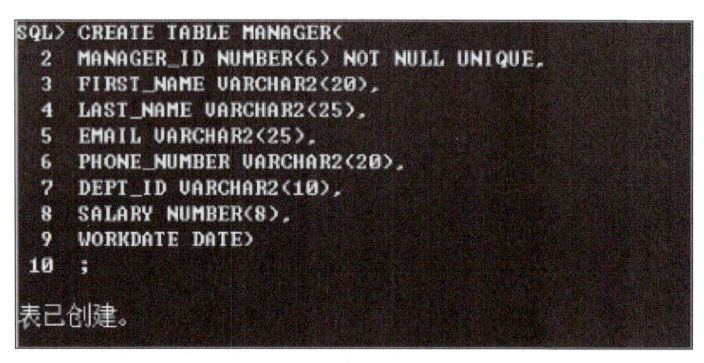

```
SQL> CREATE TABLE MANAGER(
  2  MANAGER_ID NUMBER(6) NOT NULL UNIQUE,
  3  FIRST_NAME VARCHAR2(20),
  4  LAST_NAME VARCHAR2(25),
  5  EMAIL VARCHAR2(25),
  6  PHONE_NUMBER VARCHAR2(20),
  7  DEPT_ID VARCHAR2(10),
  8  SALARY NUMBER(8),
  9  WORKDATE DATE)
 10  ;

表已创建。
```

图3-2 创建"经理"表

> **特别说明**
>
> **关于SQL语句的大小写问题**
>
> SQL语句中的关键字、函数名、对象名、列名等是不区分大小写的，而通过引号引用字符值和日期值时，必须要给出正确的大小写数据，否则不能得到正确的查询结果。另外，如果数据库是安装在Linux或者UNIX操作系统中，由于操作系统本身区分大小写，所以在数据库配置文件中会有相关参数选项，来决定是否区分大小写。
>
> 如果不采用统一的命名规范，可能会使代码复杂度增加，可读性降低，容易导致错误和维护困难。所以，本书示例的文字代码在编写SQL语句时采用了统一的命名规范：使用大写字母表示关键字、函数名等，使用小写字母表示数据库名、表名、字段名、视图名、索引名等，而图片中的代码受其执行环境因素的影响，其大小写并未进行统一，在此特别说明。

系统执行CREATE TABLE manager语句后，就在数据库中新建了一个空的表manager，并将该表的定义及有关约束条件存放在数据字典中。

> **提示**：定义表的各个属性时需要指明其数据类型及长度。不同的数据库系统支持的数据类型不完全相同，Oracle支持的数据类型将在下一章进行详细说明。

知识点拨

创建新表的另一种途径是采用子查询的方式，具体实现方式为：
CREATE TABLE <表名> AS SELECT 查询语句；
例如，如果要创建一个新表B，其结构与现存表A的结构完全一致，可以用如下子查询语句快速建立B表。
CREATE TABLE B AS（SELECT * FROM A WHERE 1=1）；

2. 创建视图

视图是从一个或几个基本表（或视图）导出的表，它与基本表不同，是一个虚表。数据库中只存放视图的定义，而不存放视图对应的数据，这些数据仍存放在原来的基本表中。所以基本表中的数据发生变化，从视图中查询出的数据也将发生变化。从这个意义上讲，视图就像一个窗口，透过它可以看到数据库中自己感兴趣的数据。

SQL语言用CREATE VIEW命令建立视图，其语法格式为：

CREATE VIEW <视图名>[(<列名>[,<列名>]…)]
　　AS <子查询>
　　[WITH CHECK OPTION]；

其中，子查询可以是不包含ORDER BY子句和DISTINCT短语的任意复杂的SELECT语句。WITH CHECK OPTION表示对视图进行UPDATE、INSERT和DELETE操作时，要保证更新、插入或删除的行满足视图定义中的谓词条件（即子查询中的条件表达式）。

在输入组成视图的属性列名时，要么全部省略，要么全部指定，没有其他选择。当省略了视图的各个属性列名时，各个属性列名称隐含在该视图子查询中的SELECT子句目标列中，但在下列3种情况下必须明确指定组成视图的所有列名。

- 目标列存在集函数或列表达式时，需要指定列名。
- 多表连接时存在几个同名列作为视图的字段，需要指定不同的列名。
- 某个列需要重命名。

建立所有薪资大于6000的经理视图highsalary_manager，如图3-3（a）所示。

DBMS执行CREATE VIEW语句的结果只是将视图的定义存入数据字典，而并不执行其中的SELECT语句。只有在对视图查询时，才会按照视图的定义从基本表中将数据查出。

加上了WITH CHECK OPTION子句的情况如图3-3（b）所示，由于在定义highsalary_manager视图时加上了WITH CHECK OPTION子句，以后对该视图进行插入、修改和删除操作时，DBMS会自动加上条件"salary>6000"。

(a) 创建视图 highsalary_manager　　　　(b) 创建视图时加上 WITH CHECK OPTION 子句

图 3-3　创建视图

> **知识点拨**
>
> 创建视图的用途
> - 提供了另外一种级别的表的安全性（控制数据访问：不想让每个人都看到，或者只想让用户看到部分列而过滤掉一些敏感列信息）。
> - 隐藏了数据的复杂性，增加用户友好性。
> - 简化了用户的SQL命令，减少重复语法检查和编译。
> - 隔离基表结构的改变，减少对应用程序的扰动。

3. 创建索引

索引是数据库用于存放表中记录物理存储位置的一种对象，其主要目的是加快数据的检索。数据库中的索引可以减少数据库查询结果时需要读取的数据量，从而加快检索效率，类似于在书籍中利用索引，可以不用翻阅整本书便可快速找到想要的信息。

在SQL语言中，建立索引使用CREATE INDEX语句，其语法格式为：

CREATE [UNIQUE][CLUSTER] INDEX <索引名>
　　ON <表名>(<列名>[<次序>][,<列名>[<次序>]]…);

其中，UNIQUE选项表示此索引的每一个索引值不能重复，都对应唯一的数据记录。CLUSTER选项表示要建立的索引是聚簇索引。<表名>是所要创建索引的基本表的名称。索引可以建立在对应表的一列或多列上，如果是多个列，各列名之间需用逗号分隔。<次序>选项用于指定索引值的排列次序，ASC表示升序，DESC表示降序，默认值为ASC。

提示：聚簇索引是指索引项的顺序与表中记录的物理顺序相一致的索引组织。

执行下面的CREATE INDEX语句，可为"经理"表创建索引。

CREATE INDEX ind_manager on manager (salary DESC);

上述语句执行后将会在manager表的salary列上建立一个索引，而且manager表中的记录将按照salary值进行降序存放。

用户可以在查询频率最高的列上建立聚簇索引，从而提高查询效率。因为聚簇索引是将索引和表记录放在一起存储，所以在一个基本表上最多只能建立一个聚簇索引。在建立聚簇索引后，更新索引列数据时会导致表中记录的物理顺序的变更，系统代价较高，因此对于经常更新的列不宜建立聚簇索引。

> **知识点拨**
>
> 索引虽然能在一定程度上加快查询效率，但也是有代价的。因为创建索引需耗费时间，并且所耗时间会随数据量的增大而增加；索引需要占用额外的物理空间；当对表中的数据进行增加、删除和修改的时候，索引也需要动态的维护，降低了数据的处理速度。因此，一定要谨慎创建索引，要权衡利弊，尽量限制表中索引的数量。

3.2.2 删除操作

当某个数据对象不再被需要，可以将它删除，SQL语言用于删除数据对象的语句是DROP。

1. 删除表

当某个基本表不再需要时，可以使用DROP TABLE语句删除它。其语法格式为：

DROP TABLE <表名>;

例如，删除manager表的语句为：

DROP TABLE manager;

删除基本表后，表中的数据、在该表上建立的索引都将被自动删除掉。因此，执行删除基本表的操作时一定要谨慎。

> **提示**：在有的系统中，删除基本表会导致在此表上建立的视图也一起被删除。但在Oracle中，删除基本表后，建立在此表上的视图定义仍然保留在数据字典中，但用户引用该视图时会报错。

2. 删除视图

删除视图语句的语法格式为：

DROP VIEW <视图名>;

视图删除后，视图的定义将从数据字典中删除。但是要注意，由该视图导出的其他视图定义仍存放在数据字典中，并不会被删除，这将导致用户在使用相关视图时发生错误，所以删除视图时要注意视图之间的关系，需要使用DROP VIEW语句将这些相关视图全部删除。同样，删除基本表后，由该基本表导出的所有视图也并没有被删除，需要继续使用DROP VIEW语句一一进行删除。

将前文创建的视图highsalary_manager删除，语句为：

DROP VIEW highsalary_manager;

执行此语句后，highsalary_manager视图的定义将从数据字典中删除。如果系统中还存在由highsalary_manager视图导出的视图，则该视图的定义在数据字典中仍然存在，但是该视图已无法使用。

3. 删除索引

建立索引后，将由系统对其进行维护，而无须用户干预。如果数据被频繁地增加、删除和修改，系统就会花许多时间来维护该索引。在这种情况下，可以将一些不必要的索引删除掉。

在SQL语言中，删除索引使用DROP INDEX语句，其语法格式为：

DROP INDEX <索引名>;

例如，删除manager表的ind_manager索引的语句为：

DROP INDEX ind_manager;

删除索引后，系统会从数据字典中将有关该索引的描述清除。

■3.2.3 修改操作

随着应用环境和应用需求的变化，有时需要修改已建立好的基本表，SQL语言用ALTER TABLE语句修改基本表，其语法格式为：

ALTER TABLE <表名>
[ADD <新列名><数据类型>[完整性约束]]
[DROP<完整性约束名>]
[MODIFY <列名><数据类型>];

其中，<表名>表示所要修改的基本表；ADD子句用于增加新列和新的完整性约束条件；DROP子句用于删除指定的完整性约束条件；MODIFY子句用于修改原有的列定义，如修改列名和数据类型。

例如，向manager表中增加"性别"列，语句为：

ALTER TABLE manager ADD sex VARCHAR2(2);

无论基本表中原来是否有数据，增加的列一律为空值。

例如，将manager表的manager_id字段改为8位，语句为：

ALTER TABLE manager MODIFY manager_id NUMBER(8);

例如，删除manager表中manager_id字段的UNIQUE约束，语句为：

ALTER TABLE manager DROP UNIQUE(manager_id);

运行结果如图3-4所示。

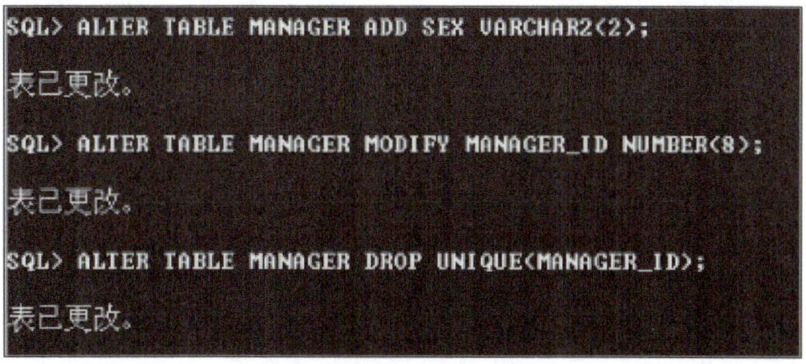

图 3-4　修改表结构示意图

> **提示**：在SQL语言中，并没有提供删除属性列的语句，用户只能通过间接的方法去实现这一功能。可以将被删除表中所要保留的列及其内容复制到一个新表中，然后删除原表，最后再将新表重命名为原表名即可。

3.3 数据查询

在SQL语言中，数据查询语句SELECT是使用频率最高、用途最广的语句。它由许多子句组成，通过这些子句可以完成选择、投影和连接等各种运算功能，得到用户所需的最终数据结果。其中，选择运算是使用SELECT语句的WHERE子句来完成的；投影运算是通过在SELECT子句中指定列名称来完成的；连接运算则通过把两个或两个以上的表中的数据连接起来，形成一个结果集合。由于设计数据库时对关系的规范化和数据存储的需要，许多信息被分散存储在数据库不同的表中。当需要显示一个对象的完整信息时，就需要将这些位于不同表中的数据同时显示出来，这时就需要执行连接运算。

SELECT语句完整的语法格式如下：

SELECT [ALL | DISTINCT] [TOP n[PERCENT]] WITH TIES select_list
　　[INTO [new table name] variable list]
　　FROM {table_name | view_name}[(optimizer_hints)]
　　[[, {table_name2 | view_name2}[(optimizer_hints)]]
　　[…,table_namen | view_namen][(optimizer hints)]]
　　[WHERE clause]
　　[GROUP BY clause]
　　[HAVING clause]
　　[ORDER BY clause]
　　[COMPUTE clause]
　　[FOR BROWSE];

> **知识点拨**
> - 查询语句是SQL语言中最复杂、最灵活的语句。上述基本结构还可以相互嵌套，构成多级查询。
> - 一条查询语句可以是一行或多行，分号作为一条语句的结束。
> - 单词不可分割和缩写。
> - 大小写不敏感，但习惯上关键字全部用大写字母。

3.3.1 简单查询

仅含有SELECT子句和FROM子句的查询是简单查询，SELECT子句和FROM子句是SELECT语句的必选项，即每个SELECT语句都必须包含这两个子句。其中，SELECT子句用于标识用户想要显示的列，通过指定列名或是用通配符"*"号代表对应表的所有列；FROM子句则告诉数据库管理系统从哪里寻找这些列，通过指定表名或是视图名来描述。

例如，显示employees表中所有的列和行，其语句为：

SELECT * FROM employees;

其中，SELECT子句中的星号表示表中所有的列，该语句可以将指定表中的所有数据检索出来；FROM子句中的employees表示employees表，即整条SQL语句的含义是把employees表中的所有数据按行显示出来。

大多数情况下，SQL查询检索的行和列都比整个表的范围窄，用户将需要检索比单个行和列多、但又比数据库所有行和列少的数据，这时就需要更加复杂的SELECT语句去实现。

1. 使用SELECT指定列

用户可以指定查询表中的某些列而不是全部，这其实就是投影操作。这些列名紧跟在SELECT关键字后面，列名间用逗号隔开，其语法格式如下：

SELECT column_name_1, …, colunm_name_n
　　FROM table_name_l, …, table_name_n;

利用SELECT指定列的方法可以改变列的顺序来显示查询的结果，甚至可以通过在多个地方指定同一个列来多次显示同一个列。

在HR示例方案中创建表countries时的列顺序为：country_id、country_name、region_id。通过SELECT指定列的顺序改变显示结果的顺序。例如，下面的查询语句的显示结果如图3-5所示。

SELECT region_id,country_name FROM countries;

```
SQL> select region_id,country_name from countries;
REGION_ID COUNTRY_NAME
---------- ----------------------------------------
         2 Argentina
         3 Australia
         1 Belgium
         2 Brazil
         2 Canada
         1 Switzerland
         3 China
         1 Germany
         1 Denmark
         4 Egypt
         1 France

REGION_ID COUNTRY_NAME
---------- ----------------------------------------
         4 Israel
         3 India
         1 Italy
         3 Japan
         4 Kuwait
         2 Mexico
         4 Nigeria
         1 Netherlands
         3 Singapore
         1 United Kingdom

REGION_ID COUNTRY_NAME
---------- ----------------------------------------
         2 United States of America
         4 Zambia
         4 Zimbabwe

已选择24行。
```

图 3-5　指定列查询的结果

2. 使用FROM子句指定表

SELECT语句的不同部分常用来指定要从数据库返回的数据列。SELECT语句使用FROM子句指定查询中包含的行和列所在的表。FROM子句的语法格式如下：

FROM {table_name | view_name}[(optimizer_hints)]

[[, {table_name2 | view_name2}[(optimizer_hints)]

[…table_namen | view_namen][(optimizer_hints)]]]

与创建表一样，登录SQL/PLUS要用到一个用户名（一个用户对应一个角色）。当该用户要查询其他角色对应方案中的表时，还需要指定该方案的名称。例如，查询方案HR的countries表中的所有行数据的SQL语句如下（该方案和表在安装Oracle时就自动创建了）：

SELECT * FROM HR.countries;

可以在FROM子句中指定多个表，多个表之间使用逗号分隔开，例如：

SELECT * FROM HR.countries, HR.departments;

3. 算术表达式

在使用SELECT语句时，对于数字数据和日期数据都可以使用算术表达式。在SELECT语句中可以使用的算术运算符包括加（+）、减（-）、乘（*）、除（/）和括号。

例如，查看jobs表中每个工种最高工资和最低工资之间的差距，并且把单位换算为万元，对应的SQL语句如下：

SELECT job_title,(max_salary – min_salary)/10000 FROM jobs;

上述查询语句的运行结果如图3-6所示。

图 3-6　运行结果示意图（截取部分结果）

在上述示例中，显示出了每个工种最高工资和最低工资之间的差距。当使用SELECT语句查询数据库时，其查询结果集中的数据列名默认为表中的列名。为了提高查询结果集的可读性，可以在查询结果集中为列指定标题。例如，在上面的示例中将最高工资和最低工资之间的差命名为"工资差额"，这样就提高了结果集的可读性，对应的SQL语句如下：

SELECT job_title,(max_salary – min_salary)/10000 工资差额 FROM jobs;

> 提示：如果标题中包含一些特殊的字符，如空格等，则必须使用双引号将列标题括起来。

4. DISTINCT关键字

默认情况下，结果集中包含检索到的所有数据行，而不管这些数据行是否重复出现。有的时候，当结果集中出现大量重复的行时，结果集会显得比较庞大，如在考勤记录表中仅显示考勤的人员名字而不显示考勤的时间时，人员的名字会大量重复出现。若希望删除结果集中重复的行，则需在SELECT子句中使用DISTINCT关键字。

在employees表中包含一个department_id列。由于同一部门有多名雇员，相应地在employees表的department_id列中就会出现重复的值。假设现在要检索该表中出现的所有部门，如果不希望有重复的部门出现，就需要在department_id列前面加上关键字DISTINCT，以确保不出现重复的部门，其查询语句如下：

SELECT DISTINCT department_id FROM employees;

若不使用关键字DISTINCT，则将在查询结果集中显示表中每一行的部门号，这样会包括很多重复的部门编号。

3.3.2 WHERE子句

WHERE子句用于筛选从FROM子句中返回的值，完成的是选择操作。在SELECT语句中使用WHERE子句后，将对FROM子句指定的数据表中的行进行判断，只有满足WHERE子句中判断条件的行才会显示，而那些不满足WHERE子句判断条件的行则不包括在结果集中。在SELECT语句中，WHERE子句位于FROM子句之后，其语法格式如下：

SELECT column_list
　　FROM table_name
　　WHERE conditional_expression;

其中，conditional_expression为查询时返回记录应满足的判断条件。

1. 条件表达式

在条件表达式中可以用运算符对值进行比较，可用的运算符包括关系运算符和逻辑运算符。关系运算符包括=、>、>=、<、<=、!=(<>)。逻辑运算符包括NOT、AND、OR。条件表达式中还可以使用通配符和匹配运算符LIKE。条件表达式的值为布尔值。

- A=B，表示若A与B的值相等，则结果为true。
- A>B，表示若A的值大于B的值，则结果为true。
- A<B，表示若A的值小于B的值，则结果为true。
- A!=B或A<>B，表示若A的值不等于B的值，则结果为true。
- A LIKE B，其中，LIKE是匹配运算符。在这种条件表达式中，若A的值匹配B的值，则该表达式的结果为true。在LIKE表达式中一般会使用通配符。Oracle中SQL的通配符有两个："%"代表0个或多个任意字符，"_"代表一个任意字符。

例如，编写一个查询语句，查询所有第2个字母为"r"的国家名称，查询语句如下：

SELECT country_name FROM countries WHERE country_name LIKE '_r%';

上述查询语句的运行结果如图3-7所示。

图3-7 运行结果示意图

- NOT <条件表达式>，NOT运算符用于对结果取反。

在WHERE子句中可以使用逻辑运算符将各个表达式关联起来组成复合判断条件。

- <条件表达式1> AND <条件表达式2>，当AND两边的表达式的值都为true时，整个条件表达式的值才为true，否则为false。
- <条件表达式1> OR <条件表达式2>，OR两边的表达式只要有一个结果为true，则整个条件表达式的结果就为true，只有当两边表达式的结果都为false时，整个条件表达式的结果才为false。

例如，查询在IT部门（department_id=60）从事过程序员（job_id='IT_PROG'）工作的雇员编号。

查询语句如下：

SELECT employee_id FROM job_history WHERE department_id=60 AND job_id= 'IT_PROG' ;

例如，查询工资不在4000到6000之间的雇员的编号，查询语句如下：

SELECT employee_id FROM employees WHERE salary<4000 OR salary>6000;

上述查询语句的运行结果如图3-8所示。

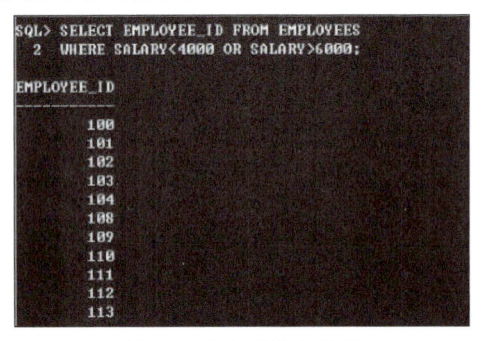

图 3-8　运行结果示意图

2. null值

在数据库中，null值是一个特定的值，用于描述记录中没有定义内容的字段值，通常称之为"空"。为了判断某个列是否为空值，Oracle提供了两个SQL运算符：is null和is not null。使用这两个运算符，可以判断某列的值是否为null。null值是一个特殊的取值，不能使用"="与null值进行比较。

例如，如果新入职了一个员工，但是该员工还没有分配部门，则该员工的manager_id属性列的值为null。观察以下两个查询的结果对比，如图3-9所示。

SELECT * FROM departments WHERE manager_id = null;
SELECT * FROM departments WHERE manager_id is null;

```
SQL> INSERT INTO EMPLOYEES(EMPLOYEE_ID,FIRST_NAME,LAST_NAME,
  2  EMAIL,PHONE_NUMBER,HIRE_DATE,JOB_ID)
  3  VALUES(300,'JIM','GREEN','JIMGREEN@hotmail.com','685748','10-12月-10','ST_MAN');

已创建 1 行。

SQL> SELECT * FROM DEPARTMENTS WHERE MANAGER_ID =NULL;

未选定行

SQL> SELECT * FROM DEPARTMENTS WHERE MANAGER_ID IS NULL;

DEPARTMENT_ID DEPARTMENT_NAME              MANAGER_ID LOCATION_ID
          120 Treasury                                       1700
          130 Corporate Tax                                  1700
          140 Control And Credit                             1700
          150 Shareholder Services                           1700
          160 Benefits                                       1700
          170 Manufacturing                                  1700
          180 Construction                                   1700
          190 Contracting                                    1700
```

图 3-9　运行结果示意图

知识点拨

查询语句中的WHERE限制条件又称作谓词，Oracle在执行一条查询语句时，通常首先执行谓词判断，这样可以筛选和过滤掉大量的无效元组，从而减少后续操作所涉及的数据量。因此，在撰写查询语句时，尤其涉及多表连接时，尽量把谓词添加到元组数目较多的表上。

3.3.3　ORDER BY子句

在前面介绍的数据检索中，只是把数据库中的数据从表中直接取出来。这时，结果集中数据的排列顺序是由数据的存储顺序决定的。但是，这种存储顺序经常不符合用户的各种查询需求。当查询一个数据量比较大的表时，数据的显示会比较混乱，因此需要对检索到的结果集进行排序。在SELECT语句中，可以使用ORDER BY子句实现对查询结果集的排序。

ORDER BY子句的语法格式如下：

```
SELECT column_list
    FROM table_name
    ORDER BY [{order_by_expression [ASC|DESC])…];
```

其中，order_by_expession表示将要排序的列名或由列组成的表达式；关键字ASC用于指定按照升序排列，这也是默认的排列顺序，而关键字DESC用于指定按照降序排列。

例如，使用ORDER BY子句对检索到的数据进行排序，该排列顺序是按照"last_name"在字母表中的升序进行的，查询语句如下：

```
SELECT first_name,last_name,salary FROM employees
    WHERE salary>=2500
    ORDER BY last_name;
```

上述查询语句的运行结果如图3-10所示。

```
SQL> SELECT FIRST_NAME,LAST_NAME,SALARY
  2  FROM EMPLOYEES
  3  WHERE SALARY>=2500
  4  ORDER BY LAST_NAME;

FIRST_NAME           LAST_NAME                 SALARY

Ellen                Abel                       11000
Sundar               Ande                        6400
Mozhe                Atkinson                    2800
David                Austin                      4800
Hermann              Baer                       10000
Shelli               Baida                       2900
Amit                 Banda                       6200
Elizabeth            Bates                       7300
Sarah                Bell                        4000
David                Bernstein                   9500
Laura                Bissot                      3300
```

图 3-10　运行结果示意图

从查询结果中可以看出，ORDER BY子句使用默认的排列顺序，即升序排列，也可以使用关键字ASC显式指定。如果要改为降序排列，可以修改语句为如下语句。

SELECT first_name,last_name,salary FROM employees
　　WHERE salary>=2500
　　ORDER BY last_name DESC;

如果需要对多个列进行排序，只需要在ORDER BY子句后指定多个列名。这样当输出排序结果时，首先根据第1列进行排序，当第1列的值相同时，再按第2列进行比较排序，以此类推。例如，在上例中，查询结果是按照员工的姓名"last_name"在字母表中的升序排列的。如果有多个"last_name"相同的员工，那么这些员工的排列顺序就按照其物理顺序排列，此时就可以指定另外一个列名作为排序的列。例如，将姓名"last_name"作为第一排序列，将工资"salary"作为第二排序列并降序排列，即如果"last_name"相同则按照"salary"降序排列，这样便可以看到同姓员工的薪金情况是按照从高到低的顺序排列的。实现上述查询的语句如下：

SELECT first_name,last_name,salary FROM employees
　　WHERE salary>=2500
　　ORDER BY last_name,salary DESC;

3.3.4　GROUP BY子句

GROUP BY子句用于在查询结果集中对记录进行分组，以汇总数据或者为整个分组显示单行的汇总信息。

例如，在以下的查询中，从employees表中选择相应的列，分析相同部门（department_id相同）员工的salary信息。

SELECT job_id,salary FROM employees ORDER BY department_id;

上述查询语句的运行结果如图3-11所示。

```
SQL> SELECT JOB_ID,SALARY FROM EMPLOYEES ORDER BY DEPARTMENT_ID;

JOB_ID      SALARY
----------  ----------
AD_ASST       4400
MK_MAN       13000
MK_REP        6000
PU_MAN       11000
PU_CLERK      3100
PU_CLERK      2900
PU_CLERK      2500
PU_CLERK      2600
PU_CLERK      2800
HR_REP        6500
ST_MAN        8000

JOB_ID      SALARY
----------  ----------
ST_MAN        8200
ST_MAN        6500
ST_CLERK      2100
ST_CLERK      2500
ST_CLERK      2800
```

图 3-11　运行结果示意图（截取部分结果）

从结果中可以看出，对于每个department_id可以有多个对应的salary值。

如果使用GROUP BY子句和统计函数，就可以实现对查询结果中每一组数据的分类统计，此时，在结果中对每组数据都会有一个与之对应的统计值。在Oracle系统中，经常使用的统计函数如表3-7所示。

表 3-7　常用的统计函数

函数	描述
COUNT	返回找到的记录数
MIN	返回一个数字列或是计算列的最小值
MAX	返回一个数字列或是计算列的最大值
SUM	返回一个数字列或是计算列的总和
AVG	返回一个数字列或是计算列的平均值

例如，使用GROUP BY子句对薪金记录进行分组，还可以通过使用不同的统计函数计算出每个部门的平均薪金（用AVG函数）、所有薪金的总和（用SUM函数）、最高薪金（用MAX函数）和各组的行数（用COUNT函数），具体的查询语句如下：

SELECT job_id,AVG(salary),SUM(salary),MAX(salary),COUNT(job_id)
　　FROM employees
　　GROUP BY job_id;

上述查询语句的运行结果如图3-12所示。

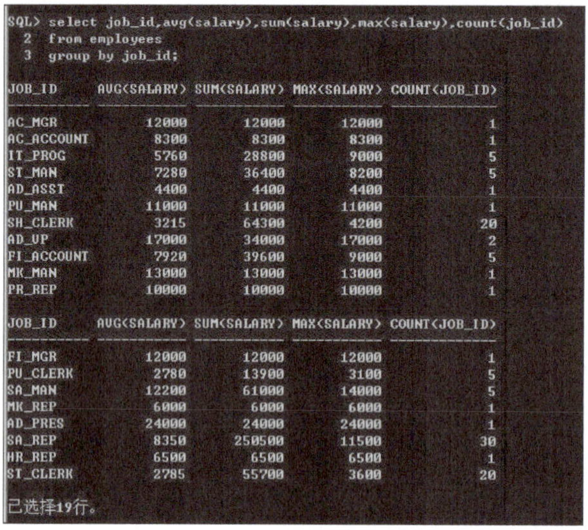

图 3-12 运行结果示意图

需要注意的是，在使用GROUP BY子句时，必须满足如下条件。
- 在SELECT子句的后面只可以有两类表达式：统计函数和进行分组的列名。也就是说，在SELECT子句中的列名必须是进行分组的列，除此之外添加其他的列名都是错误的，但是，GROUP BY子句后面的列名可以不出现在SELECT子句中。
- 如果使用了WHERE子句，那么所有参加分组计算的数据必须首先满足WHERE子句指定的条件。
- 在默认情况下，将按照GROUP BY子句指定的分组列升序排列；如果需要重新排序，可以使用ORDER BY子句指定新的排列顺序。

下面是一个错误的查询语句，在SELECT子句后面出现了job_id列，而该列并没有出现在GROUP BY子句中，也就是说非分组字段出现在了SELECT子句后面。

SELECT department_id,job_id, SUM(salary) FROM employees
　　GROUP BY department_id;

上述查询语句的运行结果如图3-13所示。

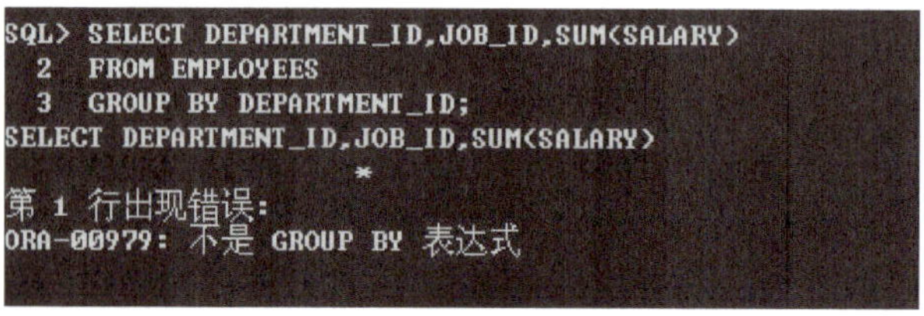

图 3-13 错误查询语句运行结果示意图

与ORDER BY子句相似，GROUP BY子句也可以按多个列进行分组。在这种情况下，GROUP BY子句将在主分组范围内进行二次分组。

例如，编写查询语句，实现对各个部门人数和平均工资的统计，查询语句如下：

```
SELECT department_id,COUNT(*),AVG(salary)
   FROM employees GROUP BY department_id;
```

在GROUP BY子句中还可以使用运算符ROLLUP和CUBE，这两个运算符在功能上非常类似。在GROUP BY子句中使用它们后，都将会在查询结果中附加一行汇总信息。

在下面的示例中，GROUP BY子句将使用ROLLUP运算符汇总department_id列。

```
SELECT department_id,COUNT(*),AVG(salary)
   FROM employees
   GROUP BY ROLLUP(department_id);
```

上述查询语句的运行结果如图3-14所示。

```
SQL> SELECT DEPARTMENT_ID,COUNT(*),AVG(SALARY)
  2  FROM EMPLOYEES
  3  GROUP BY ROLLUP(DEPARTMENT_ID);

DEPARTMENT_ID   COUNT(*)  AVG(SALARY)
-------------  ---------  -----------
           10          1         4400
           20          2         9500
           30          6         4150
           40          1         6500
           50         45   3475.55556
           60          5         6560
           70          1        10000
           80         34   8955.88235
           90          3   19333.3333
          100          6         8600
          110          2        10150

DEPARTMENT_ID   COUNT(*)  AVG(SALARY)
-------------  ---------  -----------
                       2         7000
                     108   6499.06542
```

图 3-14 运行结果示意图

从查询结果中可以看出，使用ROLLUP运算符后，在查询结果的最后一行列出了本次统计的汇总结果。

■3.3.5 HAVING子句

HAVING子句通常与GROUP BY子句一起使用，在完成对分组结果统计后，可以使用HAVING子句对分组的结果做进一步的筛选。如果不使用GROUP BY子句，HAVING子句的功能与WHERE子句一样。HAVING子句和WHERE子句的相似之处就是都定义搜索条件，但是和WHERE子句不同，HAVING子句与组有关，而WHERE子句只与单独的行有关。

如果在SELECT语句中使用了GROUP BY子句，那么HAVING子句将应用于GROUP BY子句创建的那些组。如果指定了WHERE子句，而没有指定GROUP BY子句，则HAVING子句将应用于WHERE子句的输出，并且整个输出被看作是一个组。如果在SELECT语句中既没有指定WHERE子句，也没有指定GROUP BY子句，那么HAVING子句将应用于FROM子句的输出，并且将其看作是一个组。

例如，列出部门人数大于10的部门编号，查询语句如下：

SELECT department_id FROM employees GROUP BY department_id
　　HAVING COUNT(*)>10;

上述查询语句的执行结果如图3-15所示。

图 3-15　运行结果示意图

从查询结果可以看出，SELECT语句使用GROUP BY子句对employees表进行分组统计，然后再由HAVING子句根据统计值做进一步筛选。

通常情况下，HAVING子句与GROUP BY子句一起使用，这样可以在汇总相关数据后再进一步筛选汇总的数据。

> **知识点拨**
>
> 当WHERE子句、GROUP BY子句、HAVING子句、ORDER BY子句同在一个SELECT语句中时，执行顺序如下：
> （1）执行WHERE子句，在表中选择行。
> （2）执行GROUP BY子句，对选取的行进行分组。
> （3）执行聚合函数。
> （4）执行HAVING子句，筛选满足条件的分组。
> （5）执行ORDER BY子句，进行排序。

3.3.6　多表连接查询

通过连接运算符可以实现多表连接查询。连接是关系数据库模型的主要特点，也是它区别于其他类型数据库管理系统的一个标志。在关系数据库管理系统中，表建立时各数据之间的关系不必确定，常把一个实体的所有信息存放在一个表中。当检索数据时，通过连接操作查询出存放在多个表中的不同实体的信息。连接操作给用户带来很大的灵活性，用户可以在任何时候增加新的数据类型，为不同实体创建新的表，之后再通过连接进行查询。

1. 简单连接

连接查询实际上是通过表与表之间相互关联的列进行数据查询。对于关系数据库来说，连接是查询最主要的特征。简单连接使用逗号将两个或多个表进行连接，这是最简单、也是最常用的多表查询形式。

（1）基本形式。

简单连接仅是通过SELECT子句和FROM子句来连接多个表，其查询的结果是一个通过笛卡儿积所生成的表，就是将基本表中的每一行与另一个基本表的每一行进行组合连接所生成的表。

例如，下面的查询语句将employees表和departments表相连接，结果是由两个表的笛卡儿积生成的一个表。

```
SELECT employees.*, departments.*  FROM employees,departments;
```

知识点拨

如果两个表A和B进行连接，A有*m*个元组，B有*n*个元组，则A与B的笛卡儿积有*m***n*个元组。由此可见，不附加任何连接条件的表连接，结果集膨胀得很厉害，很容易造成内存溢出。

（2）条件限定。

在实际应用中，笛卡儿积中包含了大量的冗余信息，而一般情况下这些信息往往毫无意义。为了避免这种情况出现，通常是在SELECT语句中提供一个连接条件，过滤掉其中无意义的数据，从而使得结果满足用户的需求。

SELECT语句的WHERE子句提供了这个连接条件，可以有效避免笛卡儿积中无意义数据的出现。使用WHERE子句限定时，只有第1个表中的列与第2个表中相应的列相互匹配后才会在结果集中显示，这是连接查询中最常用的形式。一般情况下，这种联系经常以外键的形式出现，但并不是必须以外键的形式存在。

例如，下面的语句通过在WHERE子句中使用连接条件，实现了查询雇员信息及雇员所对应的工种信息。

```
SELECT employees.last_name, jobs.job_title
  FROM employees,jobs
  WHERE employees. job_id= jobs. job_id;
```

这次查询返回的结果就有意义了，每行数据都包含了有意义的雇员信息和各雇员所在的工种名称信息。上述查询语句的运行结果如图3-16所示。

```
SQL> SELECT EMPLOYEES.LAST_NAME,JOBS.JOB_TITLE
  2  FROM EMPLOYEES ,JOBS
  3  WHERE EMPLOYEES.JOB_ID=JOBS.JOB_ID;

LAST_NAME                 JOB_TITLE
------------------------- -----------------------------------
Gietz                     Public Accountant
Higgins                   Accounting Manager
Whalen                    Administration Assistant
King                      President
Kochhar                   Administration Vice President
De Haan                   Administration Vice President
Faviet                    Accountant
Urman                     Accountant
Chen                      Accountant
Sciarra                   Accountant
Popp                      Accountant

LAST_NAME                 JOB_TITLE
------------------------- -----------------------------------
Greenberg                 Finance Manager
Mavris                    Human Resources Representative
```

图 3-16 运行结果示意图

用户也可以通过在WHERE子句中增加新的限定条件，从而进一步在连接基础上对数据进行再次筛选。

例如，在上一个查询语句中增加一个新的限定条件，只显示IT部门的雇员信息，查询语句修改如下：

SELECT employees.last_name, jobs.job_title
　　FROM employees, jobs
　　WHERE employees.job_id= jobs.job_id and department_id=60;

> **提示**：在以上示例中，如果连接的两个表具有同名的列，则必须使用表名对列进行限定，以确认该列属于哪一个表。

（3）表别名。

从以上示例可以发现，在多表查询时，如果多个表之间存在同名的列，则必须使用表名来限定列。但是，随着查询变得越来越复杂，查询语句会因为每次限定列时输入表名而变得冗长，因此，SQL语言提供了另一种机制——表别名。表别名是在FROM子句中用于各个表的"简短名称"，它可以唯一地标识数据源。例如，上面的查询语句可以重新编写如下：

SELECT em.last_name, j.job_title FROM employees em,jobs j
　　WHERE em.job_id= j.job_id and department_id=60;

这个具有更少SQL代码的查询语句会得到相同的结果。其中，em代表employees表，j代表jobs表。

如果为表指定了别名，那么语句中的所有子句都必须使用别名，而不允许再使用实际的表名。因为在SELECT语句的执行顺序中，FROM子句最先被执行，然后是WHERE子句，最后才是SELECT子句，在FROM子句中指定表别名后，表的真实名称将被别名替换。例如，执行以下语句的结果如图3-17所示。

SELECT em.last_name, jobs.job_title FROM employees em,jobs j
　　WHERE em.job_id= j.job_id and salary>2500;

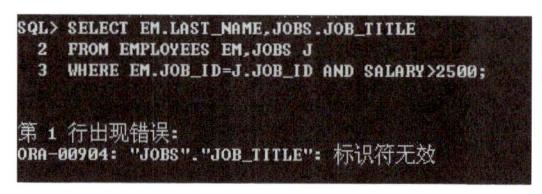

图3-17　表别名使用错误示意图

2. JOIN连接

除使用逗号连接外，Oracle还支持另一种使用关键字JOIN的连接。使用JOIN连接的子句的语法格式如下：

```
FROM join_table1 join_type join_table2
[ON(join_condition)]
```

其中，join_table1用于指定参与连接操作的表名；join_type用于指定连接类型，常用的连接类型包括内连接、自然连接、外连接和自连接。连接查询中的ON(join_condition)用于指定连接条件，它由被连接表中的列和比较运算符、逻辑运算符等构成。

（1）内连接。

内连接是一种常用的多表查询，一般用关键字INNER JOIN表示。其中，可以省略关键字INNER，而只使用JOIN表示。内连接使用比较运算符时，可在连接表的某些列之间进行比较操作，并列出表中与连接条件相匹配的数据行。

使用内连接查询多个表时，在FROM子句中除JOIN关键字外，还必须定义一个ON子句，ON子句用于指定内连接操作的连接条件，通常使用比较运算符比较被连接的列值。简单地说，内连接就是使用JOIN指定用于连接的两个表，ON子句则指定连接表的连接条件。若进一步限制查询范围，则可以直接在后面添加WHERE子句。

例如，用内连接实现查询雇员信息和雇员所对应的工种信息，查询语句如下：

```
SELECT employees.last_name, jobs.job_title
  FROM employees INNER JOIN jobs ON employees.job_id=jobs.job_id;
```

上述查询语句的运行结果如图3-18所示。

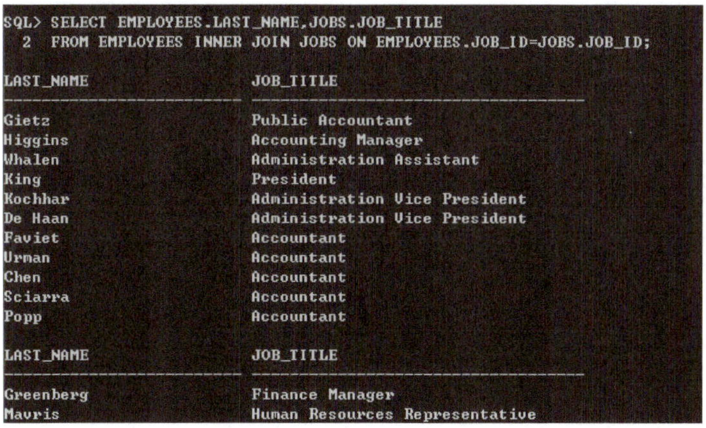

```
SQL> SELECT EMPLOYEES.LAST_NAME,JOBS.JOB_TITLE
  2  FROM EMPLOYEES INNER JOIN JOBS ON EMPLOYEES.JOB_ID=JOBS.JOB_ID;

LAST_NAME                 JOB_TITLE
------------------------- -----------------------------------
Gietz                     Public Accountant
Higgins                   Accounting Manager
Whalen                    Administration Assistant
King                      President
Kochhar                   Administration Vice President
De Haan                   Administration Vice President
Faviet                    Accountant
Urman                     Accountant
Chen                      Accountant
Sciarra                   Accountant
Popp                      Accountant

LAST_NAME                 JOB_TITLE
------------------------- -----------------------------------
Greenberg                 Finance Manager
Mavris                    Human Resources Representative
```

图 3-18　运行结果示意图

（2）自然连接。

自然连接（NATURAL JOIN）是一种特殊的等价连接，它可以将两张表中具有相同名称的列自动进行记录匹配。自然连接不必指定任何连接条件。

例如，使用自然连接方式连接employees表和departments表，查询语句如下：

```
SELECT em.employee_id,em.first_name,em.last_name,dep.department_name
  FROM employees em NATURAL JOIN departments dep
```

WHERE dep.department_name='Sales';

自然连接在实际应用中用得很少,因为它有一个限制条件,即被连接的各个表之间必须具有相同名称的列,而在实际应用中,可能相同名称的列在应用中的实际含义并不相同。例如,在employees表和departments表中都有一个address列,在进行自然连接时,DBMS会使用employees和departments表中两个相同名称的列来连接表,这要求对应的address列相同。但是在应用语义上,这两个address列代表了完全不同的含义:employees表中的address字段指的是一个雇员的居住地址,而departments表中的address字段是指部门的所在地址。因此,这样的自然连接毫无价值。

(3) 外连接。

在使用内连接进行多表查询时,仅返回符合查询条件(WHERE搜索条件或HAVING条件)和连接条件的行,即内连接操作会消除被连接表中的任何不符合查询条件的行。而外连接的效果则会扩展内连接的结果集,除能够返回所有匹配的行外,还会根据外连接的种类返回一部分或全部不匹配的行。

外连接分为左外连接(LEFT OUTER JOIN或LEFT JOIN)、右外连接(RIGHT OUTER JOIN或RIGHT JOIN)和全外连接(FULL OUTER JOIN或FULL JOIN)3种。与内连接不同,外连接不只列出与连接条件相匹配的行,还会列出左表(左外连接时)、右表(右外连接时)或两个表(全外连接时)中所有符合搜索条件的数据行。

下面举例演示内连接和外连接的区别。内连接语句及其运行结果如图3-19所示。

```
INSERT INTO employees(employee_id,last_name,email,hire_date,job_id,department_id)
    VALUES(1000,'blaine','blaine@hotmail.com',to_date('2010-11-20', 'yyyy-mm-dd'),'IT_PROG',null);
SELECT em.employee_id,em.last_name,dep.department_name
    FROM employees em INNER JOIN departments dep
    ON em.department_id=dep.department_id
    WHERE em.job_id='IT_PROG';
```

图3-19 运行结果示意图

在上面的例子中,首先向employees表添加了一行job_id为"IT_PROG"的雇员"blaine"的信息,然后在employees表和departments表内连接的结果表中查询job_id为"IT_PROG"的信息,但在结果中并没有显示新增的行,原因在于departments表中不存在该条记录的信息。

外连接语句及其运行结果如图3-20所示。

```
SELECT em.employee_id,em.last_name,dep.department_name
    FROM employees em LEFT OUTER JOIN departments dep
    ON em.department_id=dep.department_id
    WHERE em.job_id='IT_PROG';
```

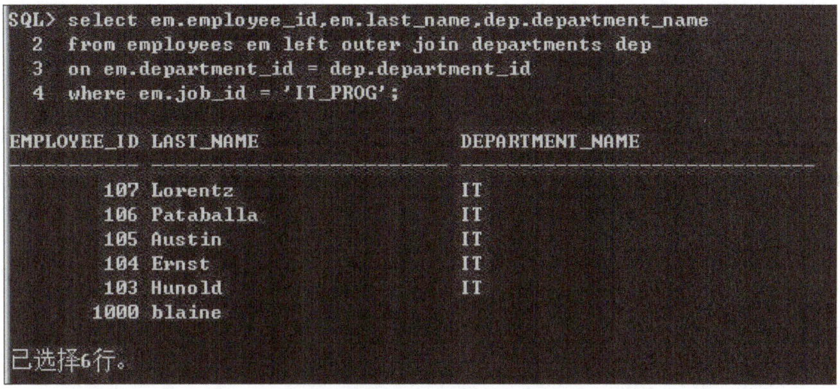

图 3-20　运行结果示意图

在上面的查询语句中,FROM子句使用LEFT OUTER JOIN进行左外连接。从显示结果中可以看出,左外连接的查询结果集中不仅包含相匹配的行,还包含左表(employees)中所有满足WHERE限制条件的行,而不论它是否与右表相匹配。同样,当执行右外连接时,则表示将要返回连接条件右边表中的所有行,而不论是否与左边表中各行相匹配。

除左外连接和右外连接外,还有一种外连接类型,即全外连接。全外连接相当于同时执行一个左外连接和一个右外连接,其查询结果会返回所有满足连接条件的行。在执行全外连接时,系统的开销很大,因为这需要DBMS执行一个完整的左连接查询和一个完整的右连接查询,然后再将结果集合并,并消除重复的记录行。

(4)自身连接。

自身连接(SELF JOIN)是SQL语句中经常用到的连接方式,使用自身连接就是为连接表的本身创建一个镜像,并通过别名把它当作另一个表来对待,从而得到用户所需的数据。

例如,在表employees中manager_id列的意义与employees_id是一致的,都是雇员标号,因为部门经理也是雇员。通过下面的语句可以查看manager_id列和employees_id列的关联,如图3-21所示。

```
SELECT employee_id,last_name, job_id,manager_id
    FROM employees
    ORDER BY employee_id;
```

```
SQL> select employee_id,last_name,job_id,manager_id
  2  from employees
  3  order by employee_id;

EMPLOYEE_ID LAST_NAME                JOB_ID       MANAGER_ID
----------- ------------------------ ------------ ----------
        100 King                     AD_PRES
        101 Kochhar                  AD_VP               100
        102 De Haan                  AD_VP               100
        103 Hunold                   IT_PROG             102
        104 Ernst                    IT_PROG             103
        105 Austin                   IT_PROG             103
```

图 3-21　运行结果示意图

从结果图中可以看出雇员之间的关系，如King（ID号为100）负责管理Kochhar（ID号为101）和De Haan（ID号为102）；而De Haan（ID号为102）负责管理Hunold（ID号为103）等。

通过自身连接，用户可以在同一行中看到雇员和部门经理的信息，查询语句如下：

SELECT em1.last_name "manager",em2.last_name "employee"
　　FROM employees em1 LEFT JOIN employees em2
　　ON em1.employee_id=em2.manager_id
　　ORDER BY em1.employee_id;

上述查询语句的运行结果（截取结果的一部分）如图3-22所示。

```
SQL> select em1.last_name "manager" , em2.last_name "employee"
  2  from employees em1 left join employees em2
  3  on em1.employee_id = em2.manager_id
  4  order by em1.employee_id;

manager                   employee
------------------------- -------------------------
King                      Hartstein
King                      Kochhar
King                      De Haan
King                      Raphaely
King                      Weiss
King                      Fripp
King                      Kaufling
King                      Vollman
King                      Mourgos
King                      Russell
King                      Partners
```

图 3-22　部分运行结果示意图

在上面的例子中，自身连接在FROM子句中对同一个表employees指定了两次，为了在其他子句中能够将其区分开，分别为表指定了表别名em1和em2。这样，DBMS就可以将这两个表看作是分离的两个数据源，并且从中获取相应的数据。

3.3.7　集合操作

集合操作就是将两个或多个SQL查询结果合并构成复合查询，以完成一些特殊的任务需求。集合操作主要由集合运算符实现，常用的集合运算符包括UNION（并运算）、UNION ALL（并运算）、INTERSECT（交运算）和MINUS（差运算）。

1. UNION

UNION运算符可以将多个查询结果集相加形成一个结果集，其结果等同于集合运算中的并运算，即UNION运算符可以将第1个查询结果中的所有行与第2个查询结果中的所有行相加，并消除其中重复的行形成一个合集。

例如，在下面的示例中，第1个查询将选择所有工资大于2500的雇员信息，第2个查询将选择所有工资大于1000且小于2600的雇员信息，用UNION运算的结果是所有工资在1000以上的雇员信息均会被列出。

```
SELECT employee_id,last_name FROM employees
   WHERE salary>2500
   UNION
   SELECT employee_id,last_name FROM employees
   WHERE salary>1000 AND salary<2600;
```

上述语句等价于下面的SQL语句。

```
SELECT employee_id,last_name
   FROM employees
   WHERE salary>1000;
```

> **提示**：UNION运算会将合集中的重复记录滤除，这是UNION运算和UNION ALL运算唯一不同的地方。

2. UNION ALL

UNION ALL与UNION运算符的工作原理基本相同，不同之处是UNION ALL运算形成的结果集中包含有两个子结果集中重复的行。

```
SELECT employee_id,last_name
   FROM employees
   WHERE salary>2500
   UNION ALL
   SELECT employee_id,last_name
   FROM employees
   WHERE salary>1000 AND salary<2600;
```

本例的结果集中会包含重复的工资大于2500且小于2600的雇员信息。

3. INTERSECT

INTERSECT运算符也用于对两个SQL语句所产生的结果集进行处理。不同于UNION运算，INTERSECT运算比较像AND运算，即UNION是并集运算，而INTERSECT是交集运算。

例如，用INTERSECT集合运算符实现查询last_name中以字母"S"开头的雇员信息，查询语句如下：

SELECT employee_id,last_name
　　FROM employees
　　WHERE last_name LIKE 'C%' OR last_name LIKE 'S%'
　　INTERSECT
　　SELECT employee_id,last_name
　　FROM employees
　　WHERE last_name LIKE 'S%' OR last_name LIKE 'T%';

4. MINUS

MINUS集合运算符可以找到两个给定的集合之间的差集，也就是说，该集合运算符会返回所有在第1个查询中返回的、但没有在第2个查询中返回的记录。

例如，使用运算符MINUS求两个查询结果的差集。第1个查询将选择所有工资大于2500的雇员信息，第2个查询将选择所有工资大于1000且小于2600的雇员信息。使用MINUS运算的结果是所有工资大于等于2600的雇员信息均会被列出。

SELECT employee_id,last_name
　　FROM employees
　　WHERE salary>2500
　　MINUS
　　SELECT employee_id,last_name
　　FROM employees
　　WHERE salary>1000 AND salary<2600;

上述语句等价于下面的SQL语句。

SELECT employee_id,last_name
　　FROM employees
　　WHERE salary>=2600;

> **提示**：在使用集合运算符编写复合查询时，其规则主要有3条。第一，在构成复合查询的各个查询中，各SELECT语句指定的列必须在数量上和数据类型上相匹配。第二，不允许在构成复合查询的各个查询中规定ORDER BY子句。第三，不允许在BLOB、LONG等大数据类型对象上使用集合操作符。

■3.3.8　子查询

子查询和连接查询一样，都提供了使用单个查询访问多个表中数据的方法。子查询在其他查询的基础上，提供了一种更有效的方式来表示WHERE子句中的条件。子查询是一个SELECT

语句，它可以在SELECT、INSERT、UPDATE或DELETE语句中使用。虽然大部分子查询是在SELECT语句的WHERE子句中实现，但实际上它的应用不仅仅局限于此。例如，也可以在SELECT和HAVING子句中使用子查询。

1. IN关键字

使用IN关键字可以将原表中特定列的值与子查询返回的结果集中的值进行比较，如果某行特定列的值存在，则在SELECT语句的查询结果中就包含这一行。

例如，使用子查询查询与部门编号为20的岗位相同的雇员信息，查询语句为：

SELECT first_name, department_id, salary, job_id FROM employees
　WHERE job_id IN (SELECT DISTINCT job_id FROM employees WHERE department_id=20);

上述查询语句的运行结果如图3-23所示。

```
SQL> SELECT FIRST_NAME,DEPARTMENT_ID,SALARY,JOB_ID
  2  FROM EMPLOYEES WHERE JOB_ID IN
  3  (SELECT DISTINCT JOB_ID FROM EMPLOYEES WHERE DEPARTMENT_ID=20);

FIRST_NAME           DEPARTMENT_ID   SALARY JOB_ID
-------------------- ------------- -------- ----------
Michael                         20    13000 MK_MAN
Pat                             20     6000 MK_REP
```

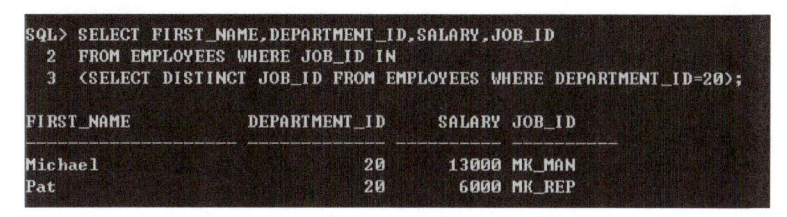

图 3-23　运行结果示意图

该查询语句的执行顺序为：首先执行括号内的子查询，然后再执行外层查询。仔细观察括号内的子查询，可以看到该子查询的作用仅仅是提供了外层查询中WHERE子句所使用的限定条件。

单独执行该子查询，则会将employees表中所有department_id等于20的工种编号全部返回。

SELECT DISTINCT job_id FROM employees WHERE department_id=20;

这些返回值将由IN关键字与employees表中每一行的job_id列进行比较，若列值存在在这些返回值中，则外层查询会在结果集中显示该行。

> **提示**：在使用子查询时，子查询返回的结果必须和外层引用列的值在逻辑上具有可比较性。

2. EXISTS关键字

在一些情况下，只需要考虑是否满足判断条件，而数据本身并不重要，这时就可以使用EXISTS关键字来定义子查询。EXISTS关键字只注重子查询是否返回行，如果子查询返回一个或多个行，那么EXISTS便返回true，否则返回false。

要使EXISTS关键字有意义，则应在子查询中建立搜索条件。

以下查询语句返回的结果与图3-23所显示的相同。

```
SELECT first_name,department_id,salary,job_id
    FROM employees x
    WHERE EXISTS
    (SELECT * FROM employees y WHERE x.job_id=y.job_id AND department_id=20);
```

在该语句中，外层的SELECT语句返回的每一行数据都要由子查询来评估。如果EXISTS关键字中指定的条件为真，查询结果就包含这一行，否则该行被丢弃。因此，整个查询的结果取决于内层的子查询。

> **提示**：由于EXISTS关键字的返回值取决于查询是否会返回行，而不取决于这些行的内容，因此对子查询来说，输出哪个列表项无关紧要，可以使用通配符"*"代替。

3. 比较运算符

比较运算符包括等于（=）、不等于（<>）、小于（<）、大于（>）、小于等于（<=）和大于等于（>=），使用比较运算符连接子查询时，要求设定的子查询返回结果只能包含一个单值。

例如，查询employees表，将薪金大于本职位平均薪金的、工种编号为"PU_MAN"的雇员信息显示出来，查询语句如下：

```
SELECT employee_id, last_name, job_id, salary
    FROM employees
    WHERE job_id='PU_MAN' AND
        salary>=(select avg(salary) FROM employees
        WHERE job_id='PU_MAN');
```

上述查询语句的运行结果如图3-24所示。

```
SQL> select employee_id,last_name,job_id,salary from employees
  2  where job_id = 'PU_MAN' and
  3  salary >=(select avg(salary) from employees
  4  where job_id = 'PU_MAN');

EMPLOYEE_ID LAST_NAME                 JOB_ID        SALARY
----------- ------------------------- ---------- ---------
        114 Raphaely                  PU_MAN         11000
```

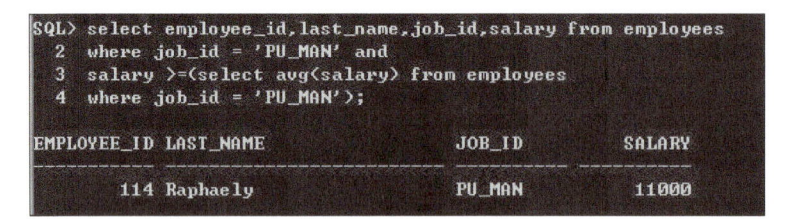

图3-24 运行结果示意图

> **提示**：在使用比较运算符连接子查询时，必须保证子查询的返回结果只包含一个值，否则整个查询语句将失败。

知识点拨

子查询分为两类：相关子查询和非相关子查询。在主查询中，每查询一条记录，需要重新做一次子查询，这种称为相关子查询。在主查询中，子查询只需要执行一次，子查询结果不再变化，这种查询方式称为非相关子查询。

3.4 数据操纵

SQL的数据操纵功能通过数据操纵语言（data manipulation language，DML）实现，用于改变数据库中的数据，即数据更新。数据更新包括插入、删除和修改3种操作，对应INSERT、DELETE和UPDATE 3条语句。在Oracle 19c中，DML除了包括INSERT、UPDATE和DELETE语句，还包括TRUNCATE、CALL、EXPLAIN PLAN、LOCK TABLE和MERGE等语句。本节中将对INSERT、UPDATE、DELETE、TRUNCATE等常用语句进行介绍。

3.4.1 插入数据

INSERT语句用于完成各种向数据表中插入数据的功能，可以一次插入一条记录，也可以根据SELECT查询子句获得的结果记录集批量插入指定数据表。

1. INSERT语句

INSERT语句主要用于向表中插入数据。INSERT语句的语法格式如下：

INSERT INTO [user.]table [@db_link] [(column1[,column2]…)]
　　VALUES (expressl[,express2]…);

其中，table表示要插入的表名，db_link表示数据库链接名，column1、column2表示表的列名，express1、express2表示要插入的值列表。

在INSERT语句的使用方式中，最为常用的形式是在INSERT INTO子句中指定添加数据的列，并在VALUES子句中为各个列提供一个值。

例如，用INSERT语句向countries表添加一条记录，其运行结果如图3-25所示。

INSERT INTO countries(country_id,country_name,region_id)
　　VALUES('CL','chile',4);

图 3-25　运行结果示意图

在向表的所有列添加数据时，也可以省略INSERT INTO子句后的列表清单，使用这种方法时，必须根据表中定义的列的顺序，为所有的列提供数据。还可以使用DESC命令查看表中定义的列的顺序。

例如，查看jobs表的定义结构，命令语句如下：

　　DESC jobs;

上述命令的运行结果如图3-26所示。从图中可以看出，jobs表中各列的定义次序依次为job_id、job_title、min_salary、max_salary，录入的数据（'IT_DBA','数据库管理员',5000.00,15000.00）的次序和定义的次序一致，因此可以正确录入。但是如果插入数据时省略列名清单而又没有按照各列的定义次序进行录入，则会提示错误。

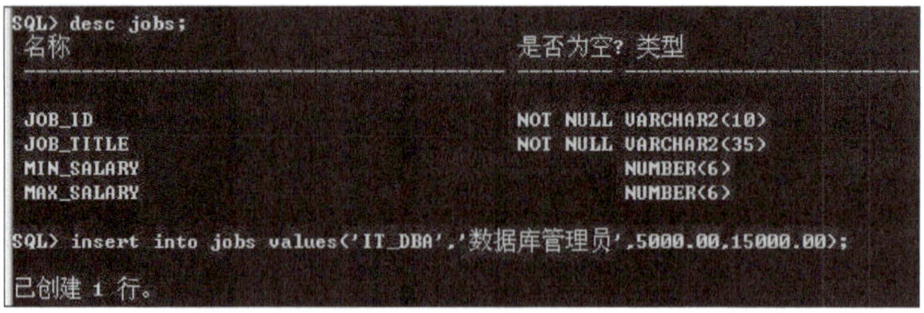

```
SQL> desc jobs;
 名称                                      是否为空? 类型
 ----------------------------------------- -------- ----------------------------

 JOB_ID                                    NOT NULL VARCHAR2(10)
 JOB_TITLE                                 NOT NULL VARCHAR2(35)
 MIN_SALARY                                         NUMBER(6)
 MAX_SALARY                                         NUMBER(6)

SQL> insert into jobs values('IT_DBA','数据库管理员',5000.00,15000.00);

已创建 1 行。
```

图 3-26 运行结果示意图

例如，如果上面示例的VALUES子句中少指定了一个列的值，语句如下：

```
INSERT INTO jobs VALUES('IT_DBA','数据库管理员',5000.00);
```

则上述语句在执行时就会显示如下的错误信息。

```
ORA-00947: 没有足够的值
```

如果某个列不允许null值存在，而用户在插入记录时没有为该列提供数据，则会因为违反相应的约束而导致插入操作失败。事实上，在定义表的时候为了数据的完整性，常常会为表添加许多保证数据完整性的约束。

例如，将一个工种的最低工资信息写入名为jobs的表中，SQL语句如下，其运行结果如图3-27所示。

```
INSERT INTO jobs(job_id,job_title,min_salary) VALUES('PP_MAN','产品经理',5000.00);
```

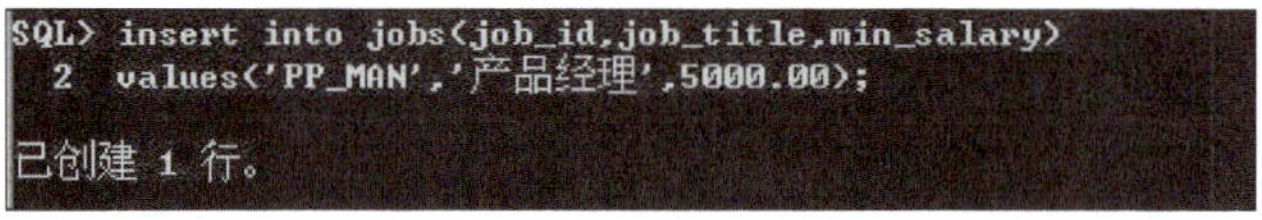

```
SQL> insert into jobs(job_id,job_title,min_salary)
  2  values('PP_MAN','产品经理',5000.00);

已创建 1 行。
```

图 3-27 运行结果示意图

如果再次录入同样一条记录，或者输入如下的SQL语句，则会因为违反主键约束而失败，运行结果如图3-28所示。

```
INSERT INTO jobs VALUES('PP_MAN','产品经理',5000.00);
```

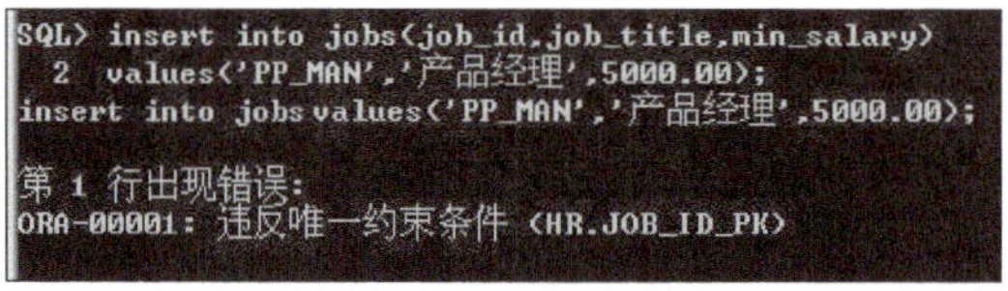

```
SQL> insert into jobs(job_id,job_title,min_salary)
  2  values('PP_MAN','产品经理',5000.00);
insert into jobs values('PP_MAN','产品经理',5000.00);

第 1 行出现错误:
ORA-00001: 违反唯一约束条件 (HR.JOB_ID_PK)
```

图 3-28 由于表的完整性约束导致插入失败的提示

关于如何为表定义完整性约束,将在后面的章节中介绍,这里需要记住的是在向表添加记录时,添加的数据必须符合为表定义的所有完整性约束。

2. 批量INSERT

SQL提供了一种成批添加数据的方法,即使用SELECT语句替换VALUES语句,由SELECT语句提供添加的数据,语法格式如下:

INSERT INTO [user.]table [@db_link] [(column1[,column2]…)] subquery;

其中,subquery是子查询语句,可以是任何合法的SELECT语句,其所选列的个数和类型应该与前边的column相对应。

在使用INSERT和SELECT的组合语句成批添加数据时,INSERT INTO指定的列名可以与SELECT指定的列名不同,但是其数据类型必须相匹配,即SELECT返回的数据必须满足表中列的约束。

例如,创建一个名为dept_statistic(部门统计)的表,SQL语句如下,运行结果如图3-29所示。

```
CREATE TABLE dept_statistic
(department_id NUMBER(6),
   avgsalary  NUMBER(8,2),
   maxsalary NUMBER(8,2),
   minsalary NUMBER(8,2));
```

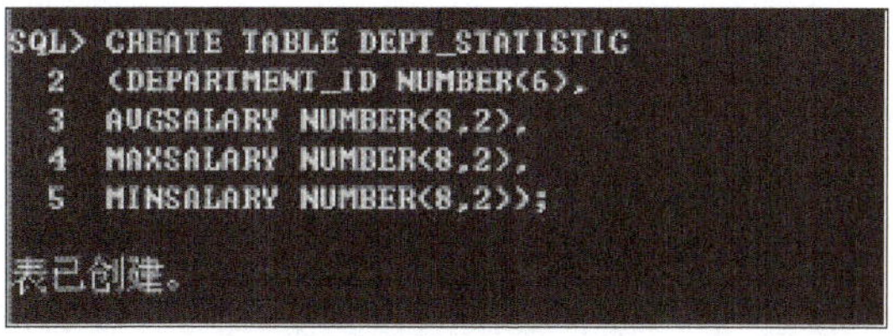

图3-29 运行结果示意图

然后,将从employees表中查询的统计结果插入该表,SQL语句如下,运行结果如图3-30所示。

```
INSERT INTO  dept_statistic SELECT department_id,AVG(salary), MAX(salary),MIN(salary)
   FROM employees GROUP BY department_id;
```

图3-30 运行结果示意图

■3.4.2 修改数据

当需要修改表中一列或多列的值时，可以使用UPDATE语句。使用UPDATE语句可以指定要修改的列和修改后的新值，通过使用WHERE子句可以限定被修改的行。使用UPDATE语句修改数据的语法格式如下：

```
UPDATE table_name
    SET {column1=express1[,column2=express2]
    (column1[,column2])=(select query)}
    [WHERE condition];
```

其中，各选项含义如下：
- **UPDATE子句**：用于指定要修改的表名称，后面可以跟一个或多个要修改的表名称，这部分是必不可少的。
- **SET子句**：用于设置要更新的列和各列的新值，后面可以跟一个或多个要修改的表列，这也是必不可少的。
- **WHERE子句**：用于设置更新的限定条件，该子句为可选项。

例如，使用UPDATE语句为所有程序员增加200元薪金，SQL语句如下，运行结果如图3-31所示。

```
UPDATE employees
    SET salary=salary +200
    WHERE job_id='IT_PROG';
```

图 3-31 运行结果示意图

以上示例中使用了WHERE子句限定更新薪金的人员为程序员（job_id='IT_PROG'）。如果在使用UPDATE语句修改表时，未使用WHERE子句限定修改的行，则会更新整个表。

同INSERT语句一样，可以使用SELECT语句的查询结果更新数据。

例如，使用UPDATE语句更新编号为104的雇员的薪金，使其调整后的薪金为IT程序员的现有最高薪金，SQL语句如下：

```
UPDATE employees
    SET salary=
    (SELECT MAX(salary)
        FROM employees
```

WHERE job_id='IT_PROG')
WHERE employee_id=104;

> **提示**：在使用SELECT语句提供新值时，必须保证SELECT语句返回单一的值，否则将会出现错误。

3.4.3 删除数据

1. DELETE语句

从数据库中删除记录需要使用DELETE语句来完成。如同UPDATE语句一样，使用DELETE语句，用户也需要规定要删除记录的表，以及限定表中哪些行将被删除。DELETE语句的语法格式如下：

DELETE FROM table_name
　[WHERE condition];

其中，DELETE FROM后必须要跟要删除数据的表名。

例如，从countries表中删除国家名为France的一条记录，SQL语句如下：

DELETE FROM countries WHERE country_name='France';

上述删除语句的运行结果如图3-32所示。

```
SQL> DELETE FROM COUNTRIES WHERE COUNTRY_NAME='France';
已删除 1 行。
```

图 3-32　运行结果示意图

> **提示**：建议使用DELETE语句时一定要带上WHERE子句，否则将会把表中所有数据全部删除。

2. TRUNCATE语句

如果用户确定要删除表中所有的记录，则建议使用TRUNCATE语句。使用TRUNCATE语句删除数据时，通常要比DELETE语句快许多。因为使用TRUNCATE语句删除数据时，它不会产生回滚信息，因此，执行TRUNCATE操作后也不能被撤销。

例如，使用TRUNCATE语句删除manager表中所有的记录，SQL语句如下：

TRUNCATE TABLE manager;
SELECT * FROM manager;

运行上述语句后的结果如图3-33所示。

在TRUNCATE语句中还可以使用关键字REUSE STORAGE，表示删除记录后仍然保存记录占用的空间；与此相反，也可以使用DROP STORAGE关键字，表示删除记录后立即回收记录占用的空间。TRUNCATE语句默认为使用DROP STORAGE关键字。

```
SQL> TRUNCATE TABLE MANAGER;
表已截断。
SQL> SELECT * FROM MANAGER;
未选定行
```

图 3-33 运行结果示意图

> **提示**：若使用DELETE FROM table_name语句，则整个表中的所有记录都将被删除，只剩下一个表格的定义，从这一点上看，该语句的效果和TRUNCATE TABLE table_name语句的效果相同。但是DELETE语句可以用ROLLBACK来恢复数据，而TRUNCATE语句则不能恢复。

知识点拨

INSERT、UPDATE和DELETE语句对表中数据进行的更改只是在缓冲区中有效，并未真正对数据库进行修改，如果要使得数据库中的数据真正得到修改，需要执行COMMIT提交指令。

3.5 数据控制

SQL语言定义完整性约束条件的功能主要体现在CREATE TABLE语句和ALTER TABLE语句中，可以在这些语句中定义主键、取值唯一的列、不允许空值的列、外键（参照完整性）及其他一些约束条件。在SQL中，数据控制功能包括事务管理功能和数据保护功能，即数据库的恢复、并发控制、数据库的安全性和完整性控制等。本节将主要介绍SQL语言的安全性控制功能。由于某个用户对某类数据具有何种操作权力是需求问题而不是技术问题，数据库管理系统的功能是保证这些决定的执行。因此，DBMS必须具备以下功能。

- 将授权的决定告知系统，这是由SQL的GRANT语句和REVOKE语句完成的。
- 将授权的结果存入数据字典。
- 当用户提出操作请求时，根据授权情况进行检查，以决定是否执行操作请求。

■3.5.1 授权语句

SQL语言用GRANT语句向用户授予操作权限，GRANT语句的语法格式为：

GRANT <权限>[,<权限>]…
 [ON <对象类型><对象名>]
 TO <用户>[,<用户>]…
 [WITH GRANT OPTION];

> **提示**：上述语句的语义是指将指定操作对象的指定操作权限授予指定的用户。

不同类型的操作对象有不同的操作权限，对属性列和视图的操作权限包括查询（SELECT）、插入（INSERT）、修改（UPDATE）、删除（DELETE）以及这4种权限的总和（ALLPRIVILEGES）。对基本表的操作权限包括查询、插入、修改、删除、修改表（ALTER）和建立索引（INDEX）以及这6种权限的总和。对数据库有建立表（CREATE TAB）的权限，该权限属于DBA，可由DBA授予普通用户；普通用户拥有此权限后可以建立基本表，基本表的所有者（OWNER）拥有对该表的一切操作权限。

常见的操作权限如表3-8所示。

表 3-8　不同类型操作对象允许的操作权限

对象	对象类型	操作权限
属性列	TABLE	SELECT、INSERT、UPDATE、DELETE、ALL PRIVILEGES
视图	TABLE	SELECT、INSERT、UPDATE、DELETE、ALL PRIVILEGES
基本表	TABLE	SELECT、INSERT、UPDATE、DELETE、ALTER、INDEX、ALL PRIVILEGES
数据库	DATABASE	CREATE TAB

接受权限的用户可以是一个或多个具体用户，也可以是public用户，即全体用户。如果指定了WITH GRANT OPTION子句，则获得某种权限的用户还可以把这种权限再授予其他的用户。如果没有指定WITH GRANT OPTION子句，则获得某种权限的用户只能使用该权限，但不能传播该权限。

下面将通过几个例子说明GRANT语句的使用，用户User1至User8均为示意用户，读者在练习时可自行创建用户。

例1：把对manager表的查询权限授予用户User1。

GRANT SELECT
　ON TABLE manager
　TO User1;

例2：把对manager表的全部操作权限授予用户User2和User3。

GRANT ALL PRIVILEGES
　ON TABLE manager
　TO User2,User3;

例3：把对表manager的查询权限授予所有用户。

GRANT SELECT
　ON TABLE manager
　TO public;

例4：把删除manager表和修改经理编号的权限授予用户User4。

GRANT UPDATE (manager_id)，DELETE
  ON TABLE manager TO User4;

这里实际上要授予用户User4的是对基本表manager的DELETE权限和对属性列manager_id的UPDATE权限。授予关于属性列的权限时必须明确指出相应属性列名。

例5：把对表manager的INSERT权限授予用户User5，并允许User5将此权限再授予其他用户。

GRANT INSERT
  ON TABLE manager
  TO User5 WITH GRANT OPTION;

执行此SQL语句后，User5不仅拥有了对表manager的INSERT权限，还可以传播此权限，即由用户User5使用GRANT命令给其他用户授权。

例6：User5将获得的INSERT权限授予用户User6，并允许User6将此权限再授予其他用户。

GRANT INSERT
  ON TABLE manager
  TO User6 WITH GRANT OPTION;

例7：User6将获得的INSERT权限授予用户User7。

GRANT INSERT
  ON TABLE manager
  TO User7;

因为用户User6未给用户User7传播的权限，所以用户User7不能再传播此权限。

例8：将DBA在数据库test中建立表的权限授予用户User8。

GRANT CREATE TAB
  ON DATABASE test
  TO User8;

由上面的例子可以看到，GRANT语句可以一次向一个用户授权，如例1所示，这是最简单的一种授权操作；也可以一次向多个用户授权，如例2所示；还可以将获得的权限再次传播给同类对象，如例5、例6所示；甚至一次可以完成对基本表或视图及属性列这些不同对象的授权，如例4所示。

> **提示**：授予DATABASE的权限必须与授予TABLE的权限分开，这是因为对象类型不同。

3.5.2 授权收回语句

授予的权限可以由DBA或其他授权者用REVOKE语句收回，REVOKE语句的语法格式为：

REVOKE<权限>[,<权限>]…
　[ON <对象类型><对象名>]
　FROM<用户> [,<用户>]…；

例9：将用户User4修改经理编号的权限收回。

REVOKE UPDATE(manager_id)
　ON TABLE manager
　FROM User4;

例10：收回所有用户对表manager的查询权限。

REVOKE SELECT
　ON TABLE manager
　FROM public;

例11：将用户User5对manager表的INSERT权限收回。

REVOKE INSERT
　ON TABLE manager
　FROM User5;

在上一节的示例中，User5将对manager表的INSERT权限授予了User6，而User6又将其授予了User7。执行REVOKE语句后，DBMS在收回User5对manager表的INSERT权限的同时，还会自动收回User6和User7对manager表的INSERT权限。也就是说，收回权限的操作会级联下去。但如果User6或User7还从其他用户处获得了对manager表的INSERT权限，则它们仍具有此权限，系统只收回直接或间接从User5处获得的权限。

可见，SQL提供了非常灵活的授权机制。DBA拥有对数据库中所有对象的所有权限，并可以根据应用的需要将不同的权限授予不同的用户。用户对自己建立的基本表和视图拥有全部的操作权限，并且可以用GRANT语句把其中某些权限授予其他用户。被授权的用户如果有"继续授权"的许可，还可以把获得的权限再授予其他用户。所有授予出去的权限在必要时都可以用REVOKE语句收回。

课后作业

1. 选择题

（1）SQL语言中不属于数据定义的命令动词是（　　）。
   A. CREATE　　　　B. DROP　　　　C. GRANT　　　　D. ALTER

（2）在同样的条件下，下面的哪个操作得到的结果集有可能最多？（　　）。
   A. 内连接　　　　B. 左外连接　　　　C. 右外连接　　　　D. 全外连接

（3）下列操作权限中，在视图上不具备的是（　　）。
   A. SELECT　　　　B. ALTER　　　　C. DELETE　　　　D. INSERT

2. 填空题

（1）SQL语言的功能主要包括_____、_____和_____三类。

（2）希望删除查询结果集中重复的行，需要使用_____键字。

（3）常用的统计函数有_____、MIN、MAX、_____和AVG。

3. 实训题

（1）登入Oracle，进入HR方案，使用DESC和SELECT命令查看各个表的结构和现有的数据。

（2）在HR方案中进行表的创建、修改和删除（CREATE、ALTER、DROP命令）。

（3）在HR方案中完成对employees表以及相关各表的各种查询操作（WHERE子句、GROUP BY子句以及各种连接等）。

（4）在HR方案中，针对employees表，进行数据的添加、修改和删除操作（INSERT、UPDATE、DELETE命令）。

第 4 章 Oracle PL/SQL 语言及编程

内容概要

第3章介绍的SQL语言只是访问、操作数据库的结构化查询语言,并不是一种具有流程控制功能的程序设计语言,而只有程序设计语言才能用于应用软件的开发。为了扩展SQL语言的功能,实现更加灵活的数据操作,Oracle在SQL 92的标准上推出了扩展版的PL/SQL(Procedural Language/SQL,过程化SQL语言)。PL/SQL是一种Oracle数据库特有的、支持应用开发的高级数据库程序设计语言。

4.1 PL/SQL简介

掌握PL/SQL是应用Oracle数据库的基础，它在Oracle数据库应用系统开发中有十分重要的作用。在允许运行Oracle的任何操作系统平台上均可运行PL/SQL程序。

4.1.1 程序结构

和所有过程化语言一样，PL/SQL也是一种模块式结构的语言，它包含3个基本部分：声明部分（declarative section）、执行部分（executable section）和异常处理部分（exception section）。PL/SQL语言的程序结构如下：

```
DECLARE
    --声明一些变量、常量、用户定义的数据类型及游标等
    --这一部分可选，如不需要可以不写
BEGIN
    --主程序体，这里可以加入各种合法语句
EXCEPTION
    --异常处理程序，当程序中出现错误时执行这一部分
END;    --主程序体结束
```

在PL/SQL程序中，只有执行部分是必需的，其他两个部分都是可选的。需要注意的是，最后的分号是必须要有的。没有声明部分时，结构就以BEGIN关键字开头；没有异常处理部分，EXCEPTION关键字将被省略；END关键字后面紧跟着一个分号结束该块的定义。

以下的结构定义仅包含执行部分。

```
BEGIN
    /*执行部分*/
END;
```

如果仅带有声明和执行部分，而没有异常处理部分，其定义如下：

```
DECLARE
    /*声明部分*/
BEGIN
    /*执行部分*/
END;
```

> **知识点拨**
>
> 上述结构中执行部分可以嵌套，即在BEGIN … END之间可以完整嵌套另一个BEGIN … END。PL/SQL程序可以作为一个命名的块存放在数据库中，这种块称为命名块，其中可包含存储过程、函数、触发器等各种类型，也可直接在SQL*Plus窗口中作为一个匿名的块，但这种块不存储在数据库中，且通常只执行一次。

4.1.2 注释

注释（comment）增强了程序的可读性，使得程序更易于理解。这些注释在进行编译时会被相应的编译器忽略。与许多高级语言的注释风格相同，PL/SQL提供的注释有单行注释和多行注释两种。

1. 单行注释

单行注释由两个连字符"--"开始，一直到行尾（回车符标志着注释的结束）。在写PL/SQL程序时，用户可以加上单行注释，使得此行代码更加容易理解。

对单行注释的使用说明见程序清单4.1。

程序清单4.1：comments1.sql
```
DECLARE
v_sname CHAR(20);              --保存20个字符的变量：学生姓名
v_age NUMBER;                   --保存学生年龄的变量
BEGIN                           --插入一条记录
   INSERT INTO student (sname,sage)
      VALUES(v_sname,v_sage);
END;
```

> **提示**：如果注释超过一行而又使用单行注释符注释，就必须在每一行的开头都使用双连字符"--"。

2. 多行注释

和C语言的注释方法相同，PL/SQL中多行注释以"/*"开头，以"*/"结尾。

对多行注释的使用说明见程序清单4.2。

程序清单4.2：comments2.sql
```
DECLARE
v_sname CHAR(20);              /*保存20个字符的变量：学生姓名*/
v_age NUMBER;                   /*保存学生年龄的变量*/
BEGIN
   /*插入一条记录*/
   INSERT INTO student (sname,sage)
      VALUES (v_sname,v_age e);
END;
```

4.1.3 数据类型

PL/SQL定义的数据类型很多,在这里只讨论经常使用的数据类型,掌握这些简单的数据类型有助于编写一些复杂的程序。

1. 字符类型

字符类型变量用来存储字符串或者字符数据,其类型包括CHAR、NCHAR、VARCHAR2、NVARCHAR2和LONG,如表4-1所示。

表 4-1 Oracle 中的字符数据类型

类型名称	说明	取值范围(字节)
CHAR	固定长度字符串	0~2000
NCHAR	根据字符集而定的固定长度字符串	0~1000
VARCHAR2	可变长度字符串	0~4000
NVARCHAR2	根据字符集而定的可变长度字符串	0~1000
LONG	超长字符串	0~2GB

CHAR和NCHAR为定长字符串类型,其存储长度在定义时已经确定。VARCHAR2、NVARCHAR2和LONG类型为可变长度字符串类型,其长度不超过类型的最大长度,与列值的实际长度有关。

2. 数值类型

数值类型变量可以存储整数或者实数。数值类型包含数字类型NUMBER(P,S)、数字类型DECIMAL(P,S)、整数类型INTEGER、浮点数类型FLOAT(双精度)、实数类型REAL(精度更高)。其中,NUMBER(P,S)和DECIMAL(P,S)是格式化的数字,格式中P是指精度,S是指刻度范围。精度是指数值中所有有效数字的个数,而刻度范围是指小数点右边数字位的个数。精度和刻度范围都是可选的,但是如果指定了刻度范围,那么也必须指定精度。如果刻度范围是负数,那么就由小数点开始向左边计算数字位的个数。

3. 布尔类型

布尔类型只有一种,就是BOOLEAN,主要用于控制程序的流程。一个布尔类型变量的取值可以是true、false或null三者之一。

4. 日期类型

Oracle的日期类型也只有一种,就是DATE,这与很多其他DBMS中的日期类型不同。DATE类型用于存储日期和时间信息,包括世纪、年、月、日、小时、分钟和秒7部分。DATE变量占用的存储空间是7个字节,每个部分占用1个字节。

> **知识点拨**
>
> 有的DBMS的日期类型可以有日期(DATE)、时间(TIME)、日期时间(DATETIME)类型等。

5. 自定义数据类型

PL/SQL中除了常用的数据类型，还有自定义数据类型。就像C语言中的struct一样，PL/SQL中可以通过TYPE关键字定义所需的数据类型。

定义数据类型的语句格式如下：

TYPE <数据类型名> is <数据类型>;

在Oracle中允许用户定义两种数据类型：RECORD（记录）类型和TABLE（表）类型。

例如，用TYPE定义名为student_record的记录类型变量，语句如下：

```
TYPE student_record is RECORD
(
    sno NUMBER(5) NOT NULL:=0,
    sname VARCHAR2(50),
    sage NUMBER,
    ssex CHAR(1)
);
```

该记录类型定义后，在之后的语句中就可以定义student_record记录类型的变量了。

例如，定义一个student_record记录类型的变量astudent。

```
astudent student_record;
```

引用该记录变量时要指明其内部变量，如astudent.sno或astudent.sname。

此外，PL/SQL还提供了%TYPE和%ROWTYPE两种特殊的变量，用于声明与表的列相匹配的变量和用户定义数据类型，前者表示单属性的数据类型，后者表示整行属性列表的结构，即元组的类型。

例如，将上面示例中的student_record定义改成如下格式。

```
TYPE student_record is RECORD
(
    sno students.sno % TYPE NOT NULL:=0,
    sname students.sname % TYPE,
    sage students.sage % TYPE,
    ssex students.ssex % TYPE
);
```

也可以定义一个与表students的结构类型一致的记录变量，定义如下：

```
student_record students % ROWTYPE;
```

4.1.4 变量和常量

PL/SQL程序运行时，需要定义一些变量，用于存放数据。常量也需要定义后再使用。

1. 常量的定义

定义常量的语句格式如下：

<常量名> CONSTANT <数据类型>:=<值>;

其中，关键字CONSTANT表示定义常量。常量一旦定义，在以后的使用中其值将不再改变。一些固定大小的值，为了防止有人改变，最好定义成常量。

例如，定义一个及格线的常量pass_score，它的类型为整型，值为90。

pass_score CONSTANT INTEGER:=90;

2. 变量的定义

定义变量的语句格式如下：

<变量名><数据类型>[(宽度):=<初始值>];

可见，变量定义时没有关键字，但要指定数据类型，宽度和初始值可以定义也可以不定义，应根据需要灵活使用。

例如，定义一个有关住址的变量，它是变长字符型，最大长度为50个字符。

address VARCHAR2(50);

在PL/SQL程序运行时，未初始化的变量可能包含随机的或者未知的取值。PL/SQL定义了一个未初始化变量应该存放的内容，其值为null。null意味着"空值"，即未知或是不详的取值。换言之，null可以被默认地赋值给任何未经过初始化的变量。

4.1.5 结构控制语句

结构控制语句是所有过程性程序语言的关键，因为只有能够进行结构控制才能灵活地实现各种操作和功能，PL/SQL也不例外，其主要的控制语句如表4-2所示。

表4-2 PL/SQL 控制语句列表

序号	控制语句	功能介绍
1	IF…THEN	判断IF后面的表达式，如果为true则执行THEN后面的语句
2	IF…THEN…ELSE	判断IF后面的表达式，如果为true则执行THEN后面的语句，否则执行ELSE后面的语句
3	IF…THEN…ELSIF	嵌套式判断
4	CASE	用于把表达式结果与提供的几个可预见结果进行比较

(续表)

序号	控制语句	功能介绍
5	LOOP…EXIT…END	循环控制，用判断语句执行EXIT
6	LOOP…EXIT WHEN…END	同上一条，只是条件改为当WHEN后面的表达式为true时执行EXIT
7	WHILE…LOOP…END	当WHILE后面的表达式为真时循环
8	FOR…IN…LOOP…END	已知循环次数的循环
9	GOTO	无条件跳转语句

1. 选择结构

所谓选择结构，即条件判断，是指程序根据具体条件表达式的值执行一组语句的结构。

（1）IF语句。

选择结构中的IF语句的语法和C语言的IF…THEN…ELSE很类似，语句格式如下：

IF{条件表达式1) THEN
　{语句序列1;}
[ELSIF(条件表达式2) THEN
　{语句序列2;}]
[ELSE
　{语句序列3;}]
END IF;

> 提示：上述语句格式中"ELSIF"的拼写中只有一个字母E，不是"ELSEIF"，并且没有空格。

针对选择语句，可以有3种形式。

第1种形式：IF…THEN语句。

当IF后面的条件表达式判断为真时执行THEN后面的语句，否则跳过这一控制语句。

第2种形式：IF…THEN…ELSE语句。

前一部分和第1种形式一样，只是当IF后面的条件表达式判断不为真时，则执行ELSE后面的语句。

第3种形式：IF…THEN…ELSIF语句。

这是一个嵌套式判断控制语句，基本原理和前面两种形式一样，只不过它更加复杂。

（2）CASE语句。

CASE语句是Oracle 9i后新增加的选择结构语句，它描述的是多分支结构，使得对多分支选择的逻辑控制变得更加简单，它与C语言中的SWITCH语句类似。CASE语句的格式如下：

```
CASE 检测表达式
WHEN 表达式1 THEN 语句序列1
WHEN 表达式2 THEN 语句序列2
…
WHEN 表达式n THEN 语句序列n
[ELSE 其他语句序列]
END;
```

其中，CASE语句中的ELSE子句是可选的。如果检测表达式的值与下面任何一个表达式的值都不匹配时，PL/SQL会产生预定义错误CASE_NOT_FOUND。

> **提示**：CASE语句中表达式1到表达式 n 的类型必须同检测表达式的类型相符。一旦选定的语句序列被执行，控制就会立即转到CASE语句之后的语句。

例如，根据学生的考试等级获得对应分数范围，代码如下：

```
DECLARE
    v_grade VARCHAR2(20):='及格';
    v_score VARCHAR2(50);
BEGIN
    v_score := CASE v_grade
        WHEN '不及格' THEN '成绩 < 60'
        WHEN '及格'   THEN '60 <= 成绩 < 70'
        WHEN '中等'   THEN '70 <= 成绩 < 80'
        WHEN '良好'   THEN '80 <= 成绩 < 90'
        WHEN '优秀'   THEN '90 <= 成绩 <= 100'
    ELSE  '输入有误'
    END;
    DBMS_OUTPUT.PUT_LINE(v_score);
END;
```

3. LOOP循环结构

所谓循环结构，是指程序按照指定的逻辑条件循环执行一组命令的结构。LOOP循环即程序员比较熟悉的DO…WHILE循环，常用的语句格式如下：

（1）LOOP…EXIT…END语句。

这是一个循环控制语句，关键字LOOP和END表示循环执行的语句范围，EXIT关键字表示退出循环，它常常被放在一个IF判断语句中。

（2）LOOP…EXIT WHEN…END语句。

该语句表示当WHEN后面的条件表达式判断为真时退出循环。

（3）WHILE…LOOP…END语句。

该语句也是循环控制语句，和前者的区别是先判断条件，若条件为真则进入循环，为假则退出循环。

（4）FOR…IN…LOOP…END语句。

FOR语句是一个预知循环次数的循环控制语句。

4. GOTO语句

GOTO语句称为无条件跳转语句，其语法格式如下：

```
GOTO label;
```

当执行GOTO语句时，控制程序会立即转到由标签标识的语句。其中，label是在PL/SQL中定义的标签。标签是用双箭头（<<　>>）括起来的标识符。

下面是GOTO语句示例，部分代码如下：

```
… --程序其他部分
<< goto_label>>                --定义了一个转向标签goto_label
… --程序其他部分
IF  grade>=60 THEN
    GOTO goto_label;           --如果条件成立，则转向goto_label继续执行
… --程序其他部分
```

众所周知，不必要的GOTO语句会使程序代码复杂化，容易出错，而且难以理解和维护，所以在使用GOTO语句时务必小心。实际上，几乎所有使用GOTO语句的代码都可以使用其他的PL/SQL控制结构（如循环或条件结构）重新编写，所以，一般情况下尽可能不使用GOTO语句。

■4.1.6　表达式

表达式不能独立构成语句，表达式的结果是一个值，如果不给这个值安排一个存放的位置，则表达式本身毫无意义。通常，表达式作为赋值语句的一部分出现在赋值运算符的右边，或者作为函数的参数等。

表达式可以是由运算符串联起来的一组数，如"36*69-55"，按照运算符的意义运算会得到一个运算结果，这就是表达式的值。

"操作数"是运算符的参数。根据所拥有的参数个数，PL/SQL运算符可分为一元运算符（一个参数）和二元运算符（两个参数）。表达式根据操作对象的不同，也可以分为字符表达式和布尔表达式两种。

1. 字符表达式

唯一的字符运算符是并置运算符"||",它的作用是把几个字符串联在一起形成一个字符串,如表达式'Hello'||'World'||'!',它的值等于'Hello World!'。

2. 布尔表达式

PL/SQL控制结构都涉及布尔表达式。布尔表达式用于判断条件为真还是为假,它的结果值只有true、false或null。布尔表达式中可以使用3个布尔运算符:AND、OR和NOT,与高级语言中的逻辑运算符一样,它们的操作对象是布尔变量或者表达式。

布尔表达式中的关系运算符如表4-3所示。

表 4-3 布尔表达式中的关系运算符

运算符	意义	运算符	意义
=	等于	!=	不等于
<	小于	>	大于
<=	小于或等于	>=	大于或等于

此外,BETWEEN操作符也用于布尔表达式中,它的作用是划定一个范围,如果要判断的值在范围内则为真,否则为假。例如,1 BETWEEN 0 AND 100,该表达式的值为真。

IN操作符用于判断某一元素是否属于某个集合,也属于布尔表达式中使用的一种操作符。例如,'Scott' IN ('Mike','John','Mary'),该表达式的值为假。

4.2 游标

SQL采用集合的操作方式,操作的对象和查找的结果都是集合(多条记录构成的集合)。而PL/SQL语言的变量一般是标量,其一组变量一次只能存放一条记录。所以仅仅使用变量并不能完全满足SQL语句向应用程序输出数据的要求。查询结果中记录数的不确定导致了预先声明变量的个数的不确定性。为此,在PL/SQL中引入了游标(cursor)的概念,用游标来协调这两种不同的处理方式。

4.2.1 游标的概念

在PL/SQL块中执行SELECT、INSERT、UPDATE和DELETE语句时,Oracle会在内存中为其分配上下文区(context area),它是一个缓冲区,用以存放SQL语句的执行结果。游标是指向该区的一个指针,或是命名一个工作区(work area),或是一种结构化数据类型。它为应用程序提供了一种对具有多行数据查询结果集中的每一行数据分别进行单独处理的方法,用户可以通过游标逐一获取记录,并赋予变量,再交由主语言进一步处理,这是设计嵌入式SQL语句的应用程序的常用编程方式。

游标并不是一个数据库对象,只是存留在内存中。游标分为显式游标和隐式游标两种。显式游标由用户声明和操作,而隐式游标是Oracle为所有数据操纵语句(包括只返回单行数据的查询语句)自动声明和操作的一种游标。在每个用户会话中,可以同时打开多个游标,其数量由数据库初始化参数文件中的OPEN CURSORS参数定义。

4.2.2 游标的处理

游标的处理包括声明游标、打开游标、提取游标、关闭游标4个步骤。游标的声明需要在块的声明部分进行,其他的3个步骤都在执行部分或异常处理部分中。

1. 声明游标

游标的声明中定义了游标的名字并将该游标和一个SELECT语句相关联,该查询语句将对应记录结果集返回给游标。显式游标声明部分放在DECLARE中,语法格式为:

```
CURSOR <游标名> IS <SELECT语句>;
```

其中,<游标名>是游标的名字,<SELECT语句>是将要处理的查询语句。

因为游标名是一个PL/SQL标识符,所以,游标的名字遵循通常的用于PL/SQL标识符的作用域和可见性法则。游标必须在被引用以前声明。任何SELECT语句都是合法的,包括有连接或是带有UNION或MINUS子句的语句。

游标声明中SELECT语句的WHERE子句可以引用PL/SQL变量。这些变量被认为是联编变量BIND VARIABLE,即已经被分配空间并映射到绝对地址的变量。由于可以使用通常的作用域法则,因此这些变量必须在声明游标的位置处是可见的。

2. 打开游标

打开游标的语法格式为:

```
OPEN <游标名>;
```

其中,<游标名>标识了一个已经被声明的游标。

打开游标就是执行游标中定义的SELECT语句。执行完毕,查询结果装入内存,游标停在查询结果的首部,注意并不是第1行。当打开一个游标时,会完成以下几件事情。

(1) 检查联编变量的取值。
(2) 根据联编变量的取值,确定活动集。
(3) 活动集的指针指向第1行。

> **提示**:打开一个已经被打开的游标是合法的。在第2次执行OPEN语句以前,PL/SQL将在重新打开该游标之前隐式地执行一条CLOSE语句。OPEN语句也可以一次同时打开多个游标。

3. 提取游标

打开游标后,可以通过程序来获得游标当前记录的信息,对应的取值语句是FETCH,它的用法有两种形式,这两种形式如下:

FETCH <游标名> INTO <变量列表>;

或

FETCH <游标名> INTO PL/SQL记录;

其中，<游标名>标识了已经被声明的并且被打开的游标，<变量列表>是已经被声明的PL/SQL变量的列表（变量之间用逗号隔开），而PL/SQL记录是已经被声明的PL/SQL记录。在这两种形式中，INTO子句中变量的类型都必须与查询的选择列表的类型相兼容，否则将拒绝执行。FETCH语句每执行一次，游标向后移动一行，直到结束（游标只能逐个向后移动，而不能跳跃移动或是向前移动）。

4. 关闭游标

当所有的活动集都被检索后，游标须被关闭。PL/SQL程序将被告知游标的处理已经结束，与游标相关联的资源可以释放了。这些资源包括用来存储活动集的存储空间和用来存储活动集的临时空间。

关闭游标的语法格式为：

CLOSE <游标名>;

其中，<游标名>给出了原来被打开的游标。一旦关闭了游标，也就关闭了SELECT操作，释放了所占用的内存区。如果再从游标提取数据就是非法的操作了。

以下代码中包含了对游标的各种操作。

```
DECLARE
    student_no NUMBER(5);              --定义4个变量，用于存放students表中的内容
    student_name  VARCHAR2(50);
    student_age  NUMBER;
    student_sex  char(1);
CURSOR student_cur IS                  --定义游标student_cur
    SELECT sno,sname,sage,xxex
    FROM  students
    WHERE sno<10522;                   --选出号码小于10522的学生
BEGIN
    OPEN student_cur;                  --打开游标
FETCH student_cur INTO student_no, student_name, student_age, student_sex;
                --将第1行数据放入变量中，游标后移
    LOOP
        EXIT WHEN NOT student_cur %FOUND;--如果游标移到结果集尾则结束
        IF student_sex='M' THEN         --将性别为男的行放入男生表male_students中
```

```
        INSERT INTO  male_students(sno,sname,sage)
              VALUES(student_no, student_name, student_age);
      ELSE      --将性别为女的行放入女生表female_students中
        INSERT INTO  female_students(sno,sname,sage)
              VALUES(student_no, student_name, student_age);
      END IF;
    FETCH student_cur INTO student_no, student_name, student_age, student_sex;
    END LOOP;
  CLOSE student_cur;       --关闭游标
END;
```

上述代码执行后就已经把数据分别插入男生表和女生表中了。然后，查询男生表male_students和女生表female_students的内容，代码如下：

SELECT * FROM male_students ;
SELECT * FROM female_students;

■4.2.3　游标的属性

无论是显式游标还是隐式游标，均有%FOUND、%NOTFOUND、%ROWCOUNT、%ISOPEN等4种属性，它们描述了与游标操作相关的DML语句的执行情况。游标属性只能用在PL/SQL的流程控制语句内，而不能用在SQL语句内。

1. %FOUND

该属性表示当前游标是否指向有效的一行，若是则为true，否则为false。检查此属性可以判断是否结束游标使用。

例如：

```
OPEN student_cur; --打开游标
FETCH student_cur INTO student_no, student_name, student_age, student_sex;
            --将第1行数据放入变量中，游标后移
LOOP
   EXIT WHEN NOT student_cur%FOUND; --使用了%FOUND属性
END LOOP;
```

2. %NOTFOUND

该属性与%FOUND属性类似，只是其结果值正好与%FOUND相反。

3. %ROWCOUNT

该属性记录了游标抽取过的记录行数，也可以理解为当前游标所在的行号。这个属性在循环判断中很有效，可不必抽取所指记录行就中断游标操作。在游标使用过程中，可以用LOOP语句结合%ROWCOUNT属性控制循环，还可以用FOR语句控制游标的循环。系统隐含地定义了一个数据类型为%ROWCOUNT的记录作为循环计数器，并将隐式地打开和关闭游标。

例如：

```
LOOP
    FETCH student_cur INTO student_no, student_name, student_age, student_sex;
        EXIT WHEN student_cur%ROWCOUNT=10;   --抽取10条记录
    ...
END LOOP;
```

4. %ISOPEN

该属性用于反映游标是否处于打开状态。在实际应用中，使用一个游标前，通常是先检查它的%ISOPEN属性，看游标是否已打开。若没有打开，就需要先打开游标再向下操作。这是防止运行过程中出错的必备一步。

例如：

```
IF  student_cur%ISOPEN  THEN
    FETCH student_cur INTO student_no, student_name, student_age, student_sex;
ELSE
    OPEN student_cur;
END IF;
```

5. 游标的参数

在定义游标时，可以带上参数，这样在使用游标时，就会因为参数的不同而选中不同的数据行，从而达到动态使用数据的目的。

下面是带参数的游标示例，代码如下：

```
ACCEPT my_no prompt 'Please input the SNO:'
DECLARE
--定义游标时带上参数cursor_id
    CURSOR student_cur(cursor_id NUMBER) IS
        SELECT sname,sage,ssex
        FROM  students
        WHERE sno=CURSOR_id;    --使用参数
BEGIN
    OPEN student_cur(my_no);        --带上实参量
    LOOP
```

```
        FETCH student_cur INTO student_name, student_age, student_sex;
        EXIT WHEN student_cur % NOTFOUND;
        ...
    END LOOP;
    CLOSE student_cur;
END;
```

4.2.4 游标变量

如同常量和变量的区别一样，前面所讲的游标都与一个SQL语句相关联，并且在编译该块的时候此语句已经是可知的，因此是静态的。而游标变量可以在运行时与不同的语句关联，是动态的。游标变量被用于处理多行的查询结果集。在同一个PL/SQL块中，游标变量不与特定的查询绑定，而是在打开游标时才确定所对应的查询。因此，游标变量可以依次对应多个查询。

使用游标变量之前必须先声明，然后在运行时必须为其分配存储空间，这是因为游标变量是引用类型的变量，类似于高级语言中的指针。

1. 游标变量的声明

游标变量是一种引用类型。当程序运行时，它们可以指向不同的存储单元。如果要使用引用类型，首先要声明该变量，然后相应的存储单元必须要被分配。PL/SQL中引用类型的声明如下：

REF type

其中，type是已经被定义的类型。REF关键字指明新的类型必须是一个指向已经定义的类型的指针。因此，游标可以使用的类型就是REF CURSOR。

定义一个游标变量类型的完整语法格式如下：

TYPE <类型名> IS REF CURSOR
    RETURN <返回类型>;

其中，<类型名>是新的引用类型的名字，而<返回类型>是一个记录类型，它指明了最终由游标变量返回的选择列表的类型。

游标变量的返回类型必须是一个记录类型。它可以被显式声明为一个用户定义的记录，或者隐式使用%ROWTYPE进行声明。在定义了引用类型以后，就可以声明该变量了。

下面的声明部分给出了游标变量的不同声明。

```
DECLARE
    TYPE t_studentsref IS REF CURSOR    --定义使用 % ROWTYPE
        RETURN students % ROWTYPE;
    TYPE t_abstractstudentsrecord IS RECORD(    --定义新的记录类型
```

```
    sname students.sname % TYPE,
    sex students.sex % TYPE);
v_AbstractStudentsRecord t_abstractstudentsrecord;
TYPE t_abstractstudentsref IS REF CURSOR  --使用记录类型的游标变量
    RETURN t_abstractstudentsrecord;
TYPE t_namesref2 IS REF CURSOR   --另一种类型定义
    RETURN v_AbstractStudentsRecord % TYPE;
v_StudentCV t_studentsref;  --声明上述类型的游标变量
v_AbstractStudentCV t_abstractstudentsref;
```

上例中介绍的游标变量是受限的,它的返回类型只能是特定类型。而在PL/SQL语言中,还有一种非受限游标变量,它在声明的时候没有RETURN子句。一个非受限游标变量可以为任何查询打开。

2. 游标变量的打开

如果要将一个游标变量与一个特定的SELECT语句相关联,需要使用OPEN FOR语句,其语句格式为:

```
OPEN <游标变量> FOR <SELECT语句>;
```

如果游标变量是受限的,则SELECT语句的返回类型必须与游标所限的记录类型匹配。如果不匹配,Oracle会返回错误ORA_6504。

3. 游标变量的关闭

游标变量的关闭和静态游标的关闭类似,都是使用CLOSE语句。关闭游标变量会释放查询所使用的空间。关闭已经关闭的游标变量是非法的。

4.3 过程

若创建的PL/SQL程序都是匿名的,则在每次执行的时候都要被重新编译,并且没有存储在数据库中,不能被其他PL/SQL块使用。Oracle允许在数据库的内部创建并存储编译过的PL/SQL程序,以便随时调出使用。该类程序包括过程、函数、包和触发器。编程人员可以将商业逻辑、企业规则等写成过程或函数保存到数据库中,通过名称进行调用,以便更好地共享和使用。

■ 4.3.1 过程的创建

过程用于完成一系列的操作,创建过程的语句格式如下:

```
CREATE [OR REPLACE] PROCEDURE <过程名>
```

    (<参数1>,[方式1] <数据类型1>,
    <参数2>,[方式2] <数据类型2>
    ...)
    IS|AS
      PL/SQL过程体;

创建一个过程，实现动态观察teachers表中不同性别人数的功能。

例如，建立一个过程count_num，统计同一性别的人数，此过程带有一个参数in_sex，该参数将要查询的性别传给过程，过程代码如下：

```
SET SERVEROUTPUT ON FORMAT WRAPPED
CREATE OR REPLACE PROCEDURE count_num
    (in_sex in students.ssex%TYPE  --输入参数)
AS
    out_num NUMBER;
BEGIN
    IF in_sex='M' THEN
        SELECT count(ssex) INTO out_num
        FROM teachers
        WHERE ssex='M';
        DBMS_OUTPUT.PUT_LINE('NUMBER of Male Teachers:'|| out_num);
    ELSE
        SELECT count(ssex) INTO out_num
        FROM teachers
        WHERE SSEX='F';
        DBMS_OUTPUT.PUT_LINE('NUMBER of Female Teachers:' || out_num);
    END IF;
END count_num;
```

4.3.2 过程的调用

调用过程的命令是EXECUTE。例如，执行上一节中创建好的过程count_num，以查看男女教师的数量，调用过程的命令如下：

```
EXECUTE count_num('M');
EXECUTE count_num('F');
```

以CourseAdmin身份在SQL*Plus中执行上述调用命令的结果如图4-1所示。

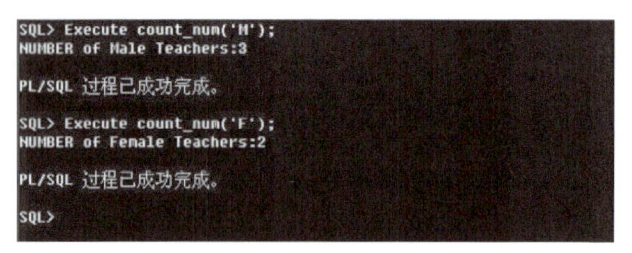

图 4-1　count_num 过程运行结果

从运行结果可以看出，男性教师的数量为3，女性教师的数量为2。

4.3.3　过程的删除

当一个过程不再需要时，要将此过程从内存中删除，以释放相应的内存空间。可使用下面的语句删除过程count_num。

DROP PROCEDURE count_num;

当一个过程已经过时，需要重新定义时，不必先删除再创建，而只需在CREATE语句后面加上OR REPLACE关键字即可。例如：

CREATE OR REPLACE PROCEDURE count_num;

4.3.4　参数类型及传递

过程的参数有以下3种类型。

1. IN参数类型

这是一个输入类型的参数，表示这个参数值输入给过程，供过程使用。

2. OUT参数类型

这是一个输出类型的参数，表示这个参数在过程中被赋值，可以传给过程体以外的部分或环境。

下面是OUT参数类型的示例，代码如下：

```
CREATE OR REPLACE PROCEDURE square  --求一个数的平方
(
  in_num  IN NUMBER,
  out_num OUT NUMBER         --输出型参数
)
AS
BEGIN
  out_num:=in_num* in_num;
END square;
```

3. IN OUT参数类型

这种类型的参数其实是综合了上述两种参数类型，既向过程体传值，在过程体中也被赋值而传向过程体外。

下面是in_out_num参数示例的代码。在此代码的过程定义中，in_out_num参数既是输入型参数又是输出型参数。

```
CREATE OR REPLACE PROCEDURE square        --求一个数的平方
(
    in_out_num IN OUT NUMBER              --IN OUT参数类型
)
AS
BEGIN
    in_out_num = in_out_num * in_out_num;
END square;
```

4.4 函数

函数就是一个有返回值的过程，一般用于计算和返回一个值，可以将经常需要进行的计算写成函数。函数的调用一般是作为表达式的一部分，而过程的调用需要一条PL/SQL语句。

函数与过程在创建的形式上有些相似，也是编译后放在内存中供用户使用，只不过调用时函数要用表达式，而过程只需调用过程名。另外，函数必须有一个返回值，而过程则没有。

4.4.1 函数的创建

创建函数的语法格式如下：

```
CREATE [OR REPLACE] FUNCTION <函数名>
    (<参数1>,[方式1]<数据类型1>,<参数2>,[方式2]<数据类型2>...)
RETURN <表达式>
IS |AS
    PL/SQL程序体    -- 其中必须要有一个RETURN子句
```

RETURN在声明部分需要定义一个返回参数的类型，而在函数体中必须有一个RETURN语句。其中，<表达式>就是函数要返回的值。当该语句执行时，如果表达式的类型与定义不符，该表达式将被转换为函数定义子句RETURN中指定的类型。同时，控制将立即返回调用环境。但是，函数中可以有一个以上的返回语句。如果函数结束时还没有遇到返回语句，就会发生错误。

通常，函数只有IN类型的参数。

例如，使用函数实现返回给定性别的学生数量，代码如下：

```
CREATE OR REPLACE FUNCTION count_num
(
    in_sex IN students.ssex%TYPE
)
    RETURN NUMBER
AS
    out_num NUMBER;
BEGIN
    IF in_sex = 'M'  THEN
        SELECT count(ssex)  INTO out_num
    FROM students
    WHERE ssex = 'M';
    ELSE
        SELECT count(ssex) INTO out_num
    FROM students
    WHERE ssex = 'F';
    END IF;
    RETURN(out_num);
END count_num;
```

> **提示**：此过程带有一个参数in_sex，它将要查询的性别传给函数，其返回值是把统计结果out_num返回给调用者。

■4.4.2　函数的调用

调用函数时可以用全局变量接收其返回值。例如：

```
VARIABLE man_num NUMBER;
VARIABLE woman_num NUMBER;
EXECUTE man_num:=count_num('M');
EXECUTE woman_num:=count_num('F');
```

　　同样，也可以在程序块中调用函数。
　　例如，在程序中调用函数，代码如下：

```
DECLARE
    m_num NUMBER;
    f_num NUMBER;
BEGIN
    m_num := count_num('M');
```

```
    f_num := count_num('F');
END;
```

以CourseAdmin身份在SQL*Plus中执行上述代码的结果如图4-2所示。

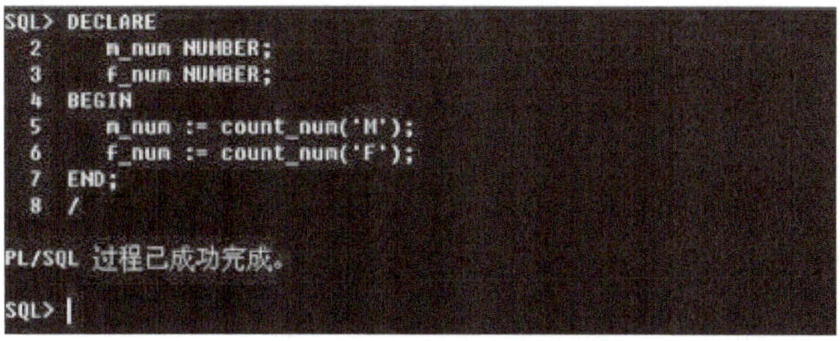

```
SQL> DECLARE
  2      m_num NUMBER;
  3      f_num NUMBER;
  4  BEGIN
  5      m_num := count_num('M');
  6      f_num := count_num('F');
  7  END;
  8  /

PL/SQL 过程已成功完成。

SQL> |
```

图 4-2　调用函数执行结果

4.4.3 函数的删除

当一个函数不再被使用时，要从系统中删除它。例如，删除函数count_num的语句如下：

```
DROP FUNCTION count_num;
```

当一个函数已经过时，需要重新定义时，也不必先删除再创建，只需在CREATE语句后面加上OR REPLACE关键字即可。例如，重新定义函数count_num的语句如下：

```
CREATE OR REPLACE FUNCTION count_num;
```

4.5 包

包（package）用于将逻辑相关的PL/SQL块或元素（变量、常量、自定义数据类型、异常、过程、函数、游标等）组织在一起，作为一个完整的单元存储在数据库中，用名称来标识包。它具有面向对象程序设计语言的特点，是对PL/SQL块或元素的封装。包类似于面向对象中的类，其中，变量相当于类的成员变量，而过程和函数就相当于类中的方法。

4.5.1 基本原理

包有两个独立的部分：说明部分和包体部分，这两部分独立地存储在数据字典中。说明部分是包与应用程序之间的接口，包含过程、函数、游标等的名称或首部；包体部分是这些过程、函数、游标等的具体实现，包体部分在开始构建应用程序框架时可暂不需要。一般而言，可以先独立地进行过程和函数的编写，待其较为完善后，再逐步将其按照逻辑相关性进行打包。

在编写包时，应该将公用的、通用的过程和函数编写进去，以便共享使用。Oracle也提供了许多程序包可供使用。为了减少重新编译调用包的应用程序的可能性，应该尽可能地减少包说明部分的内容，这是因为对包体的更新不会导致重新编译包的应用程序，而对说明部分的更新则需要重新编译每一个调用包的应用程序。

4.5.2 包的创建

包由说明和包体两部分组成，说明部分相当于一个包的头，它对包的所有部件进行一个简单声明。这些部件可以被外界应用程序访问，其中的过程、函数、变量、常量和游标都是公共的，可在应用程序执行过程中调用。

1. 说明部分

创建包的说明部分的语句格式如下：

```
CREATE PACKAGE <包名>
IS
变量、常量及数据类型定义;
游标定义头部;
函数、过程的定义和参数列表以及返回类型;
END <包名>;
```

例如，创建一个包的说明部分，代码如下：

```
CREATE PACKAGE my_package
IS
    man_num NUMBER;        --定义两个全局变量
    woman_num NUMBER;
    CURSOR student_cur;    --定义一个游标
    CREATE FUNCTION F_count_num(in_sex in students.ssex % TYPE)
    RETURN  NUMBER;        --定义一个函数
    CREATE PROCEDURE P_count_num
    (in_sex in students.ssex % TYPE,out_num out NUMBER); --定义一个过程
END my_package;
```

2. 包体部分

包体部分是包的说明部分中游标、函数及过程的具体定义，其创建格式如下：

```
CREATE PACKAGE BODY <包名>
AS
游标、函数、过程的具体定义;
END <包名>;
```

例如，对于上面示例中定义的包说明部分，对应包体的定义如下：

```
CREATE PACKAGE BODY my_package
  AS
    CURSOR student_cur IS      --游标的具体定义
```

```
        SELECT sno,sname,sage,ssex
        FROM  students
        WHERE sno<10522;
    FUNCTION F_count_num      --函数的具体定义
       (in_sex IN students.ssex % TYPE)
    RETURN NUMBER
    AS
        out_num NUMBER;
    BEGIN
        IF in_sex='m'  THEN
           SELECT COUNT(ssex) INTO out_num
           FROM students
           WHERE ssex='m';
        ELSE
           SELECT COUNT(ssex) INTO out_num
           FROM students
           WHERE ssex='f';
        END IF;
        RETURN(out_num);
    END F_count_num;
    PROCEDURE P_count_num     --过程的具体定义
        (in_sex IN students.ssex % TYPE, out_num OUT NUMBER)
    AS
    BEGIN
       IF in_sex='m' THEN
          SELECT COUNT(ssex) INTO out_num
          FROM students
          WHERE ssex='m';
       ELSE
          SELECT count(ssex) INTO out_num
          FROM students
          WHERE ssex='f';
       END IF;
     END P_count_num;
END my_package;          --包体定义结束
```

> **提示**：如果在包体的过程或函数定义中有变量声明，则包外不能使用这些私有变量。

4.5.3 包的调用

包的调用方式为：

包名.变量名/常量名
包名.游标名
包名.函数名/过程名

包创建之后，便可以随时调用其中的内容了。

例如，对已定义好的包的调用，语句如下：

VARIABLE man_num NUMBER;
EXECUTE man_num:=my_package.F_count_num('M');

4.5.4 包的删除

与函数和过程一样，当一个包不再被使用时，需要从内存中删除它。例如，删除包my_package的语句如下：

DROP PACKAGE my_package;

当一个包已经过时，需要重新定义时，也不必先删除再创建，只需在CREATE语句后面加上OR REPLACE关键字即可。例如，重新定义my_package包，语句如下：

CREATE OR REPLACE PACKAGE my_package;

4.6 触发器

触发器是存放在数据库中被隐式执行的存储过程，是大型关系数据库都会提供的一项技术。触发器通常用来完成由数据库的完整性约束难以完成的复杂业务规则的约束，或用来监视对数据库的各种操作，实现审计的功能。

4.6.1 基本原理

触发器类似于过程、函数，也包括声明部分、异常处理部分，并且都有名称，都被存储在数据库中。但与普通的过程、函数不同的是：函数需要用户显式地调用才执行，而触发器则是当某些事件发生时，由Oracle自动执行，触发器的执行对用户来说是透明的。

1. 触发器的类型

在Oracle 8i之前，触发器只允许给予表或者视图的DML操作，而从Oracle 8i开始，不仅可以支持DML触发器，也允许给予系统事件和DDL操作。

触发器的类型包括如下3种。

- DML触发器：对表或视图执行DML操作时触发。

- **INSTEAD OF 触发器**：只定义在视图上的用于替换实际的操作语句。
- **系统触发器**：在对数据库系统进行操作（如DDL语句、启动或关闭数据库等系统事件）时触发。

2. 触发器的相关概念

（1）触发事件。

触发事件是指引起触发器被触发的事件。例如，DML语句（如使用INSERT、UPDATE、DELETE等语句对表或视图执行数据处理操作）、DDL语句（如使用CREATE、ALTER、DROP等语句在数据库中创建、修改、删除模式对象）、数据库系统事件（如系统启动或退出、异常错误等）、用户事件（如登录或退出数据库等）。

（2）触发条件。

触发条件是指由WHEN子句指定的一个逻辑表达式。只有当该表达式的值为true时，遇到触发事件才会自动执行触发器，使其执行触发操作，否则即便遇到触发事件也不会执行触发器。

（3）触发对象。

触发对象包括表、视图、模式、数据库。只有在这些对象上发生了符合触发条件的触发事件，才会执行触发操作。

（4）触发操作。

触发操作是指触发器所要执行的PL/SQL程序，即执行部分。

（5）触发时机。

触发时机是指触发器的触发时间。如果指定为BEFORE，则表示在执行DML操作之前触发，以防止某些错误操作发生或实现某些业务规则；如果指定为AFTER，则表示在执行DML操作之后触发，以记录该操作或做某些事后处理。

（6）条件谓词。

当在触发器中包含了多个触发事件（如INSERT、UPDATE、DELETE等）的组合时，为了分别针对不同的事件进行不同的处理，需要使用Oracle提供的如下条件谓词。

- INSERTING：当触发事件是INSERT时，取值为true，否则为false。
- UPDATING[(column_1,column_2,…,column_n)]：当触发事件是UPDATE时，如果修改了column_x列，则取值为true，否则为false，其中column_x是可选的。
- DELETING：当触发事件是DELETE时，取值为true，否则为false。

（7）触发子类型。

触发子类型分别为行触发（row）和语句触发（statement）。行触发是指对每一行操作时都要触发，而语句触发只对这种操作触发一次。一般进行SQL语句操作时都应是行触发，只有对整个表作安全检查（即防止非法操作）时才用语句触发。如果省略此项，默认为语句触发。

此外，触发器中还有两个相关值，分别对应被触发的行中的旧表值和新表值，用old和new来表示。

4.6.2 触发器的创建

创建触发器的语句是CREATE TRIGGER,其语法格式如下:

CREATE OR REPLACE TRIGGER <触发器名>
触发条件
触发体

例如,创建触发器my_trigger,代码如下:

CREATE TRIGGER my_trigger   --定义一个触发器my_trigger
    BEFORE INSERT OR UPDATE OF sno,sname ON students
    FOR EACH ROW
        WHEN(new.sname='David') --这一部分是触发条件
DECLARE   --下面这一部分是触发体
    student_no students.sno % TYPE;
    INSERT_EXIST_STUDENT EXCEPTION;
BEGIN
    SELECT sno INTO studcnt_sno
    FROM students
    WHERE sname=new.sname;
    RAISE INSERT_EXIST_STUDENT;
    EXCEPTION   --异常处理也可放在这里
    WHEN INSERT_EXIST_STUDENT THEN
    INSERT INTO ERROR(sno,ERR)
    VALUES(student_no,'the student already exists!');
END my_trigger;

4.6.3 触发器的执行

当某些事件发生时,由Oracle自动执行触发器。对一张表上的触发器最好加以限制,否则会因为触发器过多而加重负载,影响性能。另外,将一张表的触发事件编写在一个触发体中,可以大大改善其性能。

例如,把与表teachers有关的所有触发事件都放在触发器my_trigger1中,代码如下:

CREATE TRIGGER my_trigger1
    AFTER INSERT OR UPDATE OR DELETE ON students
    FOR EACH ROW
DECLARE
    info CHAR(10);
BEGIN

```
    IF inserting THEN    --如果进行插入操作
       info:='Insert';
    ELSIF updating THEN  --如果进行修改操作
       info:='Update';
    ELSE    --如果进行删除操作
       info:='Delete';
    END IF;
    INSERT INTO SQL_INFO VALUES(info); --记录这次操作信息
END my_trigger1;
```

4.6.4 触发器的删除

当一个触发器不再使用时，应从内存中删除它。例如，删除触发器my_trigger，语句如下：

```
DROP TRIGGER my_trigger;
```

当一个触发器已经过时，想重新定义时，不必先删除再创建，只需在CREATE语句后面加上OR REPLACE关键字即可。例如，重新定义触发器my_trigger，语句如下：

```
CREATE OR REPLACE TRIGGER my_trigger;
```

4.7 同义词

同义词是数据库中表、索引、视图或其他模式对象的一个别名。利用同义词，一方面可以为数据库对象提供一定的安全性保证，另一方面可以简化对象访问。此外，当数据库对象改变时，只需要修改同义词而不需要修改应用程序。

在开发数据库应用程序时，应尽量避免直接引用表、视图或对象的名称，DBA应当为开发人员建立对象的同义词，使他们在应用程序中使用同义词。

4.7.1 同义词的创建

同义词分为私有同义词和公有同义词，其中私有同义词也称为方案同义词，只能被创建它的用户所拥有，该用户可以控制其他用户是否有权使用该同义词。公有同义词被用户组public所拥有，数据库的所有用户都可以使用公有同义词。

具有CREATE SYNONYM系统权限的用户可以创建私有同义词，其语法格式为：

```
CREATE [OR REPLACE] SYNONYM synonym_name
   FOR object_name;
```

默认情况下，scott用户没有CREATE SYNONYM的权限，而hr用户有。

具有CREATE PUBLIC SYNONYM系统权限的用户可以创建公有同义词，其语法格式为：

CREATE [OR REPLACE] PUBLIC SYNONYM synonym_name
　　FOR object_name;

默认情况下，scott用户和hr用户都没有CREATE PUBLIC SYNONYM的权限。

可以创建同义词的对象包括表、视图、序列、存储过程、函数、包、对象等。

例如，创建私有和公有同义词，语句如下：

CONN sys/zzuli AS SYSDBA
GRANT CREATE SYNONYM, CREATE PUBLIC SYNONYM TO scott;
CONN scott/zzuli
CREATE OR REPLACE SYNONYM scott_syn_1 FOR SCOTT.EMP;
CREATE OR REPLACE PUBLIC SYNONYM scott_syn_2 FOR SCOTT.EMP;

■4.7.2　同义词的使用

方案用户可以使用自己的私有同义词，而其他用户不能使用私有同义词，除非在方案同义词前面加上方案对象名来访问其他方案中的对象。

通过在自己的方案中创建指向其他方案中对象的私有同义词，在被授予了访问该对象的对象权限后，就可以按对象权限访问该对象。

如果使用公有同义词访问其他方案中的对象，就不需要在该公有同义词前面添加方案名。但是，如果用户没有被授予相应的对象权限，仍然不能使用该公有同义词。

例如，利用同义词可以实现对数据库对象的操作，语句如下：

UPDATE scott_syn_1 SET ename='yhy'
　　WHERE empno=7884;

■4.7.3　同义词的删除

当基础对象的名称或位置被修改以后，之前的同义词就可以删除。删除同义词后，同义词的基础对象不会受到任何影响，但是所有引用该同义词的对象将失效。

使用DROP SYNONYM语句来删除同义词，其语法格式为：

DROP [PUBLIC] SYNONYM synonym_name;

■4.7.4　同义词的查看

可以使用数据字典视图查看同义词信息。

- DBA_SYNONYMS、ALL_SYNONYMS、USER_SYNONYMS：包含同义词信息。
- DBA_DB_LINK、ALL_DB_LINK、USER_DB_LINK：包含数据库链接信息。

4.8 序列

序列（sequence）是一个命名的顺序编号生成器，是用于产生唯一序号的数据库对象，用于为多个数据库用户依次生成不重复的连续整数。

通常使用序列自动生成表中的主键值。序列产生的数字的最大长度可达到38位十进制数。

序列不占用实际的存储空间，在数据字典中只存储序列的定义描述。

4.8.1 序列的创建

具有CREATE SEQUENCE系统权限的用户可以创建序列，其语法格式为：

```
CREATE SEQUENCE sequence
    [INCREMENT BY n]
    [START WITH n]
    [MAXVALUE n | NOMAXVALUE]
    [MINVALUE n | NOMINVALUE]
    [CYCLE | NOCYCLE]
    [CACHE n | NOCACHE];
```

参数说明：

- INCREMENT BY：序列的步长，默认为1；如果为负值，则递减。
- START WITH：序列的初始值，默认为1。
- MAXVALUE：序列的最大值，默认是NOMAXVALUE。对于递增序列，系统能够产生的最大值是10^{27}；对于递减序列，最大值是-1。
- MINVALUE：序列的最小值，默认是NOMINVALUE。递增序列的最小值为1，递减序列的最小值为-10^{26}。
- CYCLE和NOCYCLE：指定当序列达到其最大值或最小值后，是否循环生成值，NOCYCLE是默认选项。
- CACHE（缓存）：设置是否在缓存中预先分配一定数量的数据值，以提高获取序列值的速度，默认为缓存20个值。

例如，创建BBS论坛中用户的用户编号的一个序列，语句如下：

```
CREATE SEQUENCE bbs_users_seq
    MINVALUE 1
    MAXVALUE 999999999999
    START WITH 1
    INCREMENT BY 1
    CACHE 20;
```

4.8.2 序列的使用

在引用序列时，可以使用序列的NEXTVAL与CURRVAL两个伪列。其中，NEXTVAL伪列返回序列生成器的下一个值，CURRVAL返回序列的当前值。

序列值可以应用于查询的选择列表、INSERT语句的VALUES子句、UPDATE语句的SET子句和触发器中，但不能应用在WHERE子句或PL/SQL过程性语句中。

例如，创建触发器bbs_user_trigger，并在其中使用序列，代码如下：

```
CREATE OR REPLACE TRIGGER bbs_user_trigger
    BEFORE INSERT ON bbs_users
    FOR EACH ROW
    BEGIN
    SELECT bbs_users_seq.NEXTVAL INTO:NEW.ID FROM dual;
    END;
```

4.8.3 序列的修改

具有ALTER SEQUENCE系统权限的用户可以使用ALTER SEQUENCE语句修改序列。除不能修改序列的起始值外，可以对序列的其他任何子句和参数进行修改。

如果要修改MAXVALUE参数值，需要保证修改后的最大值大于序列的当前值。序列的修改只影响以后生成的序列号。

例如，修改序列bbs_users_seq的设置，代码如下：

```
ALTER SEQUENCE bbs_users_seq
    INCREMENT BY 10
    MAXVALUE 10000  CYCLE  CACHE 20;
```

4.8.4 序列的删除

当一个序列不再需要时，具有DROP SEQUENCE系统权限的用户可以使用DROP SEQUENCE语句删除用户自己方案中的序列。如果要删除其他方案中的序列，用户需要具有DROP ANY SEQUENCE的系统权限。

例如，删除序列bbs_users_seq，代码如下：

```
DROP SEQUENCE bbs_users_seq;
```

4.8.5 序列的查看

可以使用数据字典视图来查看序列的信息。

- DBA_SEQUENCES：以DBA视图描述数据库中的所有序列。
- ALL_SEQUENCES：以ALL视图描述数据库中的所有序列。

- USER_SEQUENCES：以USER视图描述用户拥有的序列信息。

例如，查看序列USER_SEQUENCES的序列信息，代码如下：

```
SELECT
  SEQUENCE_NAME,MIN_VALUE,MAX_VALUE,INCREMENT_BY,LAST_NUMBER
  FROM USER_SEQUENCES;
```

课后作业

1. 选择题

（1）下列属于Oracle PL/SQL的数据类型的是（　　）。

　　A. DATE　　　　　　　　　B. TIME

　　C. DATETIME　　　　　　　D. SMALLDATETIME

（2）下列不属于Oracle PL/SQL的参数类型的是（　　）。

　　A. in　　　　　　　　　　B. out

　　C. in out　　　　　　　　D. null

2. 填空题

（1）显式游标的处理包括_____、_____、_____和_____4个步骤。

（2）包有两个独立的部分：_____和_____。

（3）触发器的类型包括_____、_____和_____。

3. 实训题

（1）实现一个游标，完成对employees表的遍历。

（2）实现一个过程，完成对employees表中job_id为"IT_PROG"的员工薪金的增加，增加额度为800元。

（3）实现一个函数，完成对employees表中job_id为"IT_PROG"的员工薪金的增加，增加额度作为参数传入。

第 5 章
Oracle 对象的操作基础

内容概要

本章将主要介绍Oracle的相关操作,包括启动和关闭Oracle、表的设计和修改、索引的创建、视图的有关操作,以及基本的数据操纵和数据查询操作。本章中的操作将结合SQL*Plus进行阐述。

5.1 启动和关闭Oracle

在用户试图连接到数据库之前，必须先启动数据库，而当需要执行数据库的定期冷备份，或者执行数据库软件升级时，通常需要关闭数据库。本节将介绍Oracle数据库的启动与关闭。

5.1.1 Oracle数据库的启动

每个启动的数据库都至少对应有一个例程。例程是Oracle为了运行数据库所需运行的所有进程和分配的内存结构的组合体。在服务器中，例程是由一组逻辑内存结构和一系列后台服务进程组成的。当启动数据库时，这些内存结构和服务进程得到分配、初始化和启动，这样Oracle才能管理数据库，用户才能与数据库进行通信。也可以将例程简单地理解为Oracle数据库在运行时位于系统内存中的部分，而将数据库理解为运行时位于磁盘中的部分。一个例程只能访问一个数据库，而一个数据库可以由多个例程同时访问。

一般而言，启动Oracle数据库需执行3个操作步骤：启动例程、装载数据库和打开数据库。每完成一个步骤，就进入一个模式或状态，以便保证数据库处于某种一致性的操作状态。可以通过在启动过程中设置选项来控制数据库进入某个模式。

通过切换启动模式和更改数据库的状态，可以控制数据库的可用性，从而给DBA提供一个能够完成一些特殊管理和维护操作的机会，否则会对数据库的安全构成极大的危险。

> **知识点拨**
> 只有具备SYSDBA和SYSOPER系统特权的用户才能启动和关闭数据库。在启动数据库之前应该启动监听程序，否则就不能利用命令方式来管理数据库，包括启动和关闭数据库。

1. Oracle数据库的启动步骤

（1）启动例程。

在Oracle服务器中，例程是由一组逻辑内存结构和一系列后台服务进程组成的。当启动例程时，这些内存结构和服务进程得到分配、初始化和启动。但是，此时的例程还没有与一个确定的数据库相联系，或者说数据库是否存在对例程的启动并没有影响，即还没有装载数据库。在启动例程的过程中只会使用STARTUP语句中指定的（或使用默认的）初始化参数文件。如果初始化参数文件或参数设置有误，则无法启动例程。

启动例程需要执行如下几个任务：

- 读取初始化参数文件，默认是读取服务器参数文件SPFILE，或读取由PFILE选项指定的文本参数文件。
- 根据初始化参数文件中有关SGA区、PGA区的参数及其设置值，在内存中分配相应的空间。
- 根据初始化参数文件中有关后台进程的参数及其设置值，启动相应的后台进程。
- 打开跟踪文件、预警文件。

(2）装载数据库。

装载数据库时，例程将打开数据库的控制文件，根据初始化参数control_files的设置，找到控制文件，并从中获取数据库物理文件（即数据文件、重做日志文件）的位置和名称等关于数据库物理结构的信息，为下一步打开数据库做好准备。

在装载阶段，例程并不会打开数据库的物理文件，所以数据库仍然处于关闭状态，仅数据库管理员可以通过部分命令修改数据库，用户无法与数据库建立连接或会话，因此无法使用数据库。如果控制文件损坏或不存在，例程将无法装载数据库。由此可见，初始化参数文件中参数control_files和控制文件的重要性。

在执行下列任务时，需要数据库处于装载状态，但无须打开数据库。
- 重新命名、增加、删除数据文件和重做日志文件。
- 执行数据库的完全恢复。
- 改变数据库的归档模式。

使用STARTUP MOUNT命令启动例程并装载数据库。

（3）打开数据库。

只有数据库启动到打开状态后，数据库才处于正常运行状态，这时用户才能与数据库建立连接或会话，才能存取数据库中的信息。

打开数据库时，例程将打开所有处于联机状态的数据文件和重做日志文件。如果在控制文件中列出的任何一个数据文件或重做日志文件无法正常打开（如因位置或文件名出错或不存在等），数据库都将返回错误信息，这时需要进行数据库恢复。可以使用STARTUP OPEN（或STARTUP）命令依次、透明地启动例程，装载数据库并打开数据库。

综上所述，在启动数据库的过程中，文件的使用顺序是参数文件、控制文件、数据文件和重做日志文件，如图5-1所示。只有这些文件都被正常读取和使用后，数据库才完全启动，用户才能使用数据库。

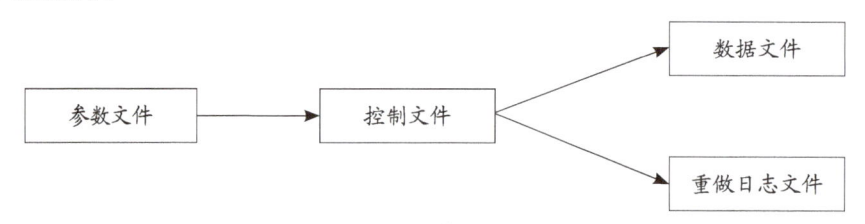

图 5-1　打开数据库时各类文件的使用顺序

出于管理方面的要求，数据库的启动过程经常需要分步进行。在很多情况下，启动数据库时并不是直接完成上述3个步骤，而是先完成第1步或第2步，然后执行必要的管理操作，最后再打开数据库，使其进入正常运行状态。

假设需要重新命名数据库中的某个数据文件，如果数据库当前正处于打开状态，可能会有用户正在访问该数据文件中的数据，因此无法对数据文件进行更改。这时就必须先将数据库关闭，进入装载状态，但不打开数据库，这样将断开所有用户的连接，所有用户都无法进行数据操作，但DBA却可以对数据文件进行重命名。当完成了重命名工作后，再打开数据库供用户使用。

> **提示**：DBA需要根据情况决定以何种方式启动数据库，并且还需要在各种启动状态之间进行切换。

2. 通过SQL*Plus启动

启动数据库之前，先要检查如下事项。确认数据库已关闭，并且在Windows服务中OracleServiceSID服务和OracleOraclehomeTNSListener服务处于启动状态（OracleDBConsoleSID服务是对应OEM的，与数据库是否启动无关）。然后以具有SYSDBA或SYSOPER权限的数据库用户账户（如sys或system），用sysdba的连接身份启动SQL*Plus并同时登录、连接到数据库。至此，就做好启动数据库例程的准备了。

数据库有3种启动模式，分别对应启动数据库的3个步骤，如表5-1所示。当数据库管理员使用STARTUP命令时，可以指定不同的选项来决定将数据库的启动推进到哪个启动模式。在进入某个模式后，可以使用ALTER DATABASE命令将数据库提升到更高的启动模式，但不能使数据库降低到前面的启动模式。

表 5-1 启动模式及说明

启动模式	说明	SQL*Plus中提示信息
NOMOUNT	启动例程，不装载数据库	Oracle例程已经启动
MOUNT	启动例程，装载数据库，不打开数据库	Oracle例程已经启动；数据库装载完毕
OPEN	启动例程，装载数据库并打开数据库	Oracle例程已经启动；数据库装载完毕；数据库已经打开

- **NOMOUNT模式**。启动例程，但不装载数据库，即只完成启动步骤的第1步，Oracle处于例程已经启动的状态。
- **MOUNT模式**。启动例程并装载数据库，但不打开数据库，即只完成启动步骤的第1步和第2步，Oracle处于例程已经启动、数据库装载完毕的状态。
- **OPEN模式**。启动例程、装载数据库、打开数据库，即完成全部3个启动步骤，Oracle处于例程已经启动、数据库装载完毕且数据库已经打开的状态。

启动数据库命令的语法格式如下：

STARTUP [NOMOUNT|MOUNT|OPEN|FORCE] [RESTRICT] [PFILE='pfile_name']

其中，各个选项的作用与意义的说明如下所述。

（1）NOMOUNT选项。

NOMOUNT选项用于只创建例程，但不装载数据库的情况。Oracle读取参数文件，仅为例程创建各种内存结构和后台服务进程,用户能够与数据库进行通信,但不能使用数据库中的任何文件,如图5-2所示。

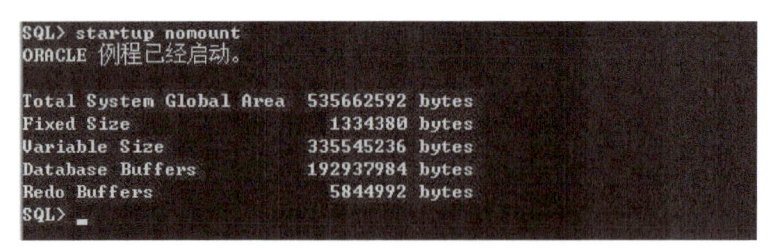

图 5-2　在 SQL*Plus 中执行 STARTUP NOMOUNT 的结果

如果要执行下列维护工作,就必须用NOMOUNT选项启动数据库。
- 运行一个创建新数据库的脚本。
- 重建控制文件。

(2) MOUNT选项。

MOUNT选项用于不仅创建例程,还装载数据库,但不打开数据库的情况。Oracle读取控制文件,并从中获取数据库名称、数据文件的位置和名称等关于数据库物理结构的信息,为下一步打开数据库做好准备,如图5-3所示。

图 5-3　用 MOUNT 选项启动数据库

在这种模式下,仅数据库管理员可以通过部分命令修改数据库,其他用户还无法与数据库建立连接或会话。这种状态在进行一些特定的数据库维护工作时是十分必要的。

如果要执行下列维护工作,就必须用MOUNT选项启动数据库。
- 重新命名、增加、删除数据文件和重做日志文件。
- 执行数据库的完全恢复。
- 改变数据库的归档模式。

(3) OPEN选项。

OPEN选项用于不仅创建例程,还装载数据库,并且打开数据库的情况。这是Oracle数据库正常的启动模式。如果STARTUP语句没有指定任何选项,就默认使用OPEN选项启动数据库,如图5-4所示。

```
SQL> startup open
ORACLE 例程已经启动。

Total System Global Area  535662592 bytes
Fixed Size                  1334380 bytes
Variable Size             335545236 bytes
Database Buffers          192937984 bytes
Redo Buffers                5844992 bytes
数据库装载完毕。
数据库已经打开。
SQL>
```

图 5-4　用 OPEN 选项启动数据库

将数据库设置为打开状态后，任何具有CREATE SESSION权限的用户都能够连接到数据库，并进行常规的数据访问操作。

（4）FORCE选项。

若在正常启动数据库时遇到困难，可以使用FORCE启动选项。如果一个数据库服务器突然断电，使数据库异常中断，那么这可能会使数据库遗留在一个必须使用FORCE启动选项的状态。通常情况下，不需要用该选项启动数据库。FORCE选项与正常启动选项之间的差别在于无论数据库处于什么模式，都可以使用该选项，即FORCE选项首先关闭异常数据库，然后再重新启动数据库，而不需要事先用SHUTDOWN语句关闭数据库，如图5-5所示。

```
SQL> startup force
ORACLE 例程已经启动。

Total System Global Area  535662592 bytes
Fixed Size                  1334380 bytes
Variable Size             335545236 bytes
Database Buffers          192937984 bytes
Redo Buffers                5844992 bytes
数据库装载完毕。
数据库已经打开。
SQL>
```

图 5-5　强制用 FORCE 选项启动数据库

（5）RESTRICT选项。

用RESTRICT选项启动数据库时，会将数据库启动到OPEN模式，但此时只有拥有RESTRICTED SESSION权限的用户才能访问数据库，如图5-6所示。

```
SQL> startup restrict
ORACLE 例程已经启动。

Total System Global Area  535662592 bytes
Fixed Size                  1334380 bytes
Variable Size             335545236 bytes
Database Buffers          192937984 bytes
Redo Buffers                5844992 bytes
数据库装载完毕。
数据库已经打开。
SQL>
```

图 5-6　使用 RESTRICT 选项启动数据库

此时，当没有RESTRICTED SESSION权限的用户连接数据库时，会显示图5-7所示的错误提示。

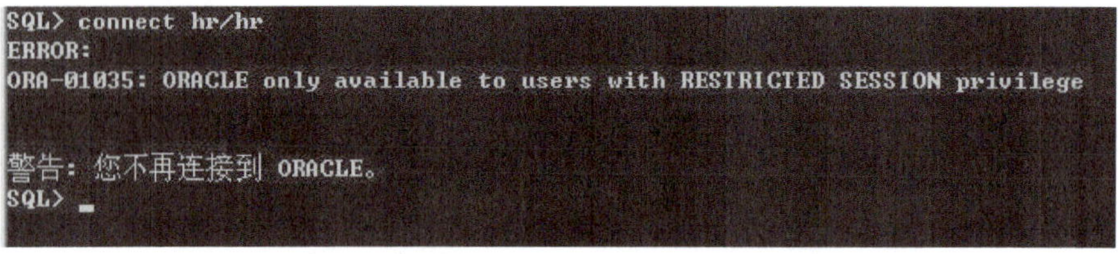
SQL> connect hr/hr
ERROR:
ORA-01035: ORACLE only available to users with RESTRICTED SESSION privilege
警告: 您不再连接到 ORACLE。
SQL>

图 5-7　没有 RESTRICTED SESSION 权限的用户连接数据库

如果需要在数据库处于OPEN模式下执行维护任务，又要保证此时其他用户不能在数据库上建立连接和执行任务，就需要使用RESTRICT选项打开数据库，以便完成如下任务。

- 执行数据库数据的导出或导入操作。
- 执行数据装载操作（用SQL*Loader）。
- 暂时阻止一般的用户使用数据。
- 进行数据库移植或升级。

当工作完成后，可以用ALTER SYSTEM语句禁用RESTRICTED SESSION权限，即可使一般用户能连接并使用数据库，如图5-8所示。

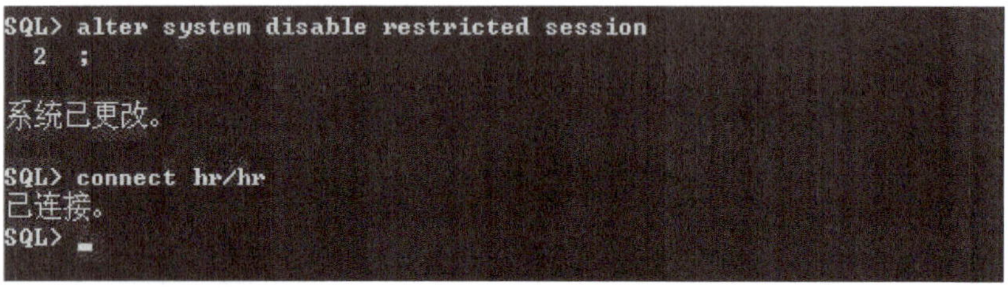
SQL> alter system disable restricted session
2 ;
系统已更改。
SQL> connect hr/hr
已连接。
SQL>

图 5-8　禁用 RESTRICTED SESSION 权限后连接并使用数据库

（6）PFILE选项。

数据库例程在启动时必须读取初始化参数文件，以便从中获得有关例程的参数配置信息。如果在执行STARTUP语句时没有指定PFILE选项，Oracle首先读取默认位置的服务器初始化参数文件（SPFILE），如果没有找到默认的服务器初始化参数文件，Oracle将继续读取默认位置的文本初始化参数文件（PFILE），如果也没有找到文本初始化参数文件，启动会失败。

3. 从Windows系统的“服务”窗口启动

在Windows操作系统中，因为Oracle将数据库的启动过程写到了服务表中，并将其设置成“自动”启动方式，所以当启动Windows操作系统时，Oracle就会随之启动。当关闭Windows操作系统时，Oracle就会随之关闭，因此一般不需要单独启动数据库。

若没有将其设置成“自动”启动方式，则在启动Windows操作系统后，也可以用数据库启动命令重新启动数据库。由于Oracle数据库服务占用的内存比较大，如果服务器的内存配置并不充足，可能会明显降低服务器运行其他应用程序的速度，这时需要人为关闭数据库，以便有更多的内存可被其他应用程序使用。关闭数据库也可以防止数据库在磁盘中记录跟踪文件、预警文件而迅速地消耗大量的磁盘空间。

（1）Oracle服务。

以系统管理员的身份登录Windows操作系统，选择"开始"→"Windows管理工具"→"计算机管理"→"服务和应用程序"→"服务"选项，打开图5-9所示的"服务"窗口。

图5-9 "服务"窗口

在"服务"窗口中将出现计算机上所有服务的列表，与Oracle 19c有关的服务均以"Oracle"为前缀。其中，"名称"列显示的是服务名称，"状态"列显示的是服务的当前状态，"启动类型"列显示的是服务的启动方式（若为"自动"方式，则该服务将在操作系统启动时自动启动，在操作系统关闭时自动关闭；若为"手动"方式，则需要在操作系统启动后人为地启动或关闭Oracle服务）。

与每个Oracle数据库的启动和关闭有关的服务名称及说明如表5-2所示。

表 5-2 启动和关闭数据库所使用的服务名称及说明

服务名称	服务说明
OracleOraDB19Home1TNSListener	Oracle数据库数据监听服务
OracleServiceSID	Oracle数据库例程
OracleJobSchedulerSID	scheduler调度管理

其中，OracleOraDB19表示Oracle主目录；SID表示Oracle系统标识符。尽管这3个服务都可以单独地启动和关闭，但它们之间的确具有一定的关系，具体介绍如下：

- 比较传统的启动次序是：OracleOraDB19Home1TNSListener、OracleServiceSID、OracleJobSchedulerSID。关闭次序与之相反。
- 为了实现例程向监听程序的动态注册服务，应首先启动OracleOraDB19Home1TNSListener服务，然后再启动其他服务。否则，如果先启动例程再启动监听程序，动态注册服务就会有时间延迟。
- 如果不启动OracleOraDB19Home1TNSListener，但启动了OracleServiceSID，则可以在服务器中使用SQL*Plus。

（2）启动服务。

如果启动了OracleOraDB19Home1TNSListener、OracleServiceSID两个服务，则对应的数据

库就处于启动（即打开）状态，否则数据库处于关闭状态。下面以启动OracleServiceORCL为例，介绍启动服务的方法和步骤。

在"服务"窗口中，双击处于停止状态（"状态"列显示为空白）的OracleServiceORCL服务，打开图5-10所示的属性对话框。单击"启动"按钮，开始启动OracleServiceORCL服务，此时会弹出启动该服务的"服务控制"进度窗口，如图5-11所示。

图 5-10 OracleServiceORCL 服务的属性对话框　　图 5-11 "服务控制"进度窗口

执行完成后，返回属性对话框。此时，OracleServiceORCL服务就已经被启动了。

■5.1.2　Oracle数据库的关闭

当执行数据库的定期冷备份、数据库软件的升级时，常常需要关闭数据库。关闭数据库的操作与启动数据库的操作相对应，也是3个步骤（或模式）。

（1）关闭数据库。

关闭数据库时，Oracle将重做日志高速缓存中的内容写入重做日志文件，并且将数据库高速缓存中被改动过的数据写入数据文件，在数据文件中执行一个检查点，即记录下数据库关闭的时间，然后再关闭所有的数据文件和重做日志文件。这时数据库的控制文件仍然处于打开状态，但因为数据库已经处于关闭状态，所以用户将无法访问数据库。

（2）卸载数据库。

关闭数据库后，例程才能够卸载数据库，并在控制文件中更改相关的项目，然后关闭控制文件，此时例程仍然存在。

（3）终止例程。

上述两步完成后，接下来的操作便是终止例程，例程所拥有的所有后台进程和服务进程将被终止，分配给例程的内存SGA区和PGA区也将被回收。

> **知识点拨**
> 与启动数据库类似，关闭数据库也可以通过多种工具完成，包括Windows系统的"服务"窗口、SQL*Plus、OEM控制台等。

在SQL*Plus中关闭数据库时将使用SHUTDOWN语句。在执行SHUTDOWN语句后，数据库将开始执行关闭操作。一旦关闭数据库，任何尝试连接数据库的操作都会失败，关闭操作可能会持续一段时间，在这个过程中，也不允许用户再次连接数据库，如图5-12所示。

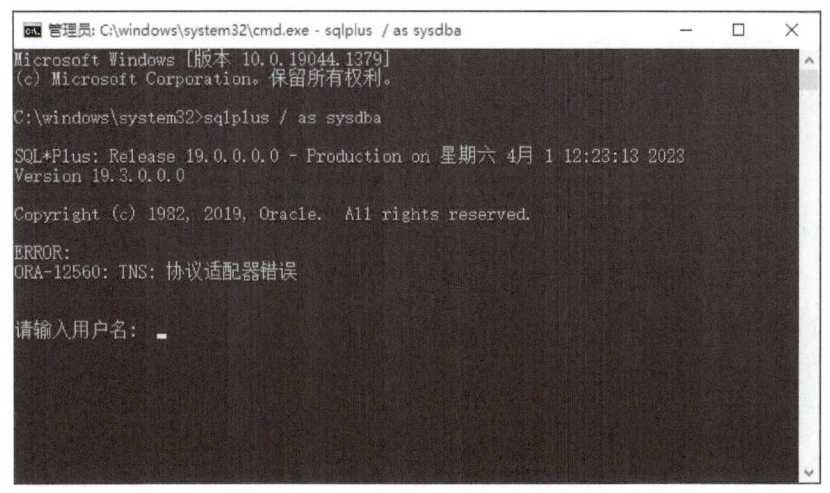

图 5-12 关闭后用户无法连接到数据库

1. 关闭服务

下面以关闭OracleServiceORCL为例，介绍关闭服务的方法。

（1）在"服务"窗口中双击处于"已启动"状态的OracleServiceORCL服务，打开其属性对话框。"服务"窗口参见图5-9，属性对话框参见图5-10。

（2）单击"停止"按钮，开始停止OracleServiceORCL服务。此时，将出现停止该服务的"服务控制"进度窗口，执行完成后，返回属性对话框。

至此，OracleServiceORCL服务就已经被停止了，"服务"窗口中显示"状态"为"已停止"。

2. 使用SQL*Plus关闭

在SQL*Plus中是以命令行方式关闭数据库的。为了关闭数据库需要先完成的工作有：确保在Windows服务中启动了OracleServiceSID服务（OracleOraDB19Home1TNSListener和OracleDBConsoleSID可以是启动的或停止的），具有SYSDBA或SYSOPER权限的数据库用户账户（如sys或system），用sysdba的连接身份启动SQL*Plus，同时登录、连接到数据库。至此，就做好关闭数据库例程的准备了。

SQL*Plus中关闭数据库命令的语法格式如下：

SHUTDOWN [NORMAL | TRANSACTIONAL| IMMEDIATE | ABORT]

> **知识点拨**
>
> 如果不在Windows服务中事先关闭OracleDBConsoleSID服务，则使用SHUTDOWN或SHUTDOWN NORMAL命令来关闭数据库时没有响应结果，但使用其他几个选项执行命令会有响应结果。

与数据库启动一样，关闭数据库命令也有几个可供选择的选项。其中，各个选项的作用与意义的说明如下所述。

（1）NORMAL（正常）选项。

如果对关闭数据库的时间没有限制，通常会使用NORMAL选项关闭数据库。SHUTDOWN与SHUTDOWN NORMAL作用相同。使用带有NORMAL选项的SHUTDOWN语句将以正常方式关闭数据库。

按NORMAL选项关闭数据库时所耗费的时间完全取决于用户主动断开连接的时间。因为用户可能连接到数据库但并不做任何工作或离开相当长的一段时间，所以通常数据库管理员在发布SHUTDOWN NORMAL命令之前，需要做一些额外的工作，以便找出哪些连接仍然是活动的，并通知所有在线的用户尽快断开连接，或强行删除在线用户的会话，然后再使用NORMAL选项关闭数据库。

（2）TRANSACTIONAL（事务处理）选项。

TRANSACTIONAL选项比NORMAL选项稍微主动些，它能在较短的时间内关闭数据库。按TRANSACTIONAL选项关闭数据库时，Oracle将等待所有当前未提交的事务完成后再关闭数据库。

（3）IMMEDIATE（立即）选项。

选择IMMEDIATE选项，能够在较短的时间内关闭数据库。

通常出现以下几种情况时，需要使用IMMEDIATE选项来关闭数据库。

- 即将发生电力供应中断。
- 即将启动自动数据备份操作。
- 数据库本身或某个数据库应用程序发生异常，并且此时无法通知用户主动断开连接，或用户根本无法执行断开操作。

如果选择上述3种选项都无法成功关闭数据库，就说明数据库存在严重错误，这时只能使用ABORT选项来关闭数据库。若出现如下几种情况，则可以使用ABORT选项关闭Oracle数据库。

- 数据库本身或某个数据库应用程序发生异常，并且使用其他选项均无效时。
- 出现紧急情况，需要立刻关闭数据库（如得到通知将在1 min内停电）。
- 在启动数据库例程的过程中产生错误。

5.2 表

表结构的设计是否合理、是否能保存所需的数据，这对数据库的功能、性能、完整性有着关键性的影响。因此，在实际创建表之前，务必做好完善的用户需求分析和表的规范化设计，以免在创建表后再行修改，增加系统维护的工作量。

5.2.1 设计表

表是Oracle数据库最基本的对象，其他许多数据库对象（如索引、视图等）都是以表为基础的。Oracle中有多种类型的表，不同类型的表各有一些特殊的属性，适用于保存某种特殊的数据和进行某些特殊的操作，即某种类型的表在某些方面可能比其他类型的表的性能更好，如处理速度更快、占用磁盘空间更少等。

从用户角度看，表中存储的数据的逻辑结构是一张二维表，即表由行、列两部分组成。表通过行和列来组织数据，通常称表中的一行为一条记录，称表中的一列为属性列。一条记录描述一个实体，一个属性列描述实体的一个属性，例如，部门有部门编码、部门名称、部门位置等属性，雇员有雇员编码、雇员姓名、工资等属性。每个列定义都具有列名、列数据类型、列长度，可能还有约束条件、默认值等，这些内容在创建表时即被确定。因此，设计表结构一般包含3个方面的内容：列名、列所对应的数据类型和列的约束。

1. 表与列的命名

当创建一个表时，必须给表赋予一个名称，也必须给表中各个列赋予名称。表和列的命名有下列要求，如果违反就会创建失败，并产生错误提示。

- 长度必须在1～30个字符之间。
- 必须以一个字母开头，可以包含字母、数字、_（下画线符号）、#和$。
- 不能使用保留字，如CHAR或NUMBER等。
- 若名称被围在双引号中，唯一的要求是名称的长度在1～30个字符之间，并且不含有嵌入的双引号。
- 每个列名称在单个表内必须是唯一的。

表名称在用于表、视图、序列、专用同义词、过程、函数、包、物化视图和用户定义类型的名称空间内必须是唯一的。

> **提示**：在Oracle数据库中，表、视图、序列、专用同义词、过程、函数、包、物化视图和用户定义类型等均属于方案中的数据对象，数据对象不能够重名，但是不同方案中的相同对象可以采用相同的名称，这时需要在数据对象前面加上方案名来区别。

2. 列的数据类型

在创建表时，不仅需要指定表名、列名，还要根据实际情况，为每个列选择合适的数据类型，用于指定该列可以存储哪种类型的数据。通过选择适当的数据类型，就能够保证存储和检索数据的正确性。Oracle数据表中列的数据类型和第4章PL/SQL中的数据类型基本相同。Oracle数据表中列的数据类型包括以下几种。

（1）字符数据类型。
- CHAR [(<size>) [BYTE|CHAR])]。
- NCHAR [(<size>)]。
- VARCHAR2 (<size> [BYTE|CHAR])。
- NVARCHAR2 (<size>)。

（2）大对象数据类型。
- CLOB。
- NCLOB。
- BLOB。
- BFILE。

（3）数字数据类型。
- NUMBER [(<precision> [.<scale>])]。

（4）日期和时间数据类型。
- DATE。
- TIMESTAMP [(<precision>)]。
- TIMESTAMP [(<precision>)] WITH TIME ZONE。
- TIMESTAMP [(<precision>)] WITH LOCAL TIME ZONE。
- INTERVAL DAY [(<precision>)] TO SECOND。

（5）二进制数据类型。
- ROW (<size>)。
- LONG ROW。

（6）行数据类型。
- ROWID。
- UROWID。

3. 列的约束

Oracle通过为表中的列定义各种约束条件来保证表中数据的完整性。如果任何DML语句的操作结果与已经定义的完整性约束发生冲突，Oracle会自动回退这个操作，并返回错误信息。

在Oracle中可以建立的约束条件包括NOT NULL、UNIQUE、CHECK、PRIMARY KEY和FOREIGN KEY。

（1）NOT NULL约束。

NOT NULL约束即非空约束，主要用于防止空值进入指定的列。这些类型的约束是在单列基础上定义的。默认情况下，Oracle允许在任何列中有空值。NOT NULL约束具有如下特点。

- 定义了NOT NULL约束的列中不能包含空值或无值。如果某个列上定义了NOT NULL约束，则插入数据时就必须为该列提供数据。
- 只能在单列上定义NOT NULL约束。
- 同一个表中可以在多个列上分别定义NOT NULL约束。

（2）UNIQUE约束。

UNIQUE约束即唯一约束，该约束用于保证在该表中指定的各列的组合中没有重复的值，其主要特点如下：

- 定义了UNIQUE约束的列中不能包含重复值，但如果在一个列上仅定义了UNIQUE约束，而没有定义NOT NULL约束，则该列可以包含多个null值或无值。
- 可以为一个列定义UNIQUE约束，也可以为多个列的组合定义UNIQUE约束。因此，UNIQUE约束既可以在列级定义，也可以在表级定义。
- Oracle会自动为具有UNIQUE约束的列建立一个唯一索引（unique index）。如果这个列已经具有唯一或非唯一索引，Oracle将使用已有的索引。
- 对同一个列，可以同时定义UNIQUE约束和NOT NULL约束。
- 在定义UNIQUE约束时可以为它的索引指定存储位置和存储参数。

（3）CHECK约束。

CHECK约束即检查约束，它用于检查在约束中指定的条件是否得到了满足。CHECK约束具有如下特点。

- 定义了CHECK约束的列必须满足约束表达式中指定的条件，但允许为null。
- 在约束表达式中必须引用表中的一个列或多个列，并且约束表达式的计算结果必须是一个布尔值。
- 在约束表达式中不能包含子查询。
- 在约束表达式中不能包含SYSDATE、UID、USER、USERENV等内置的SQL函数，也不能包含ROWID、ROWNUM等伪列。
- CHECK约束既可以在列级定义，也可以在表级定义。
- 对同一个列，可以定义多个CHECK约束，也可以同时定义CHECK和NOT NULL约束。

（4）PRIMARY KEY约束。

PRIMARY KEY约束即主键约束，它用来唯一地标识出表的每一行，并且防止出现null值。一个表只能有一个主键约束。PRIMARY KEY约束具有如下特点。

- 定义了PRIMARY KEY约束的列（或列组合）不能包含重复值，并且不能包含null值。
- Oracle会自动为具有PRIMARY KEY约束的列（或列组合）建立一个唯一索引和一个NOT NULL约束。
- 同一个表中只能够定义一个PRIMARY KEY约束的列（或列组合）。

- 可以在一个列上定义PRIMARY KEY约束，也可以在多个列的组合上定义PRIMARY KEY约束。因此，PRIMARY KEY约束既可以在列级定义，也可以在表级定义。

（5）FOREIGN KEY约束。

FOREIGN KEY约束即外键约束，通过使用外键约束，可保证表与表之间的参照完整性。在参照表上定义的外键约束需要参照主表的主键。该约束具有如下特点。

- 定义了FOREIGN KEY约束的列中只能包含相应的在其他表中引用的列的值，或为null。
- 定义了FOREIGN KEY约束的外键列和相应的引用列可以存在于同一个表中，这种情况称为"自引用"。
- 对同一个列，可以同时定义FOREIGN KEY约束和NOT NULL约束。
- FOREIGN KEY约束必须参照一个PRIMARY KEY约束或UNIQUE约束。
- 可以在一个列上定义FOREIGN KEY约束，也可以在多个列的组合上定义FOREIGN KEY约束。因此，FOREIGN KEY约束既可以在列级定义，也可以在表级定义。

5.2.2 创建表

实际上，创建表就是在数据库中定义表的结构。表的结构主要包括表与列的名称、列的数据类型，以及建立在表或列上的约束。

创建表是可以在SQL*Plus中使用CREATE TABLE命令完成的。

在Oracle数据库中，CREATE TABLE语句的基本语法格式如下：

CREATE [[GLOBAL] TEMPORORY|TABLE |schema.]table_name
   (column1 datatypel [DEFAULT expl] [columnl constraint],
   column2 datatype2 [DEFAULT exp2] [column2 constraint]
   [table constraint])
   [ON COMMIT (DELETE| PRESERVE)ROWS]
   [ORGANIZATION {HEAP | INDEX | EXTERNAL…}]
   [PARTITION BY…(…)]
   [TABLESPACE tablespace_name]
   [LOGGING | NOLOGGING]
   [COMPRESS | NOCOMPRESS];

主要的参数说明如下：

- column1 datatypel：为列column1指定数据类型。
- [DEFAULT expl]：为列指定默认值。
- [columnl constraint]：为列定义完整性约束。
- [table constraint]：为表定义完整性约束。
- [ORGANIZATION {HEAP | INDEX | EXTERNAL…}]：定义表的类型，如堆型、索引型、外部型、临时型或者对象型等。

- [PARTITION BY…(…)]：分区及子分区信息。
- [TABLESPACE tablespace_name]：指示用于存储表或索引的表空间。
- [LOGGING | NOLOGGING]：指示是否保留重做日志。
- [COMPRESS | NOCOMPRESS]：指示是否压缩。

如果要在自己的方案中创建表，要求用户必须具有CREATE TABLE系统权限。如果要在其他方案中创建表，则要求用户必须具有CREATE ANY TABLE系统权限。

创建表时，Oracle会为该表分配相应的表段。表段的名称与表名完全相同，并且所有数据都会被存放到该表段中。例如，在employee表空间上建立department表时，Oracle会在employee表空间中创建department表段，所以要求表的创建者必须在指定的表空间上具有空间配额或具有UNLIMITED TABLESPACE系统权限。

5.2.3 修改表

表在创建之后还允许对其进行更改，例如，添加或删除表中的列、修改表中的列，以及对表进行重新命名和重新组织等。

普通用户只能对自己方案中的表进行更改，而具有ALTER ANY TABLE系统权限的用户可以修改任何方案中的表。对已经建立的表进行修改的情况包括以下几种。
- 添加或删除表中的列，或者修改表中列的定义（包括数据类型、长度、默认值、NOT NULL约束等）。
- 对表进行重新命名。
- 将表移动到其他数据段或表空间中，以便重新组织表。
- 添加、修改或删除表中的约束条件。
- 启用或禁用表中的约束条件、触发器等。

同样，修改表结构也可以在SQL*Plus中使用ALTER TABLE命令完成。

（1）增加列。

如果需要在一个表中保存实体的新属性，可以在表中增加新的列。在一个现有表中添加新列的语句的语法格式为：

ALTER TABLE [schema.]table_name ADD (column definition1, column definition2,…);

新添加的列总是位于表的末尾。column definition部分包括列名、列的数据类型，以及将具有的任何默认值。

（2）修改列。

如果需要调整一个表中某些列的数据类型、长度和默认值，就需要更改这些列的属性。没有更改的列不受任何影响。更改表中现有列的语句的语法格式为：

ALTER TABLE [schema.]table_name MODIFY (column_name1 new_attributes1，
    column_name2 new_attributes2,…);

（3）删除列。

当不再需要某些列时，可以将其删除。直接删除列的语句的语法格式为：

ALTER TABLE [schema.]table_name DROP (column_name1,column_name2,…)
    [CASCADE CONSTRAINTS];

可以在括号中使用多个列名，每个列名用逗号分隔。相关列的索引和约束也会被删除。如果删除的列是一个多列约束的组成部分，那么就必须指定CASCADE CONSTRAINTS选项，这样才会删除相关的约束。

（4）将列标记为UNUSED状态。

删除列时，将删除表中每条记录的相应列的值，同时释放所占用的存储空间。因此，如果要删除一个大表中的列，必须对每条记录进行处理，删除操作可能会执行很长的时间。为了避免在数据库使用高峰期间因执行删除列的操作而占用过多系统资源，可以暂时通过ALTER TABLE SET UNUSED语句将要删除的列设置为UNUSED状态。

该语句的语法格式为：

ALTER TABLE [schema.]table_name SET UNUSED (column_name1,column_name2,…)
    [CASCADE CONSTRAINTS];

被标记为UNUSED状态的列与被删除的列之间是没有区别的，都无法通过数据字典或在查询中看到。另外，甚至可以为表添加与UNUSED状态的列有相同名称的新列。

在数据字典视图USER_UNUSED_COL_TABS、ALL_UNUSED_COL_TABS和DBA_UNUSED_COL_TABS中可以查看到数据库中被标记为UNUSED状态的表和列。

5.3 视图

视图是由SELECT子查询语句定义的一个逻辑表。在创建视图时，只是将视图的定义信息保存到数据字典中，并不是将实际的数据重新复制到任何地方，即在视图中并不保存任何数据。通过视图操作的数据仍然保存在表中，所以不需要在表空间中为视图分配存储空间，因此视图是个"虚表"。视图的使用和管理在许多方面都与表相似，例如，都可以被创建、更改和删除，都可以通过它们操作数据库中的数据。但除SELECT之外，视图在INSERT、UPDATE和DELETE方面受到某些限制。

■5.3.1 创建视图

如果要在当前方案中创建视图，就会要求用户必须具有CREATE VIEW系统权限。如果要在其他方案中创建视图，就会要求用户必须具有CREATE ANY VIEW系统权限。用户可以直接或者通过一个角色获得这些权限。

创建视图与创建表一样，可以在SQL*Plus中使用CREATE VIEW命令完成。

（1）创建视图的语句。

可用CREATE VIEW语句创建视图。创建视图时，视图的名称和列名必须符合表的命名规则，但建议视图的名称加一个固定的前缀或后缀，以便区分表和视图。

创建视图的语句的基本语法格式如下：

CREATE [OR REPLACE][FORCE] VIEW [schema.]view_name
　　[(column1,column2,…)]
　　AS SELECT…FROM …WHERE …
　　[WITH CHECK OPTION][CONSTRAINT constraint_name]
　　[WITH READ ONLY];

参数说明如下：
- OR REPLACE：如果存在同名的视图，则使用新视图替代已有的视图。
- FORCE：强制创建视图，不考虑基础表是否存在，也不考虑是否具有使用基础表的权限。
- schema：指出在哪个方案中创建视图。
- view_name：视图的名称。
- columnl,column2,…：视图的列名。列名的个数必须与SELECT子查询中列的个数相同。如果不提供视图的列名，Oracle会自动使用子查询的列名或列别名。如果子查询包含函数或表达式，则必须为其定义列名。如果由columnl、column2等指定的列名个数与SELECT子查询中的列名个数不相同，会有错误提示。
- AS SELECT：用于创建视图的SELECT子查询。子查询的类型决定了视图的类型。创建视图的子查询不能包含FOR UPDATE子句，并且相关的列不能引用序列的CURRVAL或NEXTVAL伪列值。
- WITH CHECK OPTION：使用视图时，检查涉及的数据是否能通过SELECT子查询的WHERE条件，否则不允许操作并返回错误提示。
- CONSTRAINT constraint_name：当使用WITH CHECK OPTION选项时，用于指定该视图中约束的名称。如果没有提供一个约束名称，Oracle就会生成一个以SYS_C开头的约束名称，后面是一个唯一的字符串。
- WITH READ ONLY：创建的视图只能用于查询数据，而不能用于更改数据。该子句不能与ORDER BY子句同时存在。

提示：同所有的子查询一样，定义视图的查询不能包含FOR UPDATE子句。

正常情况下，如果基本表不存在，创建视图时就会失败。但是，如果创建视图的语句没有语法错误，只要使用FORCE选项（默认值为NO FORCE）就可以创建该视图。这种强制创建的视图被称为带有编译错误的视图（view with errors）。此时，这种视图处于失效（invalid）状态，不能执行该视图定义的查询。但以后可以修复出现的错误，如创建其基础表等。Oracle会在相关的视图受到访问时自动重新编译失效的视图。

Oracle中提供强制创建视图的功能是为了使基础表的创建和修改与视图的创建和修改之间没有必然的依赖性，便于同步工作，提高工作效率，并且可以继续进行目前的工作。

（2）用SQL*Plus创建视图。

简单视图是指基于单个表建立的不包含任何函数、表达式和分组数据的视图。在创建视图之前，为了确保视图的正确性，应先测试SELECT子查询语句。

例如，创建视图managers，该视图用于显示出所有部门经理的信息，语句如下：

CREATE VIEW managers AS
　　SELECT * FROM employees
　　　　WHERE employee_id IN (SELECT DISTINCT manager_id FROM departments);

上述语句的运行结果如图5-13所示。

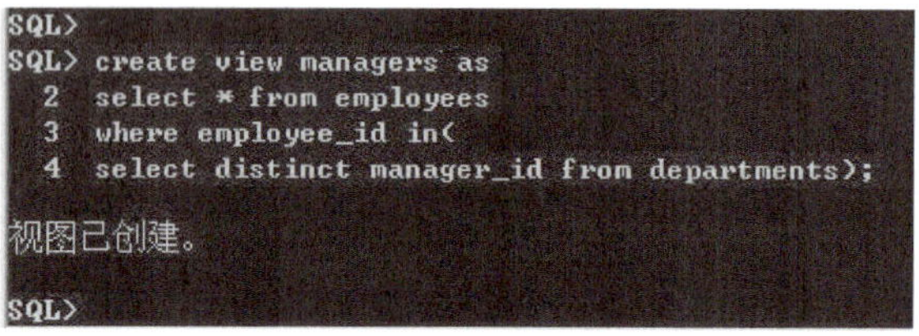

图 5-13　创建视图 managers

复杂视图是指视图的SELECT子查询中包含函数、表达式或分组数据的视图。使用复杂视图的主要目的是简化查询操作。复杂视图主要用于执行某些需要借助视图才能完成的复杂查询操作，并不是为了要执行DML操作。

例如，创建视图dep_empcount，该视图用于显示出部门员工数量和平均工资信息，语句如下：

CREATE VIEW dep_empcount AS
　　SELECT department_id,COUNT(employee_id) emp_count,AVG(salary) avg_sal
　　FROM employees
　　GROUP BY department_id;

上述语句的运行结果如图5-14所示。

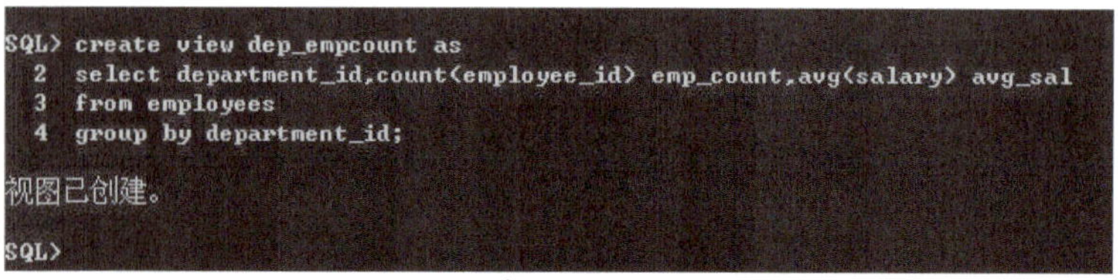

图 5-14　创建视图 dep_empcount

由该例可以看出，创建视图可以进一步满足用户的查询需求，例如，部门员工数量超过20个人的部门经理有哪些，部门员工的平均工资超过5000元的部门经理有哪些等。

在满足进一步查询需求时，可能需要表与视图连接在一起进行查询，也可以是视图与视图进行连接。另外，在视图上还可以创建新的视图。

5.3.2 修改视图

因为视图只是一个虚表，其中没有数据，所以修改视图只是改变数据字典中对该视图的定义信息，而视图中的所有基础对象的定义和数据都不会受到任何影响。

修改视图之后，依赖于该视图的所有视图和PL/SQL程序都将变为失效状态。创建视图后，可能要改变视图的定义，如修改列名或修改所对应的子查询语句。修改视图仍然可以使用CREATE VIEW语句，只是在CREATE之后需加上关键字OR REPLACE，如果没有加OR REPLACE而仅用CREATE VIEW语句就会有错误提示，这是由于原有视图名称已经存在，无法创建同名视图。

使用视图时，Oracle会验证视图的有效性。当更改基础表或基础视图的定义后，在其上创建的所有视图都会失效。尽管Oracle会在这些视图受到访问时自动重新编译，但也可以使用ALTER VIEW语句明确地重新编译这些视图。

5.3.3 删除视图

登录用户可以删除当前方案中的各种视图，无论是简单视图、连接视图、还是复杂视图。如果要删除其他方案中的视图，必须拥有DROP ANY VIEW系统权限。删除视图对创建该视图的基础表或基础视图没有任何影响。

删除视图语句的语法格式为：

DROP VIEW viewname;

例如，在SQL*Plus中删除视图managers_2，语句如下：

DROP VIEW managers_2;

视图删除后，视图的定义将从数据字典中删除，由该视图导出的其他视图定义仍保留在数据字典中，但这些视图已失效，无法再使用了。因此，在删除一个视图的同时，应使用DROP VIEW语句将那些导出视图一一删去。对于基本表也一样，当某个基本表被删除时，由该基本表导出的视图将失效，也应将它们逐一删去。

5.4 索引

在数据库中，索引是除表之外最重要的数据对象，其功能是提高对数据表的检索效率。索引是将列的键值和对应记录的物理记录号（ROWID）排序后存储起来，需要占用额外的存储空间。由于索引占用的空间远小于表所占用的实际空间，在系统通过索引进行数据检索时，可先将索引调入内存，通过索引对记录进行定位，这将大大减少磁盘I/O操作的次数，提高检索效率。在一个表上是否创建索引、创建多少个索引、创建什么类型的索引，都不会对表的使用方式产生任何影响。

■5.4.1 创建索引

在Oracle数据库中，可以在SQL*Plus中使用CREATE INDEX语句来创建索引。若要在自己的方案中创建索引，则需要具有CREATE INDEX系统权限；若要在其他用户的方案中创建索引，则需要具有CREATE ANY INDEX系统权限。

除此之外，因为索引要占用存储空间，所以还要在保存索引的表空间中有配额，或者具有UNLIMITED TABLESPACE系统权限。

在SQL*Plus中，创建索引语句的语法格式为：

```
CREATE [UNIQUE]|[BITMAP] INDEX [schema.]index_name
  ON[schema.]table_name([column1[ASC|DESC],column2[ASC|DESC],…]|[express])
  [TABLESPACE tablespace_name]
  [PCTFREE n1]
  [STORAGE(INITIAL n2)]
  [COMPRESS n3]|[NOCOMPRESS]
  [LOGGING]|[NOLOGGING]
  [ONLINE]
  [COMPUTE STATISTICS]
  [REVERSE]|[NOSORT];
```

部分参数的说明如下：
- UNIQUE：表示唯一索引。
- BITMAP：表示位图索引。如果不指定BITMAP选项，则默认创建的是B树索引。
- TABLESPACE：用于指定索引段所在的表空间。
- PCTFREE n1：用于指定为将来INSERT操作所预留的空间百分比。假定表已经包含了大量数据，那么在建立索引时应该仔细规划PCTFREE的值，以便为以后的INSERT操作预留空间。

■5.4.2 删除索引

一般来讲，若出现如下几种情况之一，就有必要删除相应的索引。
- 索引的创建不合理或不必要，应删除该索引，以释放其所占用的空间。
- 通过一段时间的观察，发现几乎没有查询或者只有极少数查询会使用到该索引。
- 由于该索引中包含损坏的数据块，或者包含过多的存储碎片，需要先删除该索引，再重建索引。
- 如果移动了表的数据，导致索引无效，此时需要删除并重建该索引。
- 当使用SQL*Loader给一个表装载数据时，系统也会同时给该表的索引增加数据。为了加快数据装载速度，应在装载之前删除所有索引，在数据装载完毕之后再重新创建各个索引。

删除索引时，如果要在自己的方案中删除索引，需要具有DROP INDEX系统权限；如果要在其他用户的方案中删除索引，需要具有DROP ANY INDEX系统权限。

如果索引是使用CREATE INDEX语句创建的，可以使用DROP INDEX语句删除索引；如果索引是在定义约束时由Oracle自动建立的，则可以通过禁用约束（disable）或删除约束的方法来删除对应的索引。

> **提示**：注意，在删除一个表时，所有基于该表的索引也会被自动删除。

在SQL*Plus中，删除索引的SQL语句的语法格式为：

DROP INDEX index_name;

例如，删除education表上的索引edu_emp_ix，代码如下：

DROP INDEX edu_emp_ix;

5.5 数据查询与数据操纵

数据查询（query）是指对存储在数据库中的信息进行检索，找出满足用户需求的数据。而数据操纵（manipulation）主要是指向数据库中插入新的信息、从数据库中删除信息以及修改存储在数据库中的信息等操作。本节将对数据查询与数据操纵进行全面介绍。

■5.5.1 对数据表进行查询

1. 一般条件查询

例如，对表employees中月薪超过5000元的雇员信息进行查询，语句如下，查询结果如图5-15所示。

SELECT employee_id,first_name,salary FROM employees WHERE salary > 5000.00;

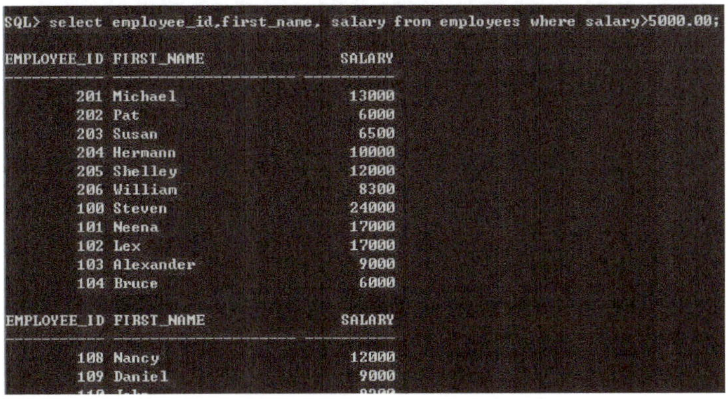

图 5-15 查询结果示意图（截取部分结果）

2. 组合条件查询

例如，对表employees中IT部门的雇员信息进行查询，IT部门的部门编号从departments表中获得，语句如下，查询结果如图5-16所示。

```
SELECT employee_id,first_name,salary
  FROM employees emp, departments dep
  WHERE department_name = 'IT'
    AND emp.department_id = dep.department_id;
```

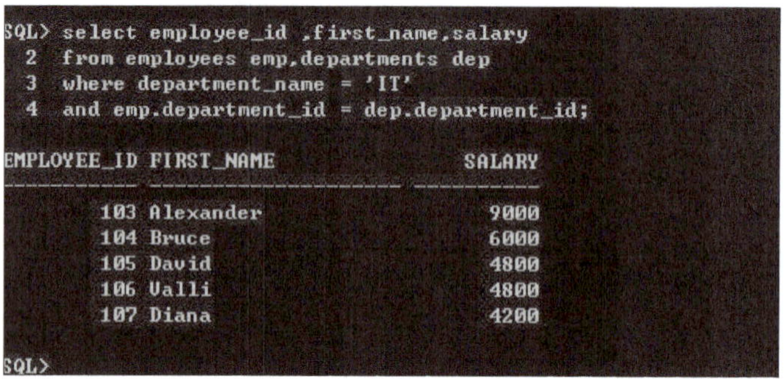

```
SQL> select employee_id ,first_name,salary
  2  from employees emp,departments dep
  3  where department_name = 'IT'
  4  and emp.department_id = dep.department_id;

EMPLOYEE_ID FIRST_NAME               SALARY
----------- -------------------- ----------
        103 Alexander                  9000
        104 Bruce                      6000
        105 David                      4800
        106 Valli                      4800
        107 Diana                      4200

SQL>
```

图 5-16　查询结果示意图

例如，对表employees中IT部门月薪超过5000元的雇员信息进行查询，语句如下，查询结果如图5-17所示。

```
SELECT employee_id,first_name,salary
  FROM employees emp, departments dep
  WHERE department_name = 'IT'
    AND emp.department_id = dep.department_id
    AND salary>5000.00;
```

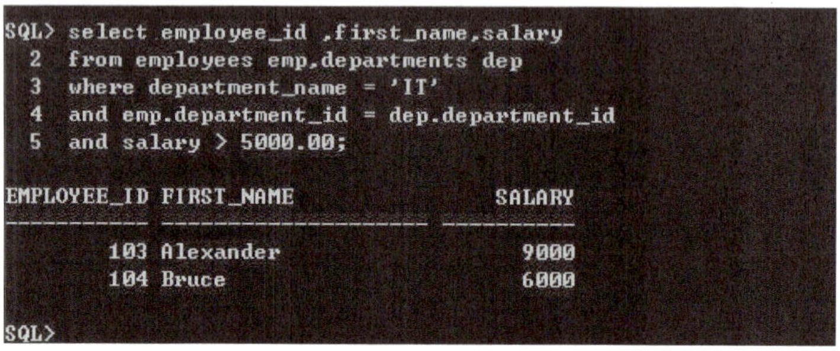

```
SQL> select employee_id ,first_name,salary
  2  from employees emp,departments dep
  3  where department_name = 'IT'
  4  and emp.department_id = dep.department_id
  5  and salary > 5000.00;

EMPLOYEE_ID FIRST_NAME               SALARY
----------- -------------------- ----------
        103 Alexander                  9000
        104 Bruce                      6000

SQL>
```

图 5-17　查询结果示意图

3. 用GROUP进行分组查询

例如，查询部门名称、员工数量、总薪值和平均月薪，语句如下，运行结果如图5-18所示。

```
SELECT dep.department_name,COUNT(emp.employee_id) emp_count,
    SUM(emp.salary) total_salary, AVG(emp.salary) average_salary
  FROM employees emp, departments dep
  WHERE emp.department_id = dep.department_id
  GROUP BY dep.department_name;
```

图 5-18　查询结果示意图

例如，查询平均月薪超过5000元的部门的部门名称、员工数量、总薪值和平均月薪。

因为在条件比较中不能使用组函数，所以首先要创建视图dep_salary，获得部门编号和对应的员工数量、总薪值和平均月薪信息，语句如下：

CREATE VIEW dep_salary AS
SELECT department_id,COUNT(emp.employee_id) emp_count,
　　SUM(emp.salary) total_salary, AVGemp.(salary) average_salary
　FROM employees emp
　GROUP BY department_id;

然后再由视图dep_salary和表departments做组合查询，获得所需信息，对应语句如下，运行结果如图5-19所示。

SELECT dep.department_name,average_salary
　FROM dep_salary, departments dep
　WHERE dep_salary.department_id = dep.department_id
　　AND average_salary>5000.00;

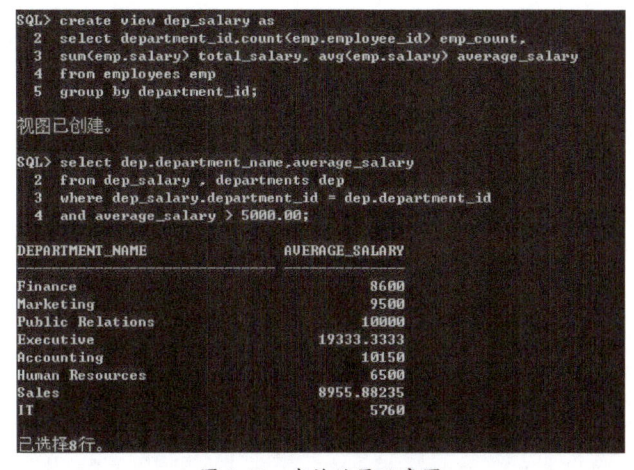

图 5-19　查询结果示意图

5.5.2 新建表并批量插入记录

在Oracle中，可以使用CREATE TABLE table_name AS语句创建一个表并向其中插入记录，这时AS后面需要跟一个SELECT子句。这条语句的功能是创建一个表，其表结构和SELECT子句中的列相同，同时将该SELECT子句所选择的记录插入新创建的表中。

例如，创建表high_salary，该表对应employees表中月薪不低于5000元的雇员信息，语句如下：

CREATE TABLE high_salary AS SELECT * FROM employees WHERE salary>=5000.00;

上述语句的运行结果与相应的查询如图5-20所示。

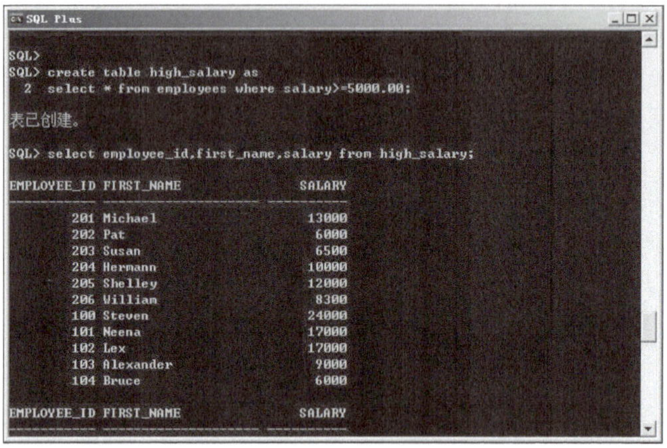

图 5-20　验证批量插入记录的结果

5.5.3 通过视图操纵数据

视图作为虚表，在一定条件下可以像表一样完成数据操纵的功能，使用视图进行数据操纵拥有更好的安全性和灵活性。

1. 用视图进行数据插入

使用视图插入的数据需要满足对应基本表的相关约束。

例如，创建一个视图v_department，再使用INSERT语句向视图中插入记录，语句及运行结果如图5-21所示。

图 5-21　通过视图向基本表插入数据

由图5-21可以看出,第1次使用INSERT语句插入数据时,由于在employees表中不存在manager_id为999的员工,导致违反了完整性约束条件<HR.DEPT_MGR_FK>(manager_id列是employees表上的外键),因此插入操作失败。第2次使用INSERT语句插入时,将manager_id改为205,因为存在此员工,所以插入操作成功。

2. 用视图进行数据修改

例如,修改视图v_department中的记录,语句及运行结果如图5-22所示。

图 5-22　通过视图修改基本表记录

由图5-22可以看出,修改视图中的数据同样需要通过对应基本表的相关约束检查。

3. 用视图进行数据删除

例如,删除视图v_department中的记录,语句及运行结果如图5-23所示。

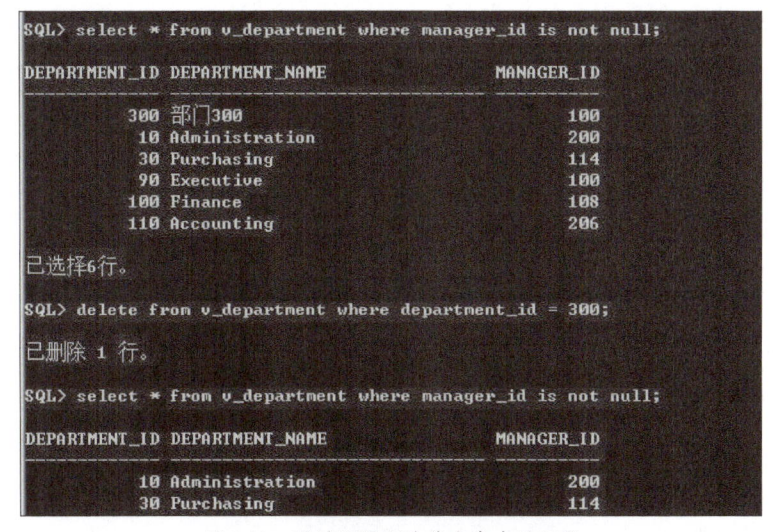

图 5-23　通过视图删除基本表中的记录

课后作业

1. 选择题

（1）Oracle的一般启动步骤是（　　）。
　　A. 打开数据库、启动例程、装载数据库
　　B. 启动例程、装载数据库、打开数据库
　　C. 启动例程、打开数据库、装载数据库
　　D. 装载数据库、启动例程、打开数据库

（2）数据库的3种启动模式不包括（　　）。
　　A. NOMOUNT　　　　　　　　B. STARTUP
　　C. MOUNT　　　　　　　　　D. OPEN

（3）作为表或列的命名，哪个是错误的？（　　）
　　A. IT_emp　　　　　　　　　B. st3cx
　　C. 1_stu　　　　　　　　　 D. dept

（4）以下关于视图的描述，哪个是错误的？（　　）
　　A. 视图是由SELECT子查询语句定义的一个逻辑表
　　B. 视图中保存有数据
　　C. 通过视图操作的数据仍然保存在表中
　　D. 可以通过视图操作数据库中的数据

2. 填空题

（1）与每个数据库的启动和关闭有关的服务有_____、_____和_____。

（2）关闭Oracle数据库的步骤包括关闭数据库、卸载数据库、_____。

（3）在Oracle中可以建立的约束条件包括NOT NULL、UNIQUE、CHECK、_____、FOREIGN KEY。

（4）修改表的关键字为_____。

（5）创建索引的主要关键字为_____。

3. 实训题

（1）尝试通过不同方式启动Oracle数据库，并比较其不同。

（2）尝试将刚启动的数据库通过SQL*Plus进行关闭。

（3）在SQL*Plus中对employees表进行如下操作。

①增加一列，名为e-email，数据类型为VARCHAR2(20)。

②将刚建立的e-email列的数据类型改为VARCHAR2(30)。

③在e-email列上建立名为ind-mail的索引，按照列e-email的降序排列。

④将索引ind-mail删除。

⑤将e-email列删除。

第6章 数据库安全管理

内容概要

安全管理是评价一个数据库产品性能的重要指标,确保数据的安全可靠是数据库产品的生命线。本章将介绍Oracle 19c数据库的安全管理机制,内容包括用户管理、权限管理、角色管理、概要文件管理等。

6.1 数据库安全性概述

Oracle数据库的安全管理是从用户登录数据库开始的。用户登录数据库时，系统会对用户的身份进行验证；用户对数据进行操作时，系统会检查用户是否具有相应的操作权限，并限制用户对存储空间和系统资源的使用。

Oracle 19c的安全性体系包括以下几个层次：

- **物理层的安全性**：数据库所在节点必须在物理上得到可靠的保护。
- **用户层的安全性**：哪些用户可以使用数据库，使用数据库的哪些对象，用户具有什么样的权限等。
- **操作系统的安全性**：数据库所在主机的操作系统的弱点将可能提供恶意攻击数据库的入口，所以在操作系统层级要提供安全性保障。
- **网络层的安全性**：Oracle 19c主要是面向网络提供服务，因此，网络软件的安全性和网络数据传输的安全性是至关重要的。
- **数据库系统层的安全性**：通过对用户授予特定数据库对象的访问权限的办法来确保数据库系统的安全。

Oracle数据库的安全可分为两个层面：系统安全性和数据安全性。系统安全性是指在系统级控制数据库的存取和使用的机制，包括有效的用户名和口令、用户是否有权限连接数据库、创建数据库模式对象时可使用的磁盘存储空间大小、用户的资源限制、是否启动数据库的审计等。数据安全性是指在对象级控制数据库的存取和使用的机制，包括可存取的模式对象和在该模式对象上所允许进行的操作等。

Oracle 19c数据库安全机制包括用户管理、权限管理、角色管理、表空间管理、概要文件管理、数据审计等方面。

> **知识点拨**
>
> 数据库的安全性主要包括两个方面的含义：一方面是防止非法用户对数据库的访问，未授权的用户不能登录数据库；另一方面是每个数据库用户都有不同的操作权限，只能进行自己权限范围内的操作。

6.2 用户管理

用户管理是Oracle数据库安全管理的核心和基础，是DBA安全策略中重要的组成部分。用户是数据库的使用者和管理者，Oracle数据库通过设置用户及其安全参数控制用户对数据库的访问和操作。

Oracle数据库的用户管理包括创建用户、修改用户的安全参数、删除用户和查询用户信息等。

在创建Oracle数据库时系统会自动创建一些初始用户，这些初始用户包括sys、system和public。

- **sys**：它是数据库中具有最高权限的数据库管理员，被授予DBA角色，是执行数据库管理任务的用户。该用户可以启动、修改和关闭数据库，且拥有数据字典，用于数据字典的所有基础表和视图都存储在sys方案中。sys方案中的表只能由数据库系统操作，不能由用户操作，用户不要在sys方案中存储非数据库管理的表。
- system：它是一个辅助的数据库管理员，不能启动和关闭数据库，但可以进行其他一些管理工作，如创建用户、删除用户等。该用户一般用于创建显示管理信息的表和视图或系统内部表和视图。
- public：它实质上是一个用户组，数据库中任何一个用户都是该组的成员。当要为数据库中的每个用户都授予某个权限时，只需把权限授予public就可以。

其他自动创建的用户取决于安装了哪些功能或选项。此外，用户的安全属性包括以下几方面内容。

（1）用户身份认证方式。

用户连接数据库时，必须要经过身份认证。Oracle数据库中有3种用户身份认证方式。

①**数据库身份认证**：当用户连接数据库时必须输入用户名和口令，通过数据库认证后才能登录数据库。这是默认的认证方式。用户口令是以加密方式保存在数据库内部的。

②**外部身份认证**：用户的账户由Oracle数据库管理，但口令管理和身份验证由外部服务完成，外部服务可以是操作系统或网络服务。当用户试图建立与数据库的连接时，数据库不会要求用户输入用户名和口令，而从外部服务中获取当前用户的登录信息。

③**全局身份认证**：当用户试图建立与数据库的连接时，Oracle使用Oracle Enterprise Security Manager安全管理服务器对用户进行身份认证，它可以提供全局范围内管理数据库用户的功能。

（2）默认表空间。

用户在创建数据库对象时，如果没有显式指明该对象在哪个表空间中存储，系统会自动将该数据库对象存储在当前用户的默认表空间中。如果没有为用户指定默认表空间，系统将数据库的默认表空间作为用户的默认表空间。

（3）临时表空间。

用户进行排序、汇总和执行连接、分组等操作时，系统首先使用内存中的排序区SORT_AREA_SIZE，如果该区域的内存不够，则自动使用用户的临时表空间。如果没有为用户指定临时表空间，则系统将数据库的默认临时表空间作为用户的临时表空间。

（4）表空间配额。

表空间配额用于限制用户在永久表空间中可用的存储空间大小，默认情况下，新用户在任何表空间中都没有任何配额。用户在临时表空间中不需要配额。

（5）概要文件。

每个用户都有一个概要文件，用于限制用户对数据库系统资源的使用，同时设置用户的口令管理策略。如果没有为用户指定概要文件，Oracle数据库将为用户自动指定DEFAULT概要文件。

（6）账户状态。

在创建用户时，可设定用户的初始状态，包括用户口令是否过期、账户是否锁定等。锁定账户后，用户就不能与Oracle数据库建立连接，必须对账户解锁后才可访问数据库。用户可以在任何时候对账户进行锁定或解锁。

■6.2.1 创建用户

使用CREATE USER语句可创建用户，执行该语句的用户必须具有CREATE USER权限。创建一个用户时，Oracle数据库会自动为该用户创建一个同名的方案模式，用户的所有数据库对象都存在该同名模式中。一旦用户连接到数据库，该用户就可以存取自己方案中的全部实体。

CREATE USER语句的语法格式为：

```
CREATE USER user_name  IDENTIFIED
    [BY password | EXTERNALLY | GLOBALLY AS 'external_name']
    [DEFAULT TABLESPACE tablespace_name]
    [TEMPORARY TABLESPACE temp_tablespace_name]
    [QUOTA n K | M |UNLIMITED ON tablespace_name]
    [PROFILE profile_name]
    [PASSWORD EXPIRE]
    [ACCOUNT LOCK | UNLOCK];
```

主要参数说明如下：
- BY password：设置用户的数据库身份认证，password为用户口令。
- EXTERNALLY：设置用户的外部身份认证。
- GLOBALLY AS 'external_name'：设置用户的全局身份认证，external_name为Oracle的安全管理服务器相关信息。
- DEFAULT TABLESPACE：设置用户的默认表空间。
- TEMPORARY TABLESPACE：设置用户的临时表空间。
- QUOTA：指定用户在特定表空间上的配额，即用户在该表空间中可以分配的最大空间。
- PROFILE：为用户指定概要文件，默认值为DEFAULT，采用系统默认的概要文件。
- PASSWORD EXPIRE：设置用户口令的初始状态为过期，这种设置状态下，用户在首次登录数据库时必须修改口令。
- ACCOUNT LOCK：设置用户初始状态为锁定，默认为不锁定。
- ACCOUNT UNLOCK：设置用户初始状态为不锁定或解除用户的锁定状态。

例如，创建一个用户atea，口令为zzuli，默认表空间为USERS，该表空间的配额为50 MB，口令设置为过期状态，即首次连接数据库时需要修改口令，语句如下：

```
CREATE USER atea IDENTIFIED BY zzuli
    DEFAULT TABLESPACE USERS
    QUOTA 50M ON USERS
    PASSWORD EXPIRE;
```

上述语句的执行结果如图6-1所示。

```
SQL> CREATE USER atea IDENTIFIED BY zzuli
  2  DEFAULT TABLESPACE USERS
  3  QUOTA 50M ON USERS
  4  PASSWORD EXPIRE;

用户已创建。
```

图 6-1 创建用户

■6.2.2 修改用户

用户创建后，可以更改用户的属性，如口令、默认表空间、临时表空间、表空间配额、概要文件和用户状态等，但不允许修改用户的名称，除非将其删除。

修改数据库用户使用ALTER USER语句实现，执行该语句的用户必须具有ALTER USER的系统权限。

ALTER USER语句的语法格式为：

ALTER USER user_name [IDENTIFIED]
　　[BY password | EXTERNALLY | GLOBALLY AS 'external_name']
　　[DEFAULT TABLESPACE tablespace_name]
　　[TEMPORARY TABLESPACE temp_tablespace_name]
　　[QUOTA n K | M | UNLIMITED ON tablespace_name]
　　[PROFILE profile_name]
　　[DEFAULT ROLE role_list | ALL [EXCEPT role_list] | NONE]
　　[PASSWORD EXPIRE]
　　[ACCOUNT LOCK|UNLOCK];

部分参数说明如下：
- role_list：角色列表。
- ALL：表示所有角色。
- EXCEPT role_list：表示除role_list列表中角色之外的其他角色。
- NONE：表示没有默认角色。

提示：指定的角色必须是使用GRANT命令直接授予该用户的角色。

例如，修改用户atea的默认表空间为USERS，该表空间的配额为30 MB，语句如下：

ALTER USER atea
　　DEFAULT TABLESPACE USERS
　　QUOTA 30M ON USERS;

上述语句执行的结果如图6-2所示。

```
SQL> ALTER USER atea
  2  DEFAULT TABLESPACE USERS
  3  QUOTA 30M ON USERS;

用户已更改。
```

图 6-2　修改用户属性

6.2.3　删除用户

当一个用户不再使用时，可以将其删除。删除用户时会将该用户及其所创建的数据库对象从数据字典中删除。

删除用户使用DROP USER语句实现，执行该语句的用户必须具有DROP USER系统权限。

DROP USER语句的语法格式为：

DROP USER user_name [CASCADE];

如果用户拥有数据库对象，必须在DROP USER语句中使用CASCADE选项，Oracle数据库会先删除该用户的所有对象，然后再删除该用户。如果其他数据库对象（如存储过程、函数等）引用了该用户的数据库对象，则这些数据库对象将被标记为失效。

6.2.4　查询用户信息

可以通过查询数据字典视图或动态性能视图来获取用户信息，常用的数据字典视图或动态性能视图如下：

- ALL_USERS：包含数据库所有用户的用户名、用户ID和用户创建时间。
- DBA_USERS：包含数据库所有用户的详细信息。
- USER_USERS：包含当前用户的详细信息。
- DBA_TS_QUOTAS：包含所有用户的表空间配额信息。
- USER_TS_QUOTAS：包含当前用户的表空间配额信息。
- V$SESSION：包含用户的会话信息。
- V$OPEN_CURSOR：包含用户执行的SQL语句信息。

例如，查看数据库所有用户名及其默认表空间。语句如下，运行结果如图6-3所示。

SELECT username, default_tablespace FROM DBA_USERS;

```
SQL> SELECT USERNAME, DEFAULT_TABLESPACE FROM DBA_USERS;

USERNAME                       DEFAULT_TABLESPACE
------------------------------ ------------------------------
MGMT_VIEW                      SYSTEM
SYS                            SYSTEM
SYSTEM                         SYSTEM
DBSNMP                         SYSAUX
SYSMAN                         SYSAUX
SCOTT                          USERS
U_BBS                          TS_MBASITE
ATEA                           USERS
OUTLN                          SYSTEM
MDSYS                          SYSAUX
ORDSYS                         SYSAUX

USERNAME                       DEFAULT_TABLESPACE
------------------------------ ------------------------------
CTXSYS                         SYSAUX
ANONYMOUS                      SYSAUX
EXFSYS                         SYSAUX
DMSYS                          SYSAUX
WMSYS                          SYSAUX
XDB                            SYSAUX
ORDPLUGINS                     SYSAUX
SI_INFORMTN_SCHEMA             SYSAUX
OLAPSYS                        SYSAUX
MDDATA                         USERS
DIP                            USERS

USERNAME                       DEFAULT_TABLESPACE
------------------------------ ------------------------------
TSMSYS                         USERS

已选择23行。
```

图 6-3　查看数据库中所有用户及其默认表空间

6.3 权限管理

权限（privilege）是Oracle数据库定义好的执行某些操作的权力。用户在数据库中可以执行什么样的操作，以及可以对哪些对象进行操作，完全取决于该用户所拥有的权限。权限分为以下两类。

- **系统权限**：是指在数据库级别执行某种操作的权限，或针对某一类对象执行某种操作的权限。例如，CREATE SESSION权限、CREATE ANY TABLE权限。它一般是针对某一类方案对象或非方案对象的某种操作的全局性能力。
- **对象权限**：是指对某个特定的数据库对象执行某种操作的权限。例如，对特定表的插入、删除、修改、查询的权限。对象权限一般是针对某个特定的方案对象的某种操作的局部性能力。

6.3.1　授予权限

授予权限包括系统权限的授予和对象权限的授予。

授权的方法可以是利用GRANT命令直接为用户授权，也可以是间接授权，即先将权限授予角色，然后再将角色授予用户。

1. 系统权限的授予

系统权限有两类：一类是对数据库某一类对象的操作能力，通常带有ANY关键字，如CREATE ANY INDEX、ALTER ANY INDEX、DROP ANY INDEX等；另一类系统权限是数据库级别的某种操作能力，如CREATE SESSION权限等。

在Oracle 19c中有257个系统权限。用户可以通过查询数据字典表SYSTEM_PRIVILEGE_MAP看到所有这些权限，查询和统计这些权限的操作语句如下：

CONNECT sys /zzuli AS SYSDBA
SELECT * FROM SYSTEM_PRIVILEGE_MAP;
SELECT COUNT(*) FROM SYSTEM_PRIVILEGE_MAP;

> **提示**：系统权限中有一种ANY权限，具有ANY权限的用户可以在任何用户方案中进行操作。

系统权限可以划分为群集权限、数据库权限、索引权限、过程权限、概要文件权限、角色权限、回退段权限、序列权限、会话权限、同义词权限、表权限、表空间权限、用户权限、视图权限、触发器权限、管理权限、其他权限等。

群集权限如表6-1所示。

表 6-1　群集权限

群集权限	功能
CREATE CLUSTER	在当前方案中创建群集
CREATE ANY CLUSTER	在任何方案中创建群集
ALTER ANY CLUSTER	在任何方案中更改群集
DROP ANY CLUSTER	在任何方案中删除群集

数据库权限如表6-2所示。

表 6-2　数据库权限

数据库权限	功能
ALTER DATABASE	更改数据库的配置
ALTER SYSTEM	更改系统初始化参数
AUDIT/NOAUDIT SYSTEM	审计/不审计SQL
AUDIT ANY	审计任何方案的对象

索引权限如表6-3所示。

表 6-3　索引权限

索引权限	功能
CREATE INDEX	在当前方案中创建索引
CREATE ANY INDEX	在任何方案中创建索引
ALTER ANY INDEX	在任何方案中更改索引
DROP ANY INDEX	在任何方案中删除索引

过程权限如表6-4所示。

表 6-4　过程权限

过程权限	功能
CREATE PROCEDURE	在当前方案中创建函数、过程或程序包
CREATE ANY PROCEDURE	在任何方案中创建函数、过程或程序包
ALTER ANY PROCEDURE	在任何方案中更改函数、过程或程序包
DROP ANY PROCEDURE	在任何方案中删除函数、过程或程序包
EXECUTE ANY PROCEDURE	在任何方案中执行函数、过程或程序包

概要文件权限如表6-5所示。

表 6-5　概要文件权限

概要文件权限	功能
CREATE PROFILE	创建概要文件（例如，资源/密码配置）
ALTER PROFILE	更改概要文件（例如，资源/密码配置）
DROP PROFILE	删除概要文件（例如，资源/密码配置）

角色权限如表6-6所示。

表 6-6　角色权限

角色权限	功能
CREATE ROLE	创建角色
ALTER ANY ROLE	更改任何角色
DROP ANY ROLE	删除任何角色
GRANT ANY ROLE	向其他角色或用户授予任何角色

回退段权限如表6-7所示。

表 6-7　回退段权限

回退段权限	功能
CREATE ROLLBACK SEGMENT	创建回退段
ALTER ROLLBACK SEGMENT	更改回退段
DROP ROLLBACK SEGMENT	删除回退段

序列权限如表6-8所示。

表 6-8　序列权限

序列权限	功能
CREATE SEQUENCE	在当前方案中创建序列
CREATE ANY SEQUENCE	在任何方案中创建序列
ALTER ANY SEQUENCE	在任何方案中更改序列
DROP ANY SEQUENCE	在任何方案中删除序列
SELECT ANY SEQUENCE	在任何方案中选择序列

会话权限如表6-9所示。

表 6-9　会话权限

会话权限	功能
CREATE SESSION	创建会话，连接到数据库
ALTER SESSION	更改会话
ALTER RESOURCE COST	更改概要文件中计算资源消耗的方式
RESTRICTED SESSION	在受限会话模式下连接到数据库

同义词权限如表6-10所示。

表 6-10　同义词权限

同义词权限	功能
CREATE SYNONYM	在当前方案中创建同义词
CREATE ANY SYNONYM	在任何方案中创建同义词
CREATE PUBLIC SYNONYM	创建公用同义词
DROP ANY SYNONYM	在任何方案中删除同义词
DROP PUBLIC SYNONYM	删除公共同义词

表权限如表6-11所示。

表 6-11　表权限

表权限	功能
CREATE TABLE	在当前方案中创建表
CREATE ANY TABLE	在任何方案中创建表
ALTER ANY TABLE	在任何方案中更改表
DROP ANY TABLE	在任何方案中删除表
COMMENT ANY TABLE	在任何方案中为任何表添加注释

（续表）

表权限	功能
SELECT ANY TABLE	在任何方案中选择任何表中的记录
INSERT ANY TABLE	在任何方案中向任何表插入新记录
UPDATE ANY TABLE	在任何方案中更改任何表中的记录
DELETE ANY TABLE	在任何方案中删除任何表中的记录
LOCK ANY TABLE	在任何方案中锁定任何表
FLASHBACK ANY TABLE	允许使用AS OF对表进行闪回查询

表空间权限如表6-12所示。

表6-12　表空间权限

表空间权限	功能
CREATE TABLESPACE	创建表空间
ALTER TABLESPACE	更改表空间
DROP TABLESPACE	删除表空间
MANAGE TABLESPACE	管理表空间
UNLIMITED TABLESPACE	不受配额限制使用表空间

用户权限如表6-13所示。

表6-13　用户权限

用户权限	功能
CREATE USER	创建用户
ALTER USER	更改用户
BECOME USER	成为另一个用户
DROP USER	删除用户

视图权限如表6-14所示。

表6-14　视图权限

视图权限	功能
CREATE VIEW	在当前方案中创建视图
CREATE ANY VIEW	在任何方案中创建视图
DROP ANY VIEW	在任何方案中删除视图
COMMENT ANY VIEW	在任何方案中为任何视图添加注释
FLASHBACK ANY VIEW	允许使用AS OF对视图进行闪回查询

触发器权限如表6-15所示。

表6-15 触发器权限

触发器权限	功能
CREATE TRIGGER	在当前方案中创建触发器
CREATE ANY TRIGGER	在任何方案中创建触发器
ALTER ANY TRIGGER	在任何方案中更改触发器
DROP ANY TRIGGER	在任何方案中删除触发器
ADMINISTER DATABASE TRIGGER	允许创建ON DATABASE触发器

管理权限如表6-16所示。

表6-16 管理权限

管理权限	功能
SYSDBA	系统管理员权限
SYSOPER	系统操作员权限

其他权限如表6-17所示。

表6-17 其他权限

其他权限	功能
ANALYZE ANY	对任何方案中的表、索引进行分析
GRANT ANY OBJECT PRIVILEGE	授予任何对象权限
GRANT ANY PRIVILEGE	授予任何系统权限
SELECT ANY DICTIONARY	允许从系统用户的数据字典表中进行选择

系统权限的授予使用GRANT语句，其语法格式为：

GRANT sys_priv_list TO
　user_list | role_list | PUBLIC
　[WITH ADMIN OPTION];

参数说明如下：

- sys_priv_list：表示系统权限列表，以逗号分隔。
- user_list：表示用户列表，以逗号分隔。
- role_list：表示角色列表，以逗号分隔。
- PUBLIC：表示对系统中所有用户授权。
- WITH ADMIN OPTION：表示允许系统权限接收者再把此权限授予其他用户。

知识点拨

在给用户授予系统权限时，需要注意以下几点。
- 只有DBA才应当拥有ALTER DATABASE的系统权限。
- 应用程序开发者一般需要拥有CREATE TABLE、CREATE VIEW和CREATE INDEX等系统权限。
- 普通用户一般只具有CREATE SESSION系统权限。
- 只有授权时带有WITH ADMIN OPTION子句，用户才可以将获得的系统权限再授予其他用户，即系统权限的传递性。

例如，给已经创建的atea用户授予SYSDBA系统权限，语句如下：

CONNECT sys /zzuli AS SYSDBA
GRANT SYSDBA TO atea;

授权成功后，使用atea用户连接，语句如下：

CONNECT atea /zzuli AS SYSDBA

连接后就可以使用SYSDBA系统权限了。

上述语句的执行结果如图6-4所示。

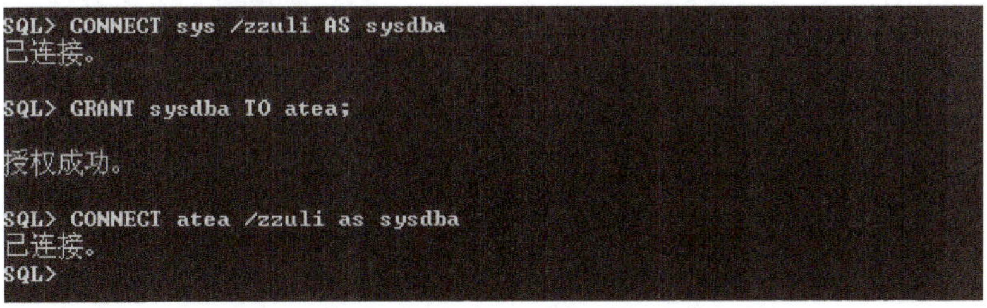

图6-4 给 atea 用户授予 SYSDBA 系统权限

例如，创建一个stu用户，使其具有登录、连接的系统权限，语句如下：

CONNECT sys /zzuli AS SYSDBA
CREATE USER stu IDENTIFIED BY zzuli
　　DEFAULT TABLESPACE users
　　TEMPORARY TABLESPACE temp;
GRANT CREATE SESSION TO stu;
CONNECT stu /zzuli

上述语句的执行结果如图6-5所示。

图 6-5　创建 stu 用户并授予其登录连接的系统权限

2. 对象权限的授予

对象权限是指用户对数据库对象的操作权限。数据库对象包括目录、函数包、存储过程、表、视图和序列等。Oracle中对象权限包括ALTER、DELETE、EXECUTE、INDEX、INSERT、READ、REFERENCE、SELECT和UPDATE等。对属于某一用户方案的所有方案对象，该用户对这些方案对象具有全部的对象权限，也就是说，方案的拥有者对方案中的对象具有全部对象权限。同时，方案的拥有者还可以将这些对象权限授予其他用户。

Oracle数据库中共有9种类型的对象权限，不同类型的方案对象有不同的对象权限，而有的对象并没有对象权限，只能通过系统权限进行控制，如簇、索引、触发器、数据库连接等。

按照不同的对象，Oracle数据库中设置了不同种类的对象权限。对象权限与对象之间的对应关系如表6-18所示。

表 6-18　对象权限与对象之间的对应关系

	ALTER	DELETE	EXECUTE	INDEX	INSERT	READ	REFERENCE	SELECT	UPDATE
DIRECTORY						✓			
FUNCTION			✓						
PACKAGE			✓						
PROCEDURE			✓						
SEQUENCE	✓							✓	
TABLE	✓	✓		✓	✓		✓	✓	✓
VIEW		✓			✓			✓	✓

其中，画"✓"表示某种对象所具有的对象权限，否则就表示该对象没有某种对象权限。

对象权限是由对象权限的拥有者为对象授权的，非对象权限的拥有者不得为对象授权。将对象权限授出后，获权用户可以对对象进行相应的操作，没被授予的权限无法使用。对象权限被授出后，对象权限的拥有者属性不会改变，存储属性也不会改变。

使用GRANT语句可以将对象权限授予指定的用户、角色、public公共用户组，其语法格式如下：

GRANT obj_priv_list | ALL ON [schema.]object
　TO user_list | role_list [WITH GRANT OPTION];

参数说明如下：
- obj_priv_list：表示对象权限列表，以逗号分隔。
- [schema.]object：表示指定的模式对象，默认为当前模式中的对象。
- user_list：表示用户列表，以逗号分隔。
- role_list：表示角色列表，以逗号分隔。
- WITH GRANT OPTION：表示允许对象权限接收者把此对象权限授予其他用户。

例如，用户hr将employees表的查询、插入、更改表的对象权限授予用户atea，语句如下：

CONN hr /hr
GRANT SELECT, INSERT, UPDATE ON employees TO atea;
CONN atea /zzuli
SELECT first_name, last_name, job_id,salary FORM hr.employees
　WHERE salary>15000;

此时用户atea就具备了对hr的表employees的SELECT对象权限，但由于仅向atea授予了employees表的SELECT、INSERT、UPDATE操作权限，因而用户atea不具备其他操作权限（如DELETE），也不具备操作其他表的权限。上述语句的执行结果如图6-6所示。

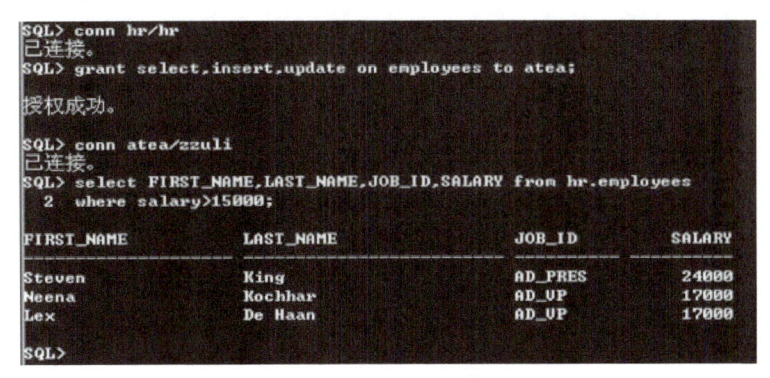

图6-6　hr授予atea对象权限

6.3.2　回收权限

当用户不使用某些权限时，就尽量收回这些权限，只保留其最小权限即可。

1. 系统权限的回收

数据库管理员或能够向其他用户授权的用户都可以使用REVOKE语句将授予的权限回收。系统权限的回收使用REVOKE语句，其语法格式为：

REVOKE sys_priv_list
   FROM user_list | role_list | PUBLIC;

在使用REVOKE命令时，还需要注意以下几点：
- 多个管理员授予用户同一个系统权限后，若其中一个管理员收回其授予该用户的系统权限，则该用户将不再拥有相应的系统权限。
- 为了收回用户系统权限的传递性（授权时使用了WITH ADMIN OPTION子句），必须先收回其系统权限，然后再授予其相应的系统权限。
- 如果一个用户获得的系统权限具有传递性，并且已授权给其他用户，那么该用户的系统权限被回收后，其他用户的系统权限并不受影响。

例如，用户sys收回scott用户的SELECT ANY DICTIONARY系统权限，语句如下：

CONNECT sys /zzuli AS SYSDBA
REVOKE SELECT ANY DICTIONARY FROM scott;

上述语句的执行结果如图6-7所示。

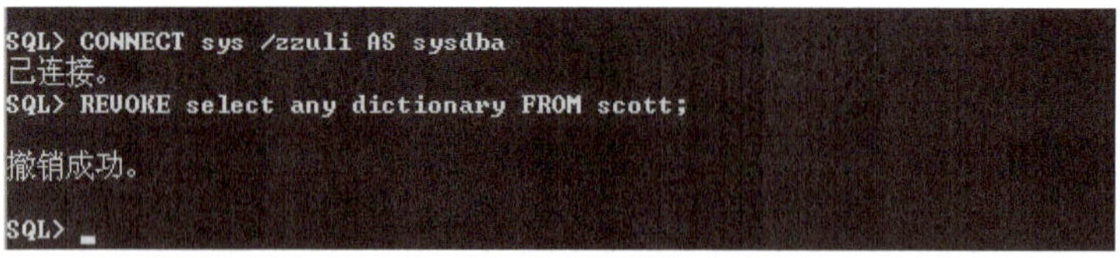

图 6-7　回收系统权限

2. 对象权限的回收

对象权限的拥有者可以将授出的权限收回，回收对象权限同样使用REVOKE语句。回收对象权限的REVOKE语句的语法格式为：

REVOKE obj_priv_list | all ON [schema.]object FROM user_list|role_list;

参数说明同6.3.1节中GRANT语句的相应参数说明一致。

> **知识点拨**
>
> 在多个管理员授予用户同一个对象权限后，若其中一个管理员收回其授予该用户的对象权限，则该用户将不再拥有相应的对象权限。为了收回用户对象权限的传递性（授权时使用了WITH GRANT OPTION子句），必须先收回其对象权限，然后再授予其相应的对象权限。如果一个用户获得的对象权限具有传递性（授权时使用了WITH GRANT OPTION子句），并且已授权给其他用户，那么该用户的对象权限被回收后，其他用户的对象权限也将被回收。注意，这一条与系统权限传递性的回收不相同。

例如，用户hr收回用户atea对employees表的SELECT对象权限，语句如下：

CONN hr/hr
REVOKE SELECT ON employees FROM atea;

上述语句的执行结果如图6-8所示。

图 6-8 hr 收回 atea 对 employees 表的 SELECT 对象权限

6.4 角色管理

角色（role）是权限管理的一种工具，即有名称的权限集合。

Oracle中可以使用角色为用户授权，同样也可以由用户回收角色。因为角色集合了多种权限，所以当为用户授予角色时，相当于为用户授予了多种权限，这样就避免了向用户逐一授权，从而简化了用户权限的管理。

角色分系统预定义角色和用户自定义角色两类。

（1）系统预定义角色。

在Oracle数据库创建时，系统会自动创建一些常用角色，并为其授予相应的权限。DBA可以直接利用预定义的角色为用户授权，也可以修改预定义角色的权限。Oracle数据库中有30多个预定义角色。用户可以通过数据字典视图DBA_ROLES查询当前数据库中所有的预定义角色，还可以通过DBA_SYS_PRIVS查询各个预定义角色所具有的系统权限。表6-19列出了常用的预定义角色及其具有的系统权限。

表 6-19 常用的预定义角色及其具有的系统权限

角色	角色具有的部分系统权限
CONNECT	CREATE DATABASE_LINK、CREATE SESSION、ALTER SESSION、CREATE TABLE、CREATE CLUSTER、CREATE SEQUENCE、CREATE SYNONYM、CREATE VIEW
RESOURCE	CREATE CLUSTER、CREATE OPERATOR、CREATE TRIGGER、CREATE TYPE、CREATE SEQUENCE、CREATE INDEXTYPE、CREATE PROCEDURE、CREATE TABLE
DBA	ADMINISTER DATABSE TRIGGER、ADMINISTER RESOURCE MANAGE、CREATE…、CREATE ANY…、ALTER…、ALTER ANY…、DROP…、DROP ANY…、EXECUTE…、EXECUTE ANY…

(续表)

角色	角色具有的部分系统权限
EXP_FULL_DATABASE	ADMINISTER RESOURCE MANAGE、BACKUP ANY TABLE、EXECUTE ANY PROCEDURE、SELECT ANY TABLE、EXECUTE ANY TYPE
IMP_FULL_DATABASE	ADMINISTER DATABSE TRIGGER、ADMINISTER RESOURCE MANAGE、CREATE ANY…、ALTER ANY…、DROP…、DROP ANY…、EXECUTE ANY…

例如，查询数据字典DBA_ROLES可以了解数据库中全部的角色信息，语句如下：

CONNECT sys/zzuli

SELECT role FROM DBA_ROLES;

上述语句的执行结果如图6-9所示。

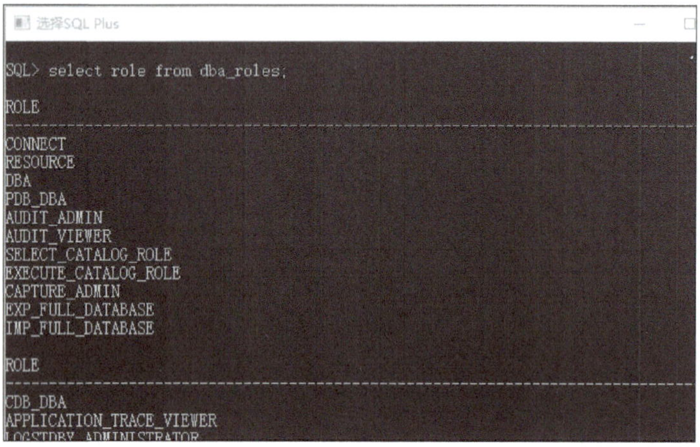

图 6-9　查询数据字典 DBA_ROLES

（2）用户自定义角色。

由用户定义，并由用户为其授权。

Oracle数据库允许用户自定义角色，并对自定义角色进行权限的授予和回收，同时允许自定义角色进行修改、删除和使角色生效或失效。

6.4.1　创建角色

如果系统预定义的角色不符合用户需要，数据库管理员还可以创建更多的角色。创建角色的用户必须具有CREATE ROLE系统权限。

创建角色语句的语法格式为：

CREATE ROLE role_name [NOT IDENTIFIED] [IDENTIFIED BY password];

参数说明如下：

- role_name：用于指定自定义角色名称，该名称不能与任何用户名或其他角色相同。

- NOT IDENTIFIED：用于指定该角色由数据库授权，使该角色生效时不需要口令。
- IDENTIFIED BY password：用于设置角色生效时的认证口令。

例如，创建不同类型的角色，语句如下：

CREATE ROLE high_manager_role;
CREATE ROLE middle_manager_role IDENTIFIED BY middlerole;
CREATE ROLE low_manager_role IDENTIFIED BY lowrole;

上述语句的执行结果如图6-10所示。

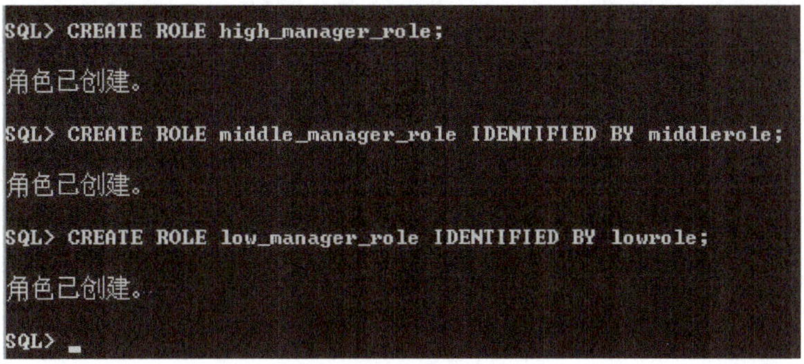

图 6-10 创建角色

6.4.2 角色权限的授予与回收

在角色刚刚创建时，它并不具有任何权限，这时的角色是没有用处的。因此，在创建角色后，通常还需要立即为它授予权限。给角色授权即给角色授予适当的系统权限、对象权限或已有的角色。在数据库运行过程中，也可以为角色增加权限，或回收其权限。

角色权限的授予与回收和用户权限的授予与回收类似，其语法详见6.3节中权限的授予与回收。

例如，给high_manager_role、middle_manager_role、low_manager_role角色授权，然后回收其权限，语句如下：

GRANT CONNECT,CREATE TABLE,CREATE VIEW TO low_manager_role;
GRANT CONNECT,CREATE TABLE,CREATE VIEW TO middle_manager_role;
GRANT CONNECT,RESOURCE,DBA TO high_manager_role;
GRANT SELECT,UPDATE,INSERT,DELETE ON scott.emp TO high_manager_role;
REVOKE CONNECT FROM low_manager_role;
REVOKE CREATE TABLE,CREATE VIEW FROM middle_manager_role;
REVOKE UPDATE,DELETE,INSERT ON scott.emp FROM high_manager_role;

上述语句的执行结果如图6-11所示。

给角色授权时应该注意，一个角色可以被授予另一个角色，但不能授予其自身，不能产生循环授权。

```
SQL> GRANT CONNECT,CREATE TABLE,CREATE VIEW TO low_manager_role;
授权成功。
SQL> GRANT CONNECT,CREATE TABLE,CREATE VIEW TO middle_manager_role;
授权成功。
SQL> GRANT CONNECT,RESOURCE,DBA TO high_manager_role;
授权成功。
SQL> GRANT SELECT,UPDATE,INSERT,DELETE ON scott.emp TO high_manager_role;
授权成功。
SQL> REVOKE CONNECT FROM low_manager_role;
撤销成功。
SQL> REVOKE CREATE TABLE,CREATE VIEW FROM middle_manager_role;
撤销成功。
SQL> REVOKE UPDATE,DELETE ,INSERT ON scott.emp FROM high_manager_role;
撤销成功。
SQL>
```

图 6-11　角色权限的授予与回收

6.4.3　修改角色口令

修改角色口令包括为角色添加口令和取消角色原有的口令。当然，要修改角色口令，用户必须具备相应的修改权限。

修改角色口令语句的语法格式为：

ALTER ROLE role_name
　[NOT IDENTIFIED] | [IDENTIFIED BY password];

参数说明同6.4.1节中的参数说明相同。

例如，为high_manager_role角色添加口令，取消middle_manager_role角色的口令，语句如下：

ALTER ROLE high_manager_role IDENTIFIED BY highrole;
ALTER ROLE middle_manager_role NOT IDENTIFIED;

上述语句的执行结果如图6-12所示。

```
SQL> ALTER ROLE high_manager_role IDENTIFIED BY highrole;
角色已丢弃。
SQL> ALTER ROLE middle_manager_role NOT IDENTIFIED;
角色已丢弃。
SQL>
```

图 6-12　修改角色口令

■6.4.4 角色的生效与失效

角色的失效是指角色暂时不可用。当一个角色生效或失效时，用户从角色中获得的权限也会相应地生效或失效。因此，通过设置角色的生效或失效，可以动态改变用户的权限。

在进行角色生效或失效设置时，需要输入角色的认证口令，避免非法设置。

设置角色生效或失效使用SET ROLE语句，其语法格式为：

```
SET ROLE [role_name [ IDENTIFIED BY password ] ] | [ALL [EXCEPT role_name ] ] | [NONE];
```

参数说明如下：

- role_name：表示进行生效或失效设置的角色名称。
- IDENTIFIED BY password：用于设置角色生效或失效时的认证口令。
- ALL：表示使当前用户所有角色生效。
- EXCEPT role_name：表示除特定角色外，其余所有角色生效。
- NONE：表示使当前用户的所有角色失效。

例如，使当前用户所有角色失效，语句如下：

```
SET ROLE NONE;
```

例如，设置某一个角色生效，语句如下：

```
SET ROLE high_manager_role IDENTIFIED BY highrole;
```

例如，同时设置多个角色生效，语句如下：

```
SET ROLE middle_manager_role,low_manager_role IDENTIFIED BY lowrole;
```

上述语句的执行结果如图6-13所示。

```
SQL> SET ROLE NONE;
角色集
SQL> SET ROLE high_manager_role IDENTIFIED BY highrole;
角色集
SQL> SET ROLE middle_manager_role,low_manager_role IDENTIFIED BY lowrole;
角色集
```

图 6-13　角色的生效与失效

■6.4.5 删除角色

如果不再需要某个角色或者某个角色的设置不太合理时，就可以使用DROP ROLE语句来删除角色，使用该角色的用户的权限同时也被回收。

DROP ROLE语句的语法格式为：

```
DROP ROLE role_name;
```

例如，删除角色low_manager_role，语句如下：

```
DROP ROLE low_manager_role;
```

执行结果如图6-14所示。

```
SQL> DROP ROLE low_manager_role;
角色已删除。
SQL>
```

图 6-14 删除角色

6.4.6 使用角色进行权限管理

1. 给用户或角色授予角色

使用GRANT语句可以将角色授予用户或其他角色，语法格式为：

```
GRANT role_list TO user_list|role_list;
```

参数说明如下：

- role_list：角色列表。
- user_list：用户列表。

例如，将CONNECT、high_manager_role角色授予用户atea，将RESOURCE、CONNECT角色授予角色middle_manager_role，语句如下：

```
GRANT CONNECT,high_manager_role TO atea;
GRANT RESOURCE,CONNECT TO middle_manager_role;
```

执行结果如图6-15所示。

```
SQL> GRANT CONNECT,high_manager_role TO atea;
授权成功。
SQL> GRANT RESOURCE,CONNECT TO middle_manager_role;
授权成功。
```

图 6-15 给用户和角色授予角色

2. 从用户或角色回收角色

使用REVOKE语句可以从用户或其他角色回收角色，其语法格式为：

```
REVOKE role_list FROM user_list|role_list;
```

参数说明同授予角色的参数说明。

例如，回收角色middle_manager_role的RESOURCE、CONNECT角色，语句如下：

REVOKE RESOURCE,CONNECT FROM middle_manager_role;

执行结果如图6-16所示。

图 6-16　回收角色

3. 用户角色的激活或屏蔽

使用ALTER USER语句可以设置用户的默认角色状态，也可激活或屏蔽用户的默认角色。ALTER USER语句的语法格式为：

ALTER USER user_name DEFAULT ROLE
  [role_name] | [ALL [EXCEPT role_name]] | [NONE];

下面是用户角色的激活或屏蔽操作的实例。

例1：屏蔽用户atea的所有角色，语句如下：

ALTER USER atea DEFAULT ROLE NONE;

例2：激活用户atea的某些角色，语句如下：

ALTER USER atea DEFAULT ROLE CONNECT, DBA;

例3：激活用户atea的所有角色，语句如下：

ALTER USER atea DEFAULT ROLE ALL;

例4：激活用户atea除DBA角色外的其他所有角色，语句如下：

ALTER USER atea DEFAULT ROLE ALL EXCEPT DBA;

6.4.7　查询角色信息

在Oracle中，可以通过查询数据字典视图或动态性能视图获得数据库角色的相关信息。常用的数据字典视图和动态性能视图如下：

- DBA_ROLES：包含数据库中所有角色及其描述。
- DBA_ROLE_PRIVS：包含为数据库中所有用户和角色授予的角色信息。
- USER_ROLE_PRIVS：包含为当前用户授予的角色信息。
- ROLE_ROLE_PRIVS：为角色授予的角色信息。
- ROLE_SYS_PRIVS：为角色授予的系统权限信息。

- ROLE_TAB_PRIVS：为角色授予的对象权限信息。
- SESSION_PRIVS：当前会话所具有的系统权限信息。
- SESSION_ROLES：当前会话所具有的角色信息。

例如，查询DBA角色所具有的系统权限信息，语句如下：

SELECT * FROM ROLE_SYS_PRIVS WHERE ROLE='DBA';

6.5 概要文件管理

概要文件（profile）是数据库和系统资源限制的集合，是Oracle数据库安全策略的重要组成部分。利用概要文件，可以限制用户对数据库和系统资源的使用，同时还可以对用户口令进行管理。

在Oracle数据库创建的同时，系统会创建一个名为DEFAULT的默认概要文件。如果没有为用户显式地指定一个概要文件，系统默认将DEFAULT概要文件作为用户的概要文件。默认的概要文件DEFAULT对资源没有任何限制，DBA通常要根据需要创建、修改、删除自定义的概要文件。

6.5.1 概要文件中的参数

概要文件中的参数有两类：资源限制参数和口令管理参数。

（1）资源限制参数。

资源限制参数包括：CPU_PER_SESSION（一次会话可用的CPU时间）、CPU_PER_CALL（每条SQL语句所用的CPU时间）、CONNECT_TIME（每个用户连接到数据库的最长时间）、IDLE_TIME（每个用户会话能连接到数据库的最长时间）、SESSIONS_PER_USER（用户同时连接的会话数）、LOGICAL_READS_PER_SESSION（每个会话读取的数据块数）、LOGICAL_READS_PER_CALL（每条SQL语句所能读取的数据块数）、PRIVATE_SGA（共享服务器模式下一个会话可使用的内存SGA区的大小）、COMPOSITE_LIMIT（对混合资源进行限定）等。

（2）口令管理参数。

口令管理参数包括：FAILED_LOGIN_ATTEMPTS（限制用户登录数据库的次数）、PASSWORD_LIFE_TIME（设置用户口令的有效时间，单位为天数）、PASSWORD_REUSE_TIME（设置新口令的天数）、PASSWORD_REUSE_MAX（设置口令在能够被重新使用之前，必须改变的次数）、PASSWORD_LOCK_TIME（设置用户账户被锁定的天数）、PASSWORD_GRACE_TIME（设置口令失效的"宽限时间"）、PASSWORD_VERIFY_FUNCTION（设置判断口令复杂性的函数）等。在Oracle 11g中，口令管理复杂度功能具有新的改进。在$ORACLE_HOMFdrdbms/admin的密码验证文件UTLPWDMG.SQL中，不仅提供了先前的验证函数VERIFY_FUNCTION，还提供了一个新的VERIFY_FUNCTION_11G函数。

6.5.2 概要文件的管理

1. 创建概要文件

具有CREATE PROFILE系统权限的用户可以用CREATE PROFILE语句创建概要文件，其语法格式为：

CREATE PROFILE profile_name LIMIT
　　resource_parameters | password_parameters;

参数说明如下：
- profile_name：指定要创建的概要文件的名称。
- resource_parameters：用于设置资源限制参数，形式为resource_parameter_name integer | UNLIMITED | DEFAULT。
- password_parameters：用于设置口令参数，形式为password_parameter_name integer | UNLIMITED | DEFAULT。

例如，创建一个名为pwd_profile的概要文件，其中规定：如果用户连续3次登录失败，则锁定该账户；30天后该账户自动解锁。语句如下：

CREATE PROFILE pwd_profile LIMIT
　　FAILED_LOGIN_ATTEMPTS 3
　　PASSWORD_LOCK_TIME 30;

执行结果如图6-17所示。

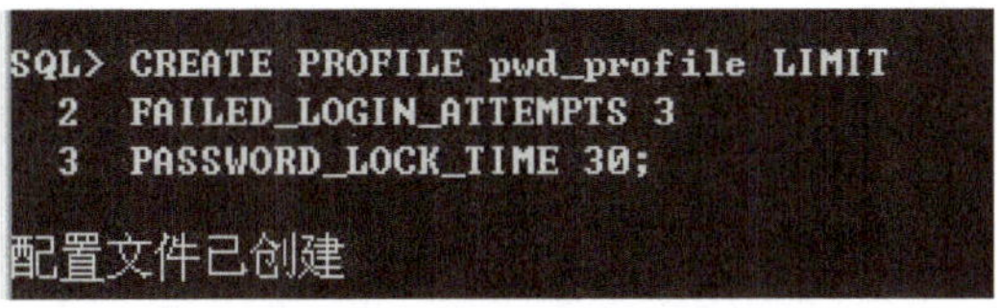

图 6-17 创建概要文件

可以在创建用户时为用户指定概要文件，也可以在修改用户时为用户指定概要文件。

例如，将上面创建的概要文件pwd_profile分配给atea用户。

ALTER USER atea PROFILE pwd_profile;

执行结果如图6-18所示。

图 6-18 把概要文件分配给用户atea

2. 修改概要文件

概要文件创建后，具有ALTER PROFILE系统权限的用户可以使用ALTER PROFILE语句修改概要文件，其语法格式为：

ALTER PROFILE profile_name LIMIT
　resource_parameters|password_parameters;

参数说明同创建概要文件语句中的参数说明相同。

> **提示**：对概要文件的修改只有在用户开始一个新的会话时才会生效。

例如，修改pwd_profile概要文件，将用户口令有效期设置为10天。语句如下：

ALTER PROFILE pwd_profile LIMIT
　PASSWORD_LIFE_TIME 10;

执行结果如图6-19所示。

```
SQL> ALTER PROFILE pwd_profile LIMIT
  2    PASSWORD_LIFE_TIME 10;

配置文件已更改
```

图6-19　修改概要文件

3. 删除概要文件

具有DROP PROFILE系统权限的用户可以使用DROP PROFILE语句删除概要文件，其语法格式为：

DROP PROFILE profile_name [CASCADE];

> **知识点拨**
> 如果要删除的概要文件已经指定给用户，则必须在DROP PROFILE语句中使用CASCADE子句。如果为用户指定的概要文件被删除，则系统自动将DEFAULT概要文件指定给该用户。

例如，删除概要文件pwd_profile，语句如下：

DROP PROFILE pwd_profile CASCADE;

4. 查询概要文件

Oracle中可以通过数据字典视图或动态性能视图查询概要文件信息，经常被用于查询的视图如下：

- USER_PASSWORD_LIMITS：包含通过概要文件为用户设置的口令策略信息。
- USER_RESOURCE_LIMITS：包含通过概要文件为用户设置的资源限制参数。
- DBA_PROFILES：包含所有概要文件的基本信息。

课后作业

1. 选择题

（1）使用CREATE USER语句创建用户时，用于指定用户在特定表空间上配额的参数是（　　）。

  A. DEFAULT TABLESPACE

  B. TEMPORARY TABLESPACE

  C. QUOTA

  D. PROFILE

（2）不属于系统权限的是（　　）。

  A. SELECT　　　　　　　　B. UPDATE ANY TABLE

  C. CREATE VIEW　　　　　D. CREATE SESSION

（3）不能使用EXECUTE权限的对象是（　　）

  A. FUNCTION　　　　　　B. PROCEDURE

  C. PACKAGE　　　　　　　D. TABLE

2. 填空题

（1）数据库中的权限包括_____和_____两类。

（2）Oracle数据安全控制机制包括：用户管理、_____、_____、表空间管理、_____、数据库审计6个方面。

3. 实训题

（1）创建一个口令认证的数据库用户usera_exer，口令为usera，默认表空间为USERS，配额为10 MB，初始账户为锁定状态。

（2）创建一个口令认证的数据库用户userb_exer，口令为userb。

（3）将用户usera_exer的账户解锁。

（4）为usera_exer用户授予CREATE SESSION权限、scott.emp的SELECT权限和UPDATE权限，同时允许该用户将获得的权限授予其他用户。

第 7 章 数据库存储管理

内容概要

数据库的存储管理分为物理存储管理和逻辑存储管理。其中，物理存储结构主要用于描述Oracle数据库外部数据的存储，即在操作系统中如何组织和管理数据，与具体的操作系统有关；逻辑存储结构主要描述Oracle数据库内部数据的组织和管理方式，与操作系统没有关系。物理存储结构是逻辑存储结构在物理上的、可见的、可操作的、具体的体现形式。

本章介绍Oracle 19c数据库的存储管理机制，内容包括物理存储结构的数据文件管理、控制文件管理、重做日志文件管理、归档重做日志文件管理和逻辑存储结构的表空间管理等。

7.1 数据文件

Oracle数据库中存储量最大的是数据文件，它用于保存数据库中的所有数据。此外，还有一种临时数据文件，它是一种特殊的数据文件，其存储内容是临时性的，在一定条件下自动释放。

7.1.1 数据文件概述

数据文件用于保存系统数据、数据字典数据、索引数据、应用数据等，是数据库最主要的存储空间。用户对数据库的操作本质上都是对数据文件进行的。

临时数据文件是一种特殊的数据文件，属于数据库的临时表空间。

Oracle数据库中的每个数据文件都具有两个文件号：绝对文件号和相对文件号，二者用于准确定位一个数据文件。其中，绝对文件号用于在整个数据库范围内唯一标识一个数据文件，相对文件号用于在一个表空间范围内唯一标识一个数据文件。在一个表空间内可以包含多个数据文件，但一个数据文件只能从属于一个表空间。

要根据运行环境和实际需求合理设置数据文件的数目、大小和存储位置。对数据文件的管理策略如下：

- 为提高I/O效率，应该合理地分配数据文件的存储位置。
- 把不同存储内容的数据文件放置在不同的硬盘上，可并行访问。
- 初始化参数文件、控制文件、重做日志文件最好不要与数据文件存放在同一个磁盘上，以免数据库发生介质故障时，无法恢复数据库。

> **知识点拨**
>
> Oracle数据库的数据文件的位置和信息都被记录在控制文件中，操作系统本身对文件的管理命令（如rm或cp命令等）是不可能更改控制文件记录的。因此，必须通过Oracle的文件管理操作维护数据文件，才能够更改或刷新数据库控制文件中数据文件的相关信息，以便确保数据库能够正常运行。

7.1.2 数据文件的管理

数据文件的管理包括创建数据文件、修改数据文件（大小、可用性、名称、路径等）、删除数据文件和查询数据文件信息等。

1. 创建数据文件

创建数据文件的过程实质上就是向表空间添加文件的过程。在创建数据文件时应根据文件数据量的大小确定文件的大小和文件的增长方式，可以在创建表空间（或临时表空间）的同时创建数据文件（或临时数据文件），也可在创建数据库时创建数据文件。在数据库运行时，一般采用下面两种方法向表空间（或临时表空间）添加数据文件（或临时数据文件）。

```
ALTER TABLESPACE…ADD DATAFILE;
ALTER TABLESPACE…ADD TEMPFILE;
```

例如，向Oracle数据库的USERS表空间中添加一个大小为20 MB的数据文件。语句如下：

ALTER TABLESPACE USERS ADD DATAFILE

' c:\oracle\USERS02.DBF' SIZE 20M;

执行结果如图7-1所示。

图 7-1　创建数据文件

2. 修改数据文件

（1）修改数据文件的大小。

修改数据文件的大小有如下两种方式。

- 设置数据文件为自动增长方式。
- 手动改变数据文件的大小。

例如，向USERS表空间添加一个自动增长的数据文件，每次增长512 KB，数据文件的最大容量为200 MB。语句如下：

ALTER TABLESPACE USERS ADD DATAFILE

' c:\oracle\USERS03.DBF' SIZE 20M AUTOEXTEND ON NEXT

512K MAXSIZE 200M;

执行结果如图7-2所示。如果数据文件没有最大容量限制，可设MAXSIZE为UNLIMITED。

图 7-2　设置自动增长方式

在数据文件创建后也可以通过带有RESIZE子句的ALTER DATABASE语句手动修改数据文件的大小。

例如，将USERS表空间的数据文件USERS02.dbf的大小设置为30 MB。语句如下：

ALTER DATABASE DATAFILE

' c:\oracle\USERS02.DBF' RESIZE 30M;

执行结果如图7-3所示。

```
SQL> ALTER DATABASE DATAFILE
  2  'c:\oracle\USERS02.DBF' RESIZE 30M;
数据库已更改。
```

图7-3　手动改变数据文件大小

（2）改变数据文件的可用性。

可以通过将数据文件联机或脱机来改变数据文件的可用性，处于脱机状态的数据文件是不可用的。有如下4种情况需要改变数据文件的可用性。

- 在脱机备份数据文件时需要先将数据文件脱机。
- 重命名数据文件或改变数据文件的位置时，需要先将数据文件脱机。
- 如果Oracle在写入某个数据文件时发生错误，会自动将该数据文件设置为脱机状态，并记录在警告文件中。故障排除后，需要以手动方式重新将该数据文件恢复为联机状态。
- 数据文件丢失或损坏时，在启动数据库之前需要将数据文件脱机。

例如，数据库处于归档模式，将USERS表空间的数据文件USERS02.dbf脱机。语句如下：

ALTER DATABASE DATAFILE
　'c:\oracle\USERS02.DBF' OFFLINE DROP;

执行结果如图7-4所示。

```
SQL> ALTER DATABASE DATAFILE
  2  'C:\oracle\USERS02.DBF' OFFLINE DROP;
Database altered.
```

图7-4　归档模式下的脱机

在非归档模式下，一般不将数据文件脱机，需要时可使用带有DATAFILE和OFFLINE子句的ALTER DATABASE语句。但需要注意，这样会使数据文件脱机并被立即删除，造成数据文件丢失，因此，这种方法通常只用于临时数据文件。

例如，在非归档模式下，将USERS表空间中所有的数据文件脱机，但表空间不脱机。语句如下：

ALTER TABLESPACE USERS DATAFILE OFFLINE;

执行结果如图7-5所示。

```
SQL> ALTER TABLESPACE USERS DATAFILE OFFLINE;
Tablespace altered.
```

图7-5　改变表空间中所有数据文件的可用性

（3）改变数据文件的名称或位置。

数据文件创建以后，还可改变其名称和位置。如果要改变的数据文件属于一个表空间，使用ALTER TABLESPACE RENAME DATAFILE TO语句；如果属于多个表空间，则使用ALTER

DATABASE RENAME FILE TO语句。

在改变数据文件的名称或位置时，Oracle只是改变记录在控制文件和数据字典中的数据文件信息，并没有改变操作系统中数据文件的名称和位置，因此需要DBA手动更改操作系统中数据文件的名称和位置。

3. 删除数据文件

用ALTER TABLESPACE…DROP DATAFILE语句可删除某个表空间中的某个空数据文件，使用带DROP TEMPFILE的子句可以删除某个临时表空间中空的临时数据文件。所谓空数据文件或空临时数据文件是指为该文件分配的所有区都被回收。

删除数据文件或临时数据文件的同时，将删除控制文件和数据字典中与该数据文件或临时数据文件相关的信息，同时也将删除操作系统中对应的物理文件。

删除数据文件或临时数据文件时受到以下约束：

- 数据库运行于打开状态。
- 数据文件或临时数据文件必须是空的。
- 不能删除表空间的第1个或唯一的一个数据文件或临时数据文件。
- 不能删除只读表空间中的数据文件。
- 不能删除System表空间的数据文件。
- 不能删除采用本地管理的处于脱机状态的数据文件。

4. 查询数据文件信息

Oracle中可以通过数据字典视图或动态性能视图查看数据库的数据文件信息，常用的视图如下：

- DBA_DATA_FILES：包含数据库中所有数据文件的信息。
- DBA_TEMP_FILES：包含数据库中所有临时数据文件的信息。
- DBA_EXTENTS：包含所有表空间中已分配的区的描述信息。
- USER_EXTENTS：包含当前用户拥有的对象在所有表空间中已分配的区的描述信息。
- DBA_FREE_SPACE：包含表空间中空闲区的描述信息。
- USER_FREE_SPACE：包含当前用户可访问的表空间中空闲区的描述信息。
- V$DATAFILE：包含从控制文件中获取的数据文件信息。
- V$DATAFILE_HEADER：包含从数据文件头部获取的信息。
- V$TEMPFILE：包含所有临时文件的基本信息。

7.2 表空间与数据文件

逻辑存储结构是从逻辑的角度分析数据库的构成，是数据库创建后利用逻辑概念描述Oracle数据库内部数据的组织和管理形式。表空间是Oracle数据库中最大的逻辑结构，它提供了一套有效组织数据的方法，是组织数据和进行空间分配的逻辑结构。

7.2.1 表空间概述

Oracle数据库在逻辑上可以划分为一系列的逻辑空间，每一个逻辑空间可以称为一个表空间。

一个数据库由一个或多个表空间构成，不同表空间用于存放不同的应用数据，表空间大小决定了数据库的大小。

一个表空间对应一个或多个数据文件，数据文件的大小决定了表空间的大小。一个数据文件只能从属于一个表空间。

表空间是存储模式对象的容器，一个数据库对象只能存储在一个表空间中（分区表和分区索引除外），但可以存储在该表空间所对应的一个或多个数据文件中。若表空间只有一个数据文件，则该表空间中的所有对象都保存在该文件中；若表空间对应多个数据文件，则表空间中的对象可以分布于不同的数据文件中。

1. 表空间的作用

表空间的作用如下：
- 控制数据库所占用的磁盘空间。
- 控制用户所占用的表空间配额，即控制了用户所占用的空间配额。
- 把不同表的数据分布在不同的表空间，可以提高数据库的I/O性能，有利于进行部分备份和恢复操作。
- 把同一个表的不同数据（如表数据、索引数据等）存放在不同的表空间中，可提高数据库的I/O性能。
- 表空间的只读状态可以保持大量的静态数据。
- 可以按表空间进行备份与恢复，即表空间是一种备份与恢复的单位。

2. 表空间的类型

表空间的类型包括两种：系统表空间和非系统表空间。

（1）系统表空间。

System表空间为系统表空间，它主要存储：数据库的数据字典；PL/SQL程序的源代码和解释代码，包括存储过程、函数、包、触发器等；数据库对象的定义，如表、视图、序列、同义词等。

Sysaux表空间为辅助系统表空间，主要用于存储数据库组件等信息，以减小System表空间的负荷。通常情况下，不允许删除、重命名和传输Sysaux表空间。

（2）非系统表空间。

永久表空间即用户保存永久性数据（如系统数据、应用系统的数据等）的表空间。每个用户都会被分配一个永久表空间，用来保存其方案对象的数据。除了撤销表空间，相对于临时表空间而言，其他表空间都是永久表空间。

在数据库实例运行过程中，当执行具有排序、分组汇总、索引等功能的SQL语句时，会产生大量的临时数据，这些临时数据将保存在数据库的临时表空间中。临时表空间可以被所有用户使用。数据库的默认临时表空间是在创建数据库时，由DEFAULT TEMPORARY TABLESPACE指定的。

撤销表空间是一个特殊的表空间，只用于存储、管理撤销数据。用户不能在其中创建段。Oracle使用撤销数据来隐式或显式地回退事务，提供数据的读一致性，帮助数据库从逻辑错误中恢复，从而实现闪回查询。用户可以创建多个撤销表空间，但某一时刻只允许使用一个撤销表空间。初始化参数文件中的UNDO_TABLESPACE专门用于回滚信息的自动管理。

大文件表空间只能存放一个数据文件（或临时文件），该文件的最大尺寸为128 TB（数据块大小为32 KB）或者32 TB（数据块大小为8 KB），即可以包含4 G个数据块，用于超大型数据库。与大文件表空间相对应，系统默认创建的表空间称为小文件表空间。小文件表空间最多可以放置1024个数据文件，一个数据库可以存放64 K个数据文件。

3. 表空间的状态

表空间有以下3种状态：

- **读写**：默认情况下所有表空间的状态都是读写状态。任何具有表空间配额并具有权限的用户都可读写该表空间中的数据。
- **只读**：任何用户（包括DBA）都无法向该表空间写入数据，也无法修改其中已有的数据。主要用于避免用户对静态数据（不该修改的数据）进行修改。
- **脱机**：通过设置表空间的脱机/联机状态来改变表空间的可用性。脱机有4种模式：正常、临时、立即和恢复。

4. 表空间的管理方式

表空间是按照区和段空间进行管理的。

（1）区管理方式。

按照区的分配方式不同，表空间有两种管理方式：字典管理方式和本地管理方式。

- **字典管理方式**：这是传统的管理方式。它使用数据字典来管理存储空间的分配，当进行区的分配与回收时，Oracle将对数据字典中的相关基础表进行更新，同时会产生回滚信息和重做信息。字典管理方式已逐渐被淘汰。
- **本地管理方式**：这是默认的表空间管理方式。区的分配和管理信息都存储在表空间的数据文件中，而与数据字典无关。表空间在每个数据文件中维护一个"位图"结构，用于记录表空间中所有区的分配情况，因此区在分配与回收时，Oracle将对数据文件中的位图进行更新，不会产生回滚信息或重做信息。可以使用UNIFORM、AUTOALLOCATE或SYSTEM来指定区的分配方式。

（2）段空间管理方式。

段空间管理方式是指Oracle用来管理段中已用数据块和空闲数据块的机制。在本地管理方式下，可以用MANUAL或AUTO来指定表空间的段空间管理方式。

- MANUAL：Oracle使用空闲列表来管理段的空闲数据块，是传统的段空间管理方式。
- AUTO：Oracle使用位图来管理段中已用的数据块和空闲数据块。

5. 表空间的管理策略

表空间的管理一般遵循以下策略：

- 将数据字典与用户数据分离，避免因数据字典对象和用户对象保存在一个数据文件中而产生I/O冲突。
- 将回滚数据与用户数据分离，避免由于磁盘损坏而导致永久性的数据丢失。
- 将表空间的数据文件分散保存到不同的磁盘上，平均分布物理I/O操作。
- 为不同的应用创建独立的表空间，避免多个应用之间的相互干扰。
- 能够将表空间设置为脱机状态或联机状态，以便对数据库的一部分进行备份或恢复。
- 能够将表空间设置为只读状态，从而将数据库的一部分设置为只读状态。
- 能够为某种特殊用途的数据专门设置一个表空间，以优化表空间的使用效率，如临时表空间。
- 能够更加灵活地为用户设置表空间配额。

7.2.2 创建表空间

用户必须具有CREATE TABLESPACE系统权限，才能创建表空间。所有的表空间都应该由sys（数据字典的所有者）来创建，以避免出现管理问题。

创建表空间过程中，Oracle要完成以下3项工作：

(1) 在数据字典和控制文件中记录该新创建的表空间。

(2) 在操作系统中按指定的位置和文件名创建指定大小的文件，作为该表空间对应的数据文件。

(3) 在预警文件中记录创建表空间的信息。

在创建本地管理方式下的表空间时，应该确定表空间的名称、类型、对应的数据文件的名称和位置以及区的分配方式、段的管理方式等。表空间名称不能超过30个字符，必须以字母开头，可以包含字母、数字及一些特殊字符（如#、_、$）等；表空间的类型包括普通表空间、临时表空间和撤销表空间；表空间中区的分配方式包括自动扩展（AUTOALLOCATE）方式和定制（UNIFORM）方式两种；段的管理包括自动管理（AUTO）方式和手动管理（MANUAL）方式两种。

1. 创建（永久）表空间

如果不指定表空间的类型（包括PERMANENT、TEMPORARY和UNDO选项），或明确指定了PERMANENT选项，则创建的都是永久表空间，即永久保存其中的数据库对象的数据。

创建永久表空间使用CREATE TABLESPACE语句来实现，该语句包含以下几个子句：

- DATAFILE：设定表空间对应的数据文件。
- EXTENT MANAGEMENT：指定表空间区的管理方式，取值为LOCAL（默认）或DICTIONARY。
- AUTOALLOCATE（默认）或UNIFORM：设定区的分配方式。
- SEGMENT SPACE MANAGEMENT：设定段的管理方式，即管理段中已用数据块和空闲数据块的方式，其取值为MANUAL或AUTO（默认）。
- AUTOEXTEND ON：该子句指定数据文件的扩展方式和每次扩展的大小，当数据文件被填满后自动扩展其大小，最终实现表空间大小的自动扩展。但是，此时不能指定表空间区的分配方式，否则会有错误。
- BLOCKSIZE：创建非标准块大小的表空间。只适用于永久表空间。如果要为不同的表空间指定不同的块大小，就需要在初始化参数文件中添加或修改相应的数据高速缓冲区。

例如，创建一个永久表空间，区采用定制分配，段采用手动管理方式。语句如下：

CREATE TABLESPACE ORCLTBS4 DATAFILE
  'c:\oracle\ORCLTBS4_1.DBF' SIZE 60M
  EXTENT MANAGEMENT LOCAL UNIFORM SIZE 512K SEGMENT SPACE MANAGEMENT MANUAL;

执行结果如图7-6所示。

图 7-6　创建永久表空间

2. 创建临时表空间

使用CREATE TEMPORARY TABLESPACE语句创建临时表空间，用TEMPFILE子句设置临时数据文件。Oracle用临时表空间来创建临时段，以便执行ORDER BY等子句的排序、汇总操作时产生的临时数据使用。临时段是全体用户共享的，即使排序操作结束了，Oracle也不会释放临时段。

需要注意的是，临时表空间中区的分配方式只能是UNIFORM，而不能是AUTOALLOCATE，因为这样才能保证不会在临时段中产生过多的存储碎片。

例如，创建一个临时表空间，该表空间采用本地管理方式，大小为20 MB，使用UNIFORM选项指定区分配方式，大小为2 MB。语句如下：

CREATE TEMPORARY TABLESPACE ORCLTEMP2
  TEMPFILE 'C:\Program Files\Oracle\ORCLTEMP2_1.DBF' SIZE 20M
  UNIFORM SIZE 2M;

执行结果如图7-7所示。

图 7-7　创建临时表空间

3. 创建大文件表空间

如果在创建表空间时没有使用BIGFILE关键字，则创建的是传统的小文件（SMALLFILE）表空间。大文件表空间只能采用本地管理方式，其段采用自动管理方式。

例如，创建一个大文件表空间。语句如下：

```
CREATE BIGFILE TABLESPACE ORCLTBS5
    DATAFILE ' C:\oracle\ORCLTBS5_1.DBF'
    SIZE 20M;
```

执行结果如图7-8所示。

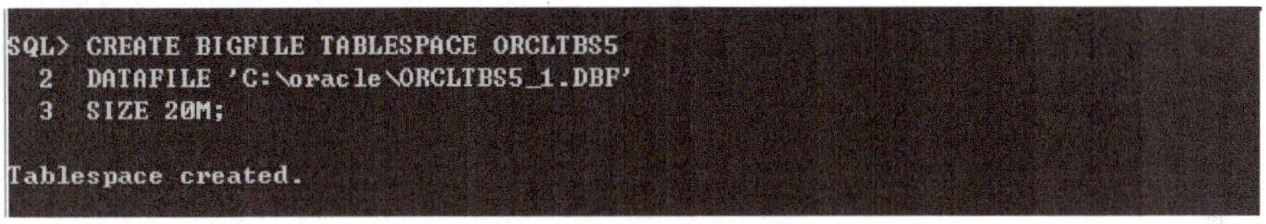

图 7-8 创建大文件表空间

4. 创建撤销表空间

如果数据库中没有创建撤销表空间，那么将使用System表空间来管理回滚段。

如果数据库中包含多个撤销表空间，那么一个实例只能使用一个处于活动状态的撤销表空间，可以通过参数UNDO_TABLESPACE来指定；如果数据库中只包含一个撤销表空间，那么数据库实例启动后会自动使用该撤销表空间。

如果要使用撤销表空间对数据库回滚信息进行自动管理，则必须设置初始化参数为：UNDO_MANAGEMENT=AUTO。

可以使用CREATE UNDO TABLESPACE语句创建撤销表空间，但是在该语句中只能指定DATAFILE和EXTENT MANAGEMENT LOCAL两个子句，而不能指定其他子句。

例如，创建一个撤销表空间。语句如下：

```
CREATE UNDO TABLESPACE ORCLUNDO1
    DATAFILE ' C:\oracle\ORCLUNDO1_1.DBF'  SIZE 20M;
```

执行结果如图7-9所示。

图 7-9 创建撤销表空间

如果要在数据库使用该撤销表空间，需要设置初始化参数为：UNDO_MANAGEMENT=AUTO，UNDO_TABLESPACE=ORCLUNDO1。

7.2.3 修改表空间

用户可以对表空间进行修改操作，修改操作包括扩展表空间、修改表空间的可用性、修改表空间的读/写状态、设置默认表空间、重命名表空间、备份表空间等。

> **提示**：不能将本地管理的永久性表空间转换为本地管理的临时表空间，也不能修改本地管理表空间中段的管理方式。

1. 扩展表空间

（1）为表空间添加数据文件。

通过ALTER TABLESPACE…ADD DATAFILE语句为永久表空间添加数据文件，通过ALTER TABLESPACE…ADD TEMPFILE语句为临时表空间添加临时数据文件。

例如，为ORCLTBS4表空间添加一个大小为10 MB的新数据文件。语句如下：

ALTER TABLESPACE ORCLTBS4 ADD DATAFILE
' C:\oracle\ORCLTBS1_2.DBF' SIZE 10M;

执行结果如图7-10所示。

图 7-10 为表空间添加数据文件

（2）改变数据文件的大小。

用户可以通过改变表空间已有数据文件的大小，达到扩展表空间的目的。

例如，将ORCLTBS4表空间的数据文件ORCLTBS1_2.dbf的大小增加到20 MB。语句如下：

ALTER DATABASE DATAFILE
' C:\oracle\ORCLTBS1_2.DBF' RESIZE 20M;

执行结果如图7-11所示。

图 7-11 改变数据文件的大小

（3）改变数据文件的扩展方式。

如果在创建表空间或为表空间增加数据文件时没有指定AUTOEXTEND ON选项，则该文件的大小是固定的；如果为数据文件指定了AUTOEXTEND ON选项，当数据文件被填满时，数据文件会自动扩展，即表空间被扩展了。

例如，将ORCLTBS4表空间的数据文件ORCLTBS1_2.dbf设置为自动扩展，每次扩展5 MB空间，文件最大为100 MB。语句如下：

ALTER DATABASE DATAFILE
　' C:\oracle\ORCLTBS1_2.DBF'
　AUTOEXTEND ON NEXT 5M MAXSIZE 100M;

执行结果如图7-12所示。

图 7-12　改变数据文件的扩展方式

2. 修改表空间的可用性

离线状态的表空间是不能进行数据访问的，所对应的所有数据文件也都处于脱机状态。System表空间、存放在线回退信息的撤销表空间和临时表空间必须是在线状态。

修改表空间的可用性的语句如下：

ALTER TABLESPACE tablespace_name ONLINE|OFFLINE;

3. 修改表空间的读/写状态

修改表空间读/写状态的语句如下：

ALTER TABLESPACE tbs_name READ ONLY|READ WRITE;

表空间转换为只读状态需要满足下列要求。
- 表空间处于联机状态。
- 表空间中不能包含任何活动的回退段。
- 如果表空间正在进行联机数据库备份，不能将它设置为只读状态。因为联机备份结束时，Oracle会更新表空间数据文件的头部信息。

4. 设置默认表空间

Oracle默认表空间为USERS表空间，默认临时表空间为TEMP表空间。

设置数据库的默认表空间的语句如下：

ALTER DATABASE DEFAULT TABLESPACE;

设置数据库的默认临时表空间的语句如下：

ALTER DATABASE DEFAULT TEMPORARY TABLESPACE;

5. 重命名表空间

重命名表空间的语句如下：

ALTER TABLESPACE…RENAME TO

当重命名一个表空间时，数据库会自动更新数据字典、控制文件以及数据文件头部中对该表空间的引用。在重命名表空间时，该表空间的ID号并没有修改。如果该表空间是数据库默认的表空间，那么重命名后仍然是数据库的默认表空间。

> **知识点拨**
> - 不能重命名System表空间和Sysaux表空间。
> - 不能重命名处于脱机状态或部分数据文件处于脱机状态的表空间。

6. 备份表空间

备份表空间的语句如下：

ALTER TABLESPACE tablespace_name BEGIN|END BACKUP;

在数据库进行热备份（联机备份）时，需要分别对表空间进行备份。备份的基本步骤为：

步骤 01 使用ALTER TABLESPACE…BEGIN BACKUP语句将表空间设置为备份模式。
步骤 02 在操作系统中备份表空间所对应的数据文件。
步骤 03 使用ALTER TABLESPACE…END BACKUP语句结束表空间的备份模式。

■7.2.4 删除表空间

如果不再需要一个表空间及其内容（该表空间所包含的段或拥有的数据文件），就可以将该表空间从数据库中删除。除系统表空间（System和Sysaux）外，其他表空间都可以被删除，但不能删除包含任何活动段的表空间。对于包含活动段的表空间，可以先将表空间脱机再删除。对于临时表空间，则不用脱机。

删除表空间的基本语句如下：

DROP TABLESPACE tablespace_name;

其中，tablespace_name是指要删除的表空间名。
如果表空间非空，应带有子句INCLUDING CONTENTS。
若要删除操作系统下的数据文件，应带有子句AND DATAFILES。
若要删除参照完整性约束，应带有子句CASCADE CONSTRAINTS。

例如，删除Oracle数据库的ORCLUNDO1表空间及其所有内容，同时删除其所对应的数据文件，以及其他表空间中与ORCLUNDO1表空间相关的参照完整性约束。语句如下：

```
DROP TABLESPACE ORCLUNDO1
  INCLUDING CONTENTS AND DATAFILES
  CASCADE CONSTRAINTS;
```

执行结果如图7-13所示。

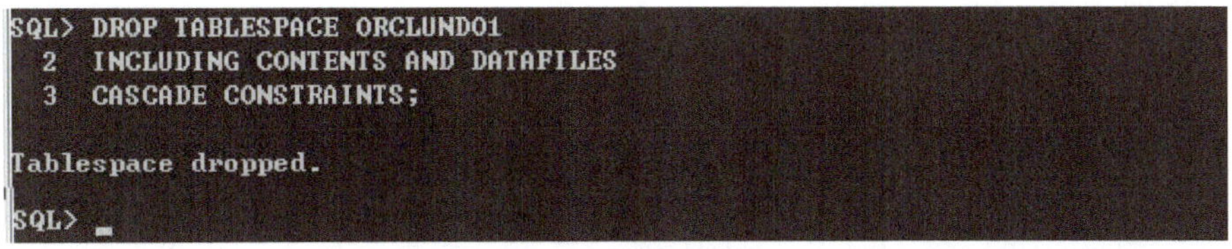
```
SQL> DROP TABLESPACE ORCLUNDO1
  2  INCLUDING CONTENTS AND DATAFILES
  3  CASCADE CONSTRAINTS;

Tablespace dropped.

SQL> _
```

图 7-13 删除表空间

■7.2.5 表空间信息的查询

用户通过数据字典视图可以查询表空间信息。与表空间相关的数据字典视图有：

- V$TABLESPACE：从控制文件中获取的表空间名称和编号信息。
- DBA_TABLESPACES：数据库中所有表空间的信息。
- DBA_TABLESPACE_GROUPS：表空间组及其包含的表空间信息。
- DBA_SEGMENTS：所有表空间中段的信息。
- DBA_EXTENTS：所有表空间中区的信息。
- DBA_FREE_SPACE：所有表空间中空闲区的信息。
- V$DATAFILE：所有数据文件信息，包括所属表空间的名称和编号。
- V$TEMPFILE：所有临时文件信息，包括所属表空间的名称和编号。
- DBA_DATA_FILES：数据文件及其所属表空间信息。
- DBA_TEMP_FILES：临时文件及其所属表空间信息。
- DBA_USERS：所有用户的默认表空间和临时表空间信息。
- DBA_TS_QUOTAS：所有用户的表空间配额信息。
- V$SORT_SEGMENT：数据库实例的每个排序段信息。
- V$SORT_USER：用户使用临时排序段信息。
- V$UNDOSTAT：撤销表空间的统计信息。
- V$TRANSACTION：各个事务所使用的撤销段信息。
- DBA_UNDO_EXTENTS：包含UNDO表空间中区的大小与状态信息。

例如，统计表空间中空闲空间信息。语句如下：

```
SELECT TABLESPACE_NAME "TABLESPACE",
  FILE_ID,COUNT(*) "PIECES",
  MAX(blocks) "MAXIMUM",MIN(blocks)"MINIMUM",
  AVG(blocks)"AVERAGE",SUM(blocks) "TOTAL"
  FROM DBA_FREE_SPACE
  GROUP BY TABLESPACE_NAME, FILE_ID;
```

执行结果如图7-14所示。

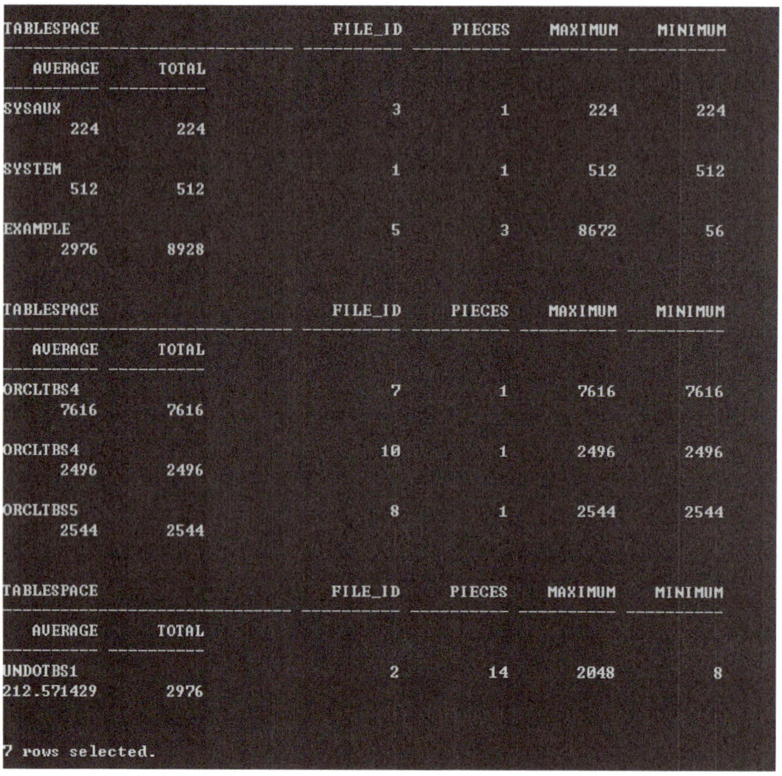

```
TABLESPACE                        FILE_ID     PIECES    MAXIMUM    MINIMUM
------------------------------ ---------- ---------- ---------- ----------
   AVERAGE      TOTAL
---------- ----------
SYSAUX                                  3          1        224        224
       224        224

SYSTEM                                  1          1        512        512
       512        512

EXAMPLE                                 5          3       8672         56
      2976       8928

TABLESPACE                        FILE_ID     PIECES    MAXIMUM    MINIMUM
------------------------------ ---------- ---------- ---------- ----------
   AVERAGE      TOTAL
---------- ----------
ORCLTBS4                                7          1       7616       7616
      7616       7616

ORCLTBS4                               10          1       2496       2496
      2496       2496

ORCLTBS5                                8          1       2544       2544
      2544       2544

TABLESPACE                        FILE_ID     PIECES    MAXIMUM    MINIMUM
------------------------------ ---------- ---------- ---------- ----------
   AVERAGE      TOTAL
---------- ----------
UNDOTBS1                                2         14       2048          8
212.571429       2976

7 rows selected.
```

图 7-14　统计表空间中空闲区的信息

7.3 控制文件

控制文件是Oracle数据库重要的物理文件，它描述了整个数据库的物理结构信息。

7.3.1　控制文件概述

控制文件是一个很小的二进制文件。在创建数据库时系统会自动创建至少一个控制文件。数据库启动时，数据库实例通过初始化参数定位控制文件，然后加载数据文件和重做日志文件，最后打开数据文件和重做日志文件。在数据库运行期间，控制文件始终在不断更新，DBA不能直接修改控制文件的内容，只能由Oracle进程来管理控制文件，以便记录数据文件和重做日志文件的变化。每个数据库至少拥有一个控制文件。一个数据库也可以同时拥有多个控制文件。

控制文件中还存储了一些数据库的最大化参数，这些参数包括：
- MAXLOGFILES：最大重做日志文件组数量。
- MAXLOGMEMBERS：重做日志文件组中最大成员数量。
- MAXLOGHISTORY：最大历史重做日志文件数量。
- MAXDATAFILES：最大数据文件数量。
- MAXINSTANCES：可同时访问的数据库最大实例个数。

7.3.2 控制文件的管理

控制文件的管理策略是最少要有两个控制文件，通过多路利用技术，将多个控制文件分散到不同的磁盘中。在数据库运行过程中，始终读取CONTROL_FILES参数指定的第1个控制文件，并同时写CONTROL_FILES参数指定的所有控制文件。如果其中一个控制文件不可用，则必须关闭数据库并进行恢复。

每次对数据库结构进行修改（如添加、修改、删除数据文件、重做日志文件等）后，应该及时备份控制文件。

1. 创建控制文件

创建控制文件使用CREATE CONTROLFILE语句，其语法格式为：

```
CREATE CONTROLFILE [REUSE]
    [SET] DATABASE database
    [LOGFILE logfile_clause]
    RESETLOGS|NORESETLOGS
    [DATAFILE file_specification]
    [MAXLOGFILES]
    [MAXLOGMEMBERS]
    [MAXLOGHISTORY]
    [MAXDATAFILES]
    [MAXINSTANCES]
    [ARCHIVELOG|NOARCHIVELOG]
    [FORCE LOGGING]
    [CHARACTER SET character_set];
```

创建控制文件的步骤如下：

步骤 01 制作数据库中所有的数据文件和重做日志文件列表，需要执行下列语句：

SQL>SELECT MEMBER FROM V$LOGFILE;

SQL>SELECT NAME FROM V$DATAFILE;

SQL>SELECT VALUE FROM V$PARAMETER WHERE NAME = 'CONTROL_FILES';

步骤 02 如果数据库仍然处于运行状态，则关闭数据库。语句如下：

SQL>SHUTDOWN

步骤 03 在操作系统中备份所有的数据文件和联机重做日志文件。

步骤 04 启动实例到NOMOUNT状态，执行以下语句。

STARTUP NOMOUNT

步骤 05 利用前面得到的文件列表，执行CREATE CONTROLFILE语句创建一个新控制文件。

步骤 06 在操作系统中对新建的控制文件进行备份。

步骤 07 如需重命名数据库，则编辑DB_NAME参数指定新的数据库名称。

步骤 08 如果数据库需要恢复，则进行恢复数据库操作。

- 如果创建控制文件时指定了NORESTLOGS，可以完全恢复数据库，执行以下语句。

RECOVER DATABASE ;

- 如果创建控制文件时指定了RESETLOGS，则必须在恢复时指定USING BACKUP CONTROLFILE选项，语句如下：

RECOVER DATABASE USING BACKUP CONTROLFILE;

步骤 09 重新打开数据库。

- 如果数据库不需要恢复或已经对数据库进行了完全恢复，则可以正常打开数据库。语句如下：

ALTER DATABASE OPEN;

- 如果在创建控制文件时使用了RESETLOGS参数，则必须指定以RESETLOGS方式打开数据库。语句如下：

ALTER DATABASE OPEN RESETLOGS;

2. 实现多路复用控制文件

为保证控制文件的可用性，在创建数据库时可创建多路复用的控制文件，其名称和保存位置由初始化参数文件CONTROL_FILES指定。

创建多路复用控制文件的步骤如下：

步骤 01 编辑初始化参数文件CONTROL_FILES，语句如下：

ALTER SYSTEM SET CONTROL_FILES=… SCOPE=SPFILE;

步骤 02 关闭数据库，语句如下：

SHUTDOWN IMMEDIATE

步骤 03 复制一个原有的控制文件到新的位置，并重新命名。
步骤 04 重新启动数据库，语句如下：

STARTUP

3. 备份控制文件

为避免控制文件损坏或丢失，或是对数据库存储结构进行修改后，都需要备份控制文件。通常使用ALTER DATABASE BACKUP CONTROLFILE语句备份控制文件。

- 可以将控制文件备份为二进制文件，语句如下：

ALTER DATABASE BACKUP CONTROLFILE TO 'D:\ORACLE\CONTROL.BKP';

- 也可以将控制文件备份为文本文件，语句如下：

ALTER DATABASE BACKUP CONTROLFILE TO TRACE;

4. 删除控制文件

可根据需要删除控制文件，删除的过程与创建过程相似，步骤如下：

步骤 01 编辑初始化参数文件CONTROL_FILES，使其不包含要删除的控制文件。
步骤 02 关闭数据库。
步骤 03 在操作系统中删除控制文件。
步骤 04 重新启动数据库。

5. 查看控制文件信息

用户可以通过数据字典视图查看控制文件信息，这些视图包括：

- V$DATABASE：从控制文件中获取数据库信息。
- V$CONTROLFILE：包含所有控制文件名称与状态信息。
- V$CONTROLFILE_RECORD_SECTION：包含控制文件中各记录文档的段信息。
- V$PARAMETER：可以获取初始化参数CONTROL_FILES的值。

7.4 重做日志文件

7.4.1 重做日志文件概述

重做日志文件是以重做记录的形式记录、保存用户对数据库所进行的变更操作。利用重做日志文件恢复数据库是通过事务的重做（REDO）或回退（UNDO）实现的。

重做日志文件的工作过程为：每个数据库至少需要两个重做日志文件，采用循环写的方式进行工作；当一个重做日志文件写满后，进程LGWR就会移到下一个日志组，称为日志切换，同时信息会写到控制文件中；为了保证LGWR进程的正常进行，通常采用重做日志文件组，每个组中包含若干完全相同的重做日志文件成员，这些成员文件互为镜像。

7.4.2 重做日志文件的管理

重做日志文件的管理包括重做日志文件组和重做日志文件组成员的管理。

（1）添加重做日志文件组。

为数据库添加重做日志文件组使用ALTER DATABASE ADD LOGFILE语句。

（2）添加重做日志文件组成员。

为数据库添加重做日志文件组成员使用ALTER DATABASE ADD LOGFILE MEMBER…TO GROUP…语句。

（3）改变重做日志文件组成员的名称或位置。

使用ALTER DATABASE RENAME FILE…TO语句改变重做日志文件组成员的名称或位置。

> **提示**：只能更改处于INACTIVE或UNUSED状态的重做日志文件组成员的名称或位置。

（4）删除重做日志文件组成员。

使用ALTER DATABASE DROP LOGFILE MEMBER语句删除重做日志文件组成员。

> **提示**：只能删除状态为INACTIVE或UNUSED的重做日志文件组中的成员。若要删除状态为CURRENT的重做日志文件组中的成员，则需执行一次手动日志切换。如果数据库处于归档模式下，则在删除重做日志文件之前要保证该文件所在的重做日志文件组已归档。每个重做日志文件组中至少要有一个可用的成员文件，即VALID状态的成员文件。如果要删除的重做日志文件是所在组中最后一个可用的成员文件，则无法删除。

（5）删除重做日志文件组。

使用ALTER DATABASE DROP LOGFILE GROUP语句删除重做日志文件组。

> **提示**：无论重做日志文件组中有多少个成员文件，一个数据库至少需要使用两个重做日志文件组。如果数据库处于归档模式下，则在删除重做日志文件组之前，必须确定该组已经被归档。只能删除处于INACTIVE状态或UNUSED状态的重做日志文件组，若要删除状态为CURRENT的重做日志文件组，则需要执行一次手动日志切换。

（6）重做日志文件切换。

只有当前的重做日志文件组写满后才发生日志切换，但是可以通过设置参数ARCHIVE_LOG_TARGET控制日志切换的时间间隔，在必要时也可以采用手工强制进行日志切换。

如果需要将当前处于CURRENT状态的重做日志组立即切换到INACTIVE状态，必须进行手工日志切换。手工日志切换使用ALTER SYSTEM SWITCH LOGFILE语句。

当发生日志切换时，系统将为新的重做日志文件产生一个日志序列号，在归档时该日志序列号一同被保存。日志序列号是在线日志文件和归档日志文件的唯一标识。

（7）清除重做日志文件组。

在数据库运行过程中，联机重做日志文件可能会因为某些原因而损坏，导致数据库最终由于无法将损坏的重做日志文件归档而停止，此时可以在不关闭数据库的情况下，手工清除损坏的重做日志文件内容，避免出现数据库停止运行的情况。

清除重做日志文件就是将重做日志文件中的内容全部清除，相当于删除该重做日志文件，然后再重新建立它。清除重做日志文件组是将该文件组中的所有成员文件全部清空。清除重做日志文件组使用ALTER DATABASE CLEAR LOGFILE GROUP …语句。

（8）查看重做日志文件信息。

用户可以通过数据字典视图查看数据库重做日志文件的相关信息，常用的视图包括：
- V$LOG：包含从控制文件中获取的所有重做日志文件组的基本信息。
- V$LOGFILE：包含重做日志文件组及其成员文件的信息。
- V$LOG_HISTORY：包含关于重做日志文件的历史信息。

7.5 归档重做日志文件

7.5.1 归档重做日志文件概述

Oracle数据库能够把已经写满了的重做日志文件保存到指定的一个或多个位置，被保存的重做日志文件的集合称为归档重做日志文件，这个过程称为归档。

根据是否进行重做日志文件归档，数据库运行可以分为归档模式或非归档模式。在归档模式下，数据库中过去的重做日志文件全部被保存，因此在数据库出现故障时，即使是介质故障，利用数据库备份、归档重做日志文件和联机重做日志文件也可以完全恢复数据库。

在非归档模式下，由于没有保存过去的重做日志文件，数据库只能从实例崩溃中恢复，而无法进行介质恢复。在非归档模式下不能执行联机表空间的备份操作，也不能使用联机归档模式下建立的表空间备份进行恢复，只能使用非归档模式下建立的完全备份对数据库进行恢复。

在归档模式和非归档模式下进行日志切换的条件也不同。在非归档模式下，日志切换的前提条件是已写满的重做日志文件在被覆盖之前，其所有重做记录所对应事务的修改操作结果全部写入数据文件中。而在归档模式下，日志切换的前提条件是已写满的重做日志文件在被覆盖之前，不仅所有重做记录所对应事务的修改操作结果全部写入数据文件中，还需要等待归档进程完成它的归档操作。

7.5.2 归档重做日志文件的管理

1. 设置数据库归档/非归档模式

在创建数据库时，可以通过在CREATE DATABASE语句指定ARCHIVELOG或NOARCHIVELOG来设置初始模式为归档模式或非归档模式。在数据库创建后，还可以通过ALTER DATABASE ARCHIVELOG或NOARCHIVELOG来修改数据库的模式。步骤如下：

步骤01 关闭数据库，语句如下：

SHUTDOWN IMMEDIATE

步骤02 启动数据库到MOUNT状态，语句如下：

STARTUP MOUNT

步骤03 将数据库设置为归档模式，语句如下：

ALTER DATABASE ARCHIVELOG;

或者将数据库设置为非归档模式，语句如下：

ALTER DATABASE NOARCHIVELOG;

步骤04 打开数据库，语句如下：

ALTER DATABASE OPEN;

2. 归档模式下归档方式的选择

数据库在归档模式下运行时，可以采用自动或手动两种方式归档重做日志文件。

如果选择自动归档方式，则在重做日志文件被覆盖之前，ARCH进程自动将重做日志文件内容归档。如果选择了手动归档方式，则在重做日志文件被覆盖之前，需要DBA手动将重做日志文件归档，否则系统将处于挂起状态。

选择自动归档方式的操作如下：

（1）启动归档进程。

ALTER SYSTEM ARCHIVE LOG START;

（2）关闭归档进程。

ALTER SYSTEM ARCHIVE LOG STOP;

选择手动归档方式的操作如下：

（1）对所有已经写满的重做日志文件（组）进行归档。

ALTER SYSTEM ARCHIVE LOG ALL;

（2）对当前的联机日志文件（组）进行归档。

ALTER SYSTEM ARCHIVE LOG CURRENT;

3. 归档路径设置

归档路径的设置是通过相应的初始化参数LOG_ARCHIVE_DEST和LOG_ARCHIVE_DUPLEX_DEST完成的。LOG_ARCHIVE_DEST参数指定本地主归档路径，LOG_ARCHIVE_DUPLEX_DEST指定本地次归档路径。

使用初始化参数LOG_ARCHIVE_DEST_n设置归档路径，最多可以指定10个归档路径，其归档目标可以是本地系统的目录，也可以是远程的数据库系统。

这两组参数只能使用其中一组设置归档路径，而不能两组同时使用。

可以通过设置参数LOG_ARCHIVE_FORMAT指定归档文件的命名方式。

4. 设置可选或强制归档目标

设置最小成功归档目标数的参数为LOG_ARCHIVE_MIN_SUCCESS_DEST。

设置启动最大归档进程数的参数为LOG_ARCHIVE_MAX_PROCESSES。

设置强制归档目标和可选归档目标的参数为LOG_ARCHIVE_DEST_n，使用该参数时通过OPTIONAL或MANDATORY关键字指定可选或强制归档目标。

5. 归档信息查询

查询归档信息有两种方法：执行ARCHIVE LOG LIST命令和查询数据字典视图或动态性能视图。

查询归档信息常用的数据字典视图或动态性能视图的参数说明如下：

- V$DATABASE：用于查询数据库是否处于归档模式。
- V$ARCHIVED_LOG：包含从控制文件中获取的所有已归档日志的信息。
- V$ARCHIVE_DEST：包含所有归档目标信息，如归档目标的位置、状态等。
- V$ARCHIVE_PROCESSES：包含已启动的ARCH进程的状态信息。
- V$BACKUP_REDOLOG：包含已备份的归档日志信息。

拓展阅读

统筹部署医疗、教育、广电、科研等公共服务和重要领域云数据中心，加强区域优化布局、集约建设和节能增效。推进云网一体化建设发展，实现云计算资源和网络设施有机融合。

——《"十四五"国家信息化规划》

课后作业

1. 选择题

（1）在创建数据库时系统会自动创建至少（　　）个控制文件。
A. 1　　　　　　　　　　　　　B. 2
C. 3　　　　　　　　　　　　　D. 4

（2）以下不是表空间状态的是（　　）。
A. 读写　　　　　　　　　　　B. 只读
C. 脱机　　　　　　　　　　　D. 联机

（3）用于查询数据库是否处于归档模式的数据字典参数是（　　）。
A. V$INSTANCCE　　　　　　　B. V$LOG
C. V$DATABASE　　　　　　　D. V$THREAD

2. 填空题

（1）数据文件用于保存_____、_____、_____、_____等，是数据库最主要的存储空间。

（2）表空间有_____、_____和_____3种状态。

3. 实训题

（1）为USERS表空间添加一个数据文件，文件名为USERS03.dbf，大小为50 MB。

（2）为EXAMPLE表空间添加一个数据文件，文件名为example02.dbf，大小为20 MB。

（3）修改USERS表空间中的userdata03.dbf文件的大小为40 MB。

第 8 章
数据库的备份与恢复

内容概要

在数据库系统中，由于人为操作或自然灾害等因素可能造成数据丢失或被破坏，使用户利益受到重大损害，因此，Oracle提供了备份与恢复机制，让用户可以放心地使用Oracle数据库。

数据库的备份就是对数据库信息的复制，这些信息可能是数据库的物理结构文件，也可能是某一部分数据。在数据库正常运行时，就应对数据库实施有效的备份，以保证需要时可以对数据库进行恢复。数据库恢复是基于数据库备份的，恢复的方法取决于故障类型及备份方法。

8.1 备份与恢复概述

数据库系统在运行中可能发生故障,轻则导致事务异常中断,影响数据库中数据的正确性;重则破坏数据库,使数据库中的数据部分或全部丢失。

> **知识点拨**
>
> 现实工作中有很多情况都可能造成数据丢失,造成数据丢失的主要因素如下:
> - 介质故障:磁盘损坏、磁头碰撞,瞬时强磁场干扰。
> - 用户的错误操作。
> - 服务器的意外崩溃。
> - 计算机病毒。
> - 不可预料的因素:自然灾害、电源故障、盗窃等。

数据库备份就是对数据库中部分或全部数据进行复制,形成副本,存放到一个相对独立的设备上,如磁盘、磁带,以备数据库出现故障时使用。

数据库恢复是指在数据库发生故障时,使用数据库备份还原数据库数据,使数据库恢复到无故障状态。

数据库备份与恢复的目的就是为了保证在发生各种故障后,数据库中的数据都能从错误状态恢复到某种逻辑一致的状态。

在不同条件下需要使用不同的备份与恢复方法,某种条件下的备份信息只能由与其对应的方法进行还原或恢复。

(1) 根据数据备份方式的不同,数据库备份分为:
- **物理备份**:将组成数据库的数据文件、重做日志文件、控制文件、初始化参数文件等文件进行复制,将形成的副本保存到与当前系统独立的磁盘或磁带上。
- **逻辑备份**:指利用Oracle提供的导出工具(如expdp、export)将数据库中选定的记录集或数据字典的逻辑副本以二进制文件的形式存储到操作系统中。逻辑备份的二进制文件称为转储文件,以DMP格式存储。

> **知识点拨**
>
> Oracle支持的导出方式有以下3种。
> - 表方式(T方式):将指定表的数据导出。
> - 用户方式(U方式):将指定用户的所有对象及数据导出。
> - 全库方式(Full方式):将数据库中的所有对象导出。

(2) 根据数据库备份时是否关闭数据库服务器,物理备份可分为以下两种。
- **脱机备份**:又称冷备份,是指在关闭数据库的情况下将所有的数据库文件复制到另一个磁盘或磁带上去。
- **联机备份**:又称热备份,是指在数据库运行的情况下对数据库进行的备份。要进行热备份，数据库必须在归档日志模式下运行。

（3）根据数据库备份的规模不同，物理备份可分为以下两种。
- **完全备份**：对整个数据库进行备份，包括所有的物理文件。
- **部分备份**：对部分数据文件、表空间、控制文件、归档重做日志文件等进行备份。

（4）根据数据库是否运行在归档模式，物理备份可分为以下两种。
- **归档备份**：归档备份将保存所有的事务日志，包括在线REDO日志和归档日志。
- **非归档备份**：非归档备份不包括归档日志，只有在线REDO日志。

（5）根据恢复时使用的备份不同，数据库恢复分为以下两种。
- **物理恢复**：利用物理备份来恢复数据库，即利用物理备份文件恢复损毁文件，这种恢复是在操作系统中进行的。
- **逻辑恢复**：利用逻辑备份的二进制文件，通过Oracle提供的导入工具（如impdp、import）将部分或全部信息重新导入数据库，恢复损毁或丢失的数据。

（6）根据恢复程度的不同，数据库恢复可分为以下两种。
- **完全恢复**：利用备份使数据库恢复到出现故障时的状态。
- **不完全恢复**：利用备份使数据库恢复到出现故障时刻之前的某个状态。

8.2 逻辑备份与恢复

逻辑备份与恢复必须在数据库运行的状态下进行，因此当数据库发生介质损坏而无法启动时，不能利用逻辑备份恢复数据库。

逻辑备份与恢复有多种方式（数据库级、表空间级、方案级和表级），可实现不同操作系统之间、不同Oracle版本之间的数据传输。在Oracle中，可以使用exp（export）和imp（import）程序导出/导入数据，也可以用expdp和impdp程序导出/导入数据，且expdp和impdp比exp和imp速度快。导出数据是指将数据库中的数据导出到一个导出文件中，导入数据是指将导出文件中的数据导入数据库中。

两类逻辑备份与恢复实用程序的比较如下：
- exp和imp是客户端实用程序，可以在服务器端使用，也可以在客户端使用。
- expdp和impdp是服务器端实用程序，只能在数据库服务器端使用。
- 利用expdp、impdp可以在服务器端多线程、并行地执行大量数据的导出与导入操作。
- 利用expdp、impdp除可以进行数据库的备份与恢复外，还可以在数据库方案间、数据库间传输数据，实现数据库的升级和减少磁盘碎片等作用。
- 使用expdp和impdp实用程序时，导出文件只能存放在目录对象指定的操作系统目录中。

Oracle中用CREATE DIRECTORY语句创建目录对象，它指向操作系统中的某个目录。语句格式为：

CREATE DIRECTORY object_name AS 'directory_name';

其中，object_name为目录对象名，directory_name为操作系统目录名，目录对象指向后面的操作系统目录。

例如，创建目录对象并授予对象权限，语句如下：

CONN system /zzuli
CREATE DIRECTORY dir_obj1 AS 'e:\d1';
CREATE DIRECTORY dir_obj2 AS 'e:\d2';
GRANT READ, WRITE ON DIRECTORY dir_obj1 TO scott;
GRANT READ, WRITE ON DIRECTORY dir_obj2 TO scott;
SELECT * FROM dba_directories WHERE directory_name LIKE 'DIR_%';

执行结果如图8-1所示。

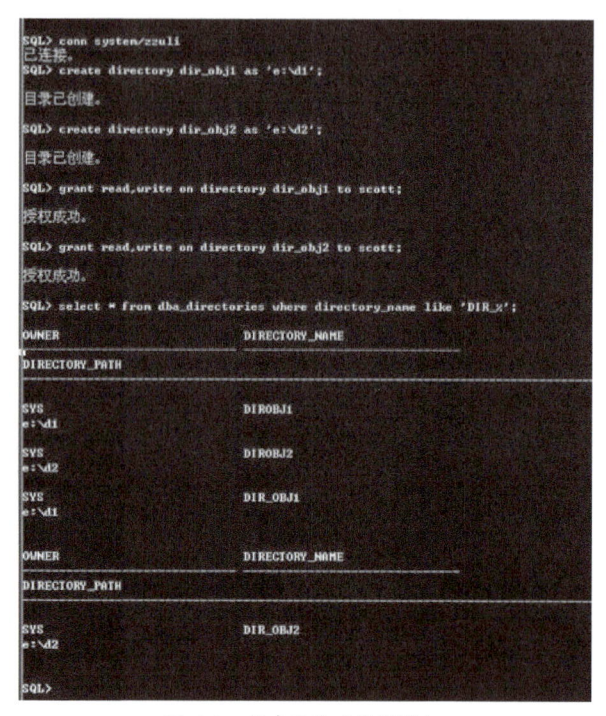

图 8-1　创建目录对象并授权

8.2.1　使用expdp导出数据

使用expdp程序，可以估计导出文件的大小、导出表、导出方案、导出表空间等。

使用expdp程序的语句格式为：

expdp username/password parameterl [,parameter2,…]

其中，username为用户名，password为用户密码，parameterl、parameter2等为参数的名称。expdp程序中使用的参数的名称和功能如表8-1所示。

表 8-1 expdp 程序中所用参数的名称和功能

参数	功能
ATTACH	把导出结果附加在一个已经存在的导出作业中
CONTENT	指定导出的内容
DIRECTORY	指定导出文件和日志文件所在的目录位置
DUMPFILE	指定导出文件的名称清单
ESTIMATE	指定估算导出时所占磁盘空间的方法
ESTIMATE_ONLY	指定导出作业是否估算所占磁盘空间
EXCLUDE	指定执行导出时要排除的对象类型或相关对象
FILESIZE	指定导出文件的最大尺寸
FLASHBACK_SCN	导出数据时允许使用数据库闪回
FLASHBACK_TIME	指定时间值来使用闪回导出特定时刻的数据
FULL	指定以数据库模式导出
HELP	指定是否显示expdp命令的帮助
INCLUDE	指定执行导出时要包含的对象类型或相关对象
JOB_NAME	指定导出作业的名称
LOGFILE	指定导出日志文件的名称
NETWORK_LINK	指定网络导出时的数据库链接名
NOLOGFILE	禁止生成导出日志文件
PARALLEL	指定导出的并行进程个数
PARFILE	指定导出参数文件的名称
QUERY	指定过滤导出数据的WHERE条件
SCHEMAS	指定执行方案模式导出
STATUS	指定显示导出作业状态的时间间隔
TABLES	指定执行表模式导出
TABLESPACES	指定导出的表空间列表
TRANSPORT_FULL_CHECK	指定导出表空间内部的对象和未导出表空间内部的对象间的关联关系的检查方式
TRANSPORT_TABLESPACES	指定执行表空间模式导出
VERSION	指定导出对象的数据库版本

8.2.2 使用impdp导入数据

使用impdp程序，可以导入数据、导入表、导入方案、导入表空间等。

使用impdp程序的语句格式为：

impdp username/password parameter1 [, parameter2, ...]

其中，username为用户名，password为用户密码，parameter1、parameter2等为参数的名称。impdp程序中使用的参数的名称和功能如表8-2所示。

表8-2 impdp程序中所用参数的名称和功能

参数	功能
ATTACH	把导入结果附加在一个已经存在的导入作业中
CONTENT	指定导入的内容
DIRECTORY	指定导入文件和日志文件所在的目录位置
DUMPFILE	指定导入文件的名称清单
ESTIMATE	指定估算导入时生成的数据库容量的方法
EXCLUDE	指定执行导入时要排除的对象类型或相关对象
FLASHBACK_SCN	导入数据时允许使用数据库闪回
FLASHBACK_TIME	指定时间值来使用闪回导入特定时刻的数据
FULL	指定是否执行数据库导入
HELP	指定是否显示impdp命令的帮助信息
INCLUDE	指定执行导入时要包含的对象类型或相关对象
JOB_NAME	指定导入作业的名称
LOGFILE	指定导入日志文件的名称
NETWORK_LINK	指定网络导入时的数据库链接名
NOLOGFILE	禁止生成导入日志文件
PARALLEL	指定导入的并行进程个数
PARFILE	指定导入参数文件的名称
QUERY	指定过滤导入数据的WHERE条件
REMAP_DATAFILE	把数据文件名变为目标数据库文件名
REMAP_SCHEMA	把源方案的所有对象导入目标方案中
REMAP_TABLESPACE	把源表空间的所有对象导入目标表空间中
REUSE_DATAFILES	在创建表空间时是否覆盖已存在的文件
SCHEMAS	指定执行方案模式导入
SKIP_UNUSABLE_INDEXES	导入时是否跳过不可用的索引
SQLFILE	导入时把DDL写入SQL脚本文件中
STATUS	指定显示导入作业状态的时间间隔
STREAMS_CONFIGURATION	指定是否导入流数据
TABLE_EXISTS_ACTION	在表存在时导入作业要执行的操作

(续表)

参数	功能
TABLES	指定执行表模式导入
TABLESPACES	指定导入的表空间列表
TRANSFORM	是否个性创建对象的DDL语句
TRANSPORT_DATAFILES	在导入表空间时要导入目标数据库中的数据文件
TRANSPORT_FULL_CHECK	指定导入表空间内部的对象和未导入表空间内部的对象间的关联关系的检查方式
TRANSPORT_TABLESPACES	指定执行表空间模式导入
VERSION	指定导入对象的数据库版本

8.3 脱机备份与恢复

物理备份包括脱机备份和联机备份两种。

脱机备份是在关闭数据库后进行的完全镜像备份，其中包括参数文件、网络连接文件、控制文件、数据文件和联机重做日志文件等。脱机恢复是使用备份文件将数据库恢复到备份时的状态。

8.3.1 脱机备份

脱机备份也称冷备份，是在数据库处于"干净"关闭状态下进行的操作系统文件级的备份，是对于构成数据库的全部物理文件的备份。需要备份的文件包括：参数文件、所有控制文件、所有数据文件、所有联机重做日志文件。

如果没有启用归档模式，数据库不能恢复到备份完成后的任意时刻。

如果启用归档模式，从冷备份结束后到出现故障这段时间的数据库恢复，可以利用联机日志文件和归档日志文件实现。

脱机备份的操作步骤如下：

步骤 01 以sys用户和sysdba身份，在SQL*Plus中，以IMMEDIATE方式关闭数据库。

CONN system /zzuli AS SYSDBA
SHUTDOWN IMMEDIATE

执行结果如图8-2所示。

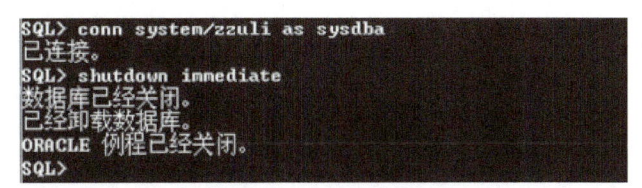

图 8-2 关闭数据库

步骤 02 创建备份文件目录。例如，目录名为e:\OracleBak。

步骤 03 使用操作系统命令或工具备份数据库所有文件。要备份的控制文件可以通过查询数据字典视图v$CONTROLFILE看到，要备份的数据文件可以通过查询数据字典视图DBA_DATA_FILES看到，要备份的联机重做日志文件可以通过查询数据字典视图v$LOGFILE看到，如图8-3所示。

```
SQL> conn system/zzuli as sysdba
已连接。
SQL> column status format a15
SQL> column name format a50
SQL> column file_name format a50
SQL> column group# format 99999999
SQL> column member format a50
SQL> select status,name from v$controlfile;

STATUS          NAME
--------------- --------------------------------------------------
                D:\APP\ADMINISTRATOR\ORADATA\ZZULI\CONTROL01.CTL
                D:\APP\ADMINISTRATOR\ORADATA\ZZULI\CONTROL02.CTL
                D:\APP\ADMINISTRATOR\ORADATA\ZZULI\CONTROL03.CTL
                E:\ORADATA\CONTROL04.CTL

SQL> select status,file_name from dba_data_files;

STATUS          FILE_NAME
--------------- --------------------------------------------------
AVAILABLE       D:\APP\ADMINISTRATOR\ORADATA\ZZULI\USERS01.DBF
AVAILABLE       D:\APP\ADMINISTRATOR\ORADATA\ZZULI\UNDOTBS01.DBF
AVAILABLE       D:\APP\ADMINISTRATOR\ORADATA\ZZULI\SYSAUX01.DBF
AVAILABLE       D:\APP\ADMINISTRATOR\ORADATA\ZZULI\SYSTEM01.DBF
AVAILABLE       E:\MYTB1.DBF
AVAILABLE       E:\MYTBS01_1.DBF

已选择6行。

SQL> select group#,status,member from v$logfile;

  GROUP# STATUS      MEMBER
-------- ----------- --------------------------------------------------
       3             D:\APP\ADMINISTRATOR\ORADATA\ZZULI\REDO03.LOG
       2             D:\APP\ADMINISTRATOR\ORADATA\ZZULI\REDO02.LOG
       1             D:\APP\ADMINISTRATOR\ORADATA\ZZULI\REDO01.LOG
SQL>
```

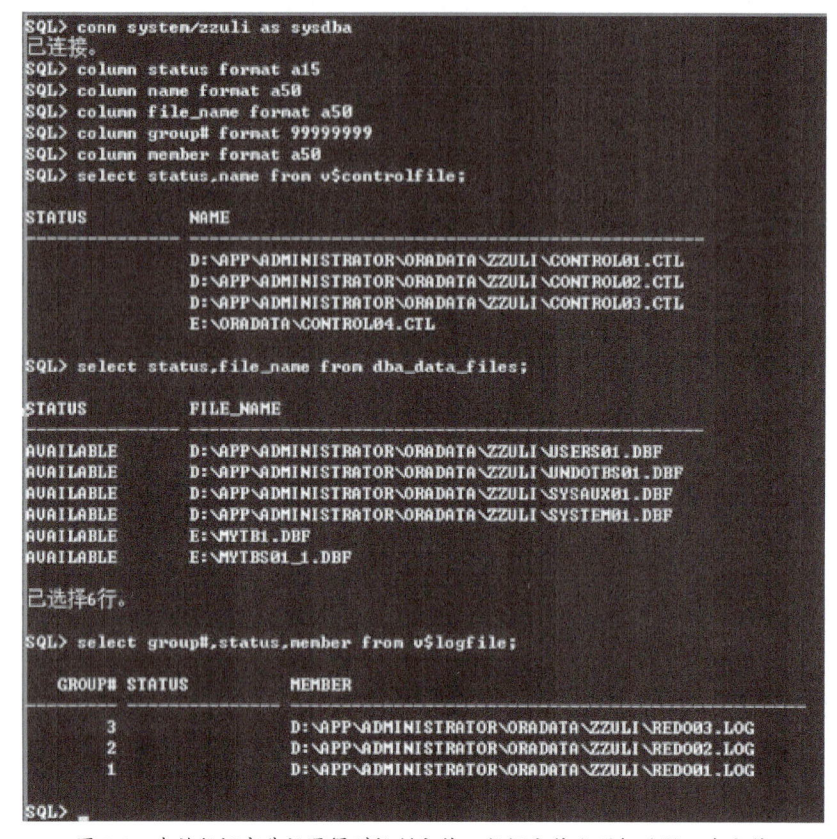

图8-3 查询数据字典视图得到控制文件、数据文件和联机重做日志文件

> **提示**：要备份的参数文件存放在Oracle主目录下的dbs目录中。要备份的网络连接文件存放在Oracle主目录下的NETWORK\ADMIN目录中。如果定制了SQL*Plus，还应该备份主目录下的sqlplus\ADMIN目录中的文件。

步骤 04 备份完成后，如果继续让用户使用数据库，需要以OPEN方式启动数据库，如图8-4所示。

```
SQL> startup open
ORACLE 例程已经启动。

Total System Global Area   535662592 bytes
Fixed Size                   1334380 bytes
Variable Size              163578772 bytes
Database Buffers           364904448 bytes
Redo Buffers                 5844992 bytes
数据库装载完毕。
数据库已经打开。
SQL>
```

图8-4 以OPEN方式启动数据库

■8.3.2 脱机恢复

脱机恢复的具体操作步骤为：

步骤 01 以sys用户和sysdba身份，在SQL*Plus中，以IMMEDIATE方式关闭数据库。

步骤 02 把所有备份文件（数据文件、控制文件、联机重做日志文件）全部拷贝到原来所在的位置。

步骤 03 恢复完成后，如果继续让用户使用数据库，需要以OPEN方式启动数据库。

8.4 联机备份与恢复

联机备份是另一种物理备份，也叫热备份。

数据库完全热备份的步骤如下：

步骤 01 启动SQL*Plus，以sysdba身份登录数据库。

步骤 02 将数据库设置为归档模式。

步骤 03 以表空间为单位，进行数据文件备份。

步骤 04 备份控制文件。

步骤 05 备份其他物理文件。

■8.4.1 使用RMAN程序进行联机备份

可以用恢复管理器RMAN（recovery manager）来实现联机备份与恢复数据库文件、归档日志和控制文件等。

1. 归档日志模式的设置

要使用RMAN，首先必须将数据库设置为归档日志模式（ARCHIVELOG）。具体操作过程如下：

步骤 01 以sys用户和sysdba身份登录到SQL*Plus。

步骤 02 以IMMEDIATE方式关闭数据库，同时也关闭了数据库实例，然后以MOUNT方式启动数据库，此时并没打开数据库实例。

```
CONN system /zzuli AS SYSDBA
SHUTDOWN IMMEDIATE
STARTUP MOUNT
```

执行结果如图8-5所示。

```
SQL> conn system/zzuli as sysdba
已连接。
SQL> shutdown immediate
数据库已经关闭。
已经卸载数据库。
ORACLE 例程已经关闭。
SQL> startup mount
ORACLE 例程已经启动。

Total System Global Area  535662592 bytes
Fixed Size                  1334380 bytes
Variable Size             234881940 bytes
Database Buffers          293601280 bytes
Redo Buffers                5844992 bytes
数据库装载完毕。
SQL>
```

图 8-5　以 mount 方式打开数据库

步骤 03 把数据库实例从非归档日志模式（NOARCHIVELOG）切换为归档日志模式（ARCHIVELOG）。

```
ALTER DATABASE ARCHIVELOG;
```

执行结果如图8-6所示。

```
SQL> alter database archivelog;

数据库已更改。

SQL>
```

图 8-6　把数据库实例切换为归档日志模式

步骤 04 查看数据库实例信息。

```
SELECT dbid, name, log_mode, platform_name FROM v$DATABASE;
```

执行结果如图8-7所示。

```
SQL> select dbid,name,log_mode,platform_name from v$database;

      DBID NAME      LOG_MODE
---------- --------- ------------
PLATFORM_NAME
--------------------------------------------------------------------------------

1206904612 ORC       ARCHIVELOG
Microsoft Windows IA (32-bit)

SQL>
```

图 8-7　查看数据库实例信息

可以看到当前实例的日志模式已经修改为归档日志模式（ARCHIVELOG）了。

2. 创建恢复目录所用的表空间

需要创建表空间存放与RMAN命令相关的数据。打开数据库实例，创建表空间，语句如下：

```
CONN system /zzuli AS SYSDBA
ALTER DATABASE OPEN;
CREATE TABLESPACE rman_ts DATAFILE 'f:\rman_ts.dbf' SIZE 500M;
```

其中，rman_ts为表空间名，数据文件为rman_ts.dbf，表空间大小为500 MB。

执行结果如图8-8所示。

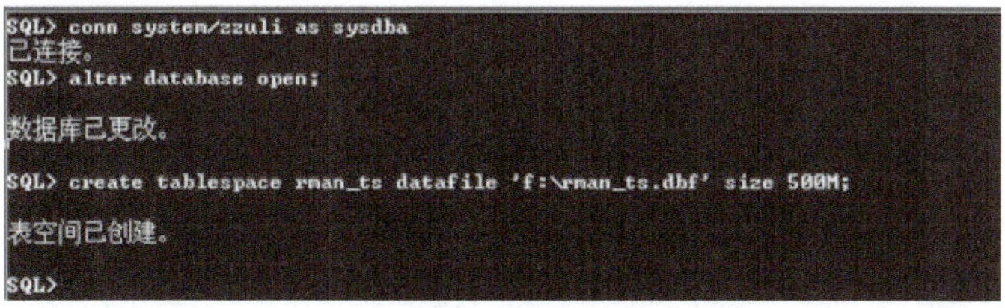

图 8-8　创建表空间

3. 创建RMAN用户并授权

创建用户rman，密码为zzuli，默认表空间为rman_ts，临时表空间为temp，给rman用户授予CONNECT、RECOVERY_CATALOG_OWNER和RESOURCE权限。其中，拥有CONNECT权限可以连接数据库，但不可以创建表、视图等数据库对象；拥有RECOVERY_CATALOG_OWNER权限可以对恢复目录进行管理；拥有RESOURCE权限可以创建表、视图等数据库对象。

```
CONN system /zzuli AS SYSDBA
CREATE USER rman IDENTIFIED BY zzuli DEFAULT TABLESPACE rman_ts TEMPORARY
TABLESPACE temp;
GRANT CONNECT, RECOVERY_CATALOG_OWNER, RESOURCE TO rman;
```

执行结果如图8-9所示。

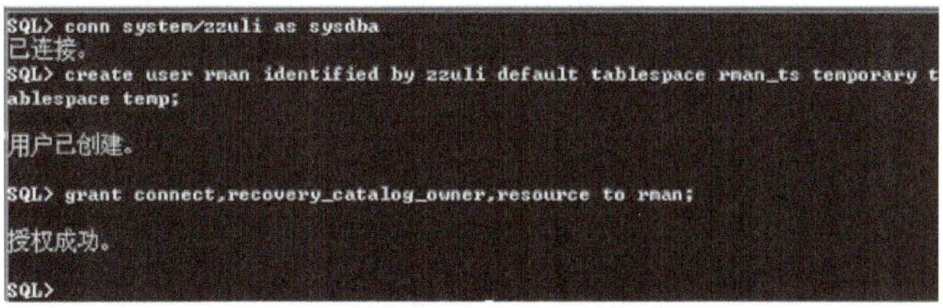

图 8-9　创建 rman 用户并授权

4. 创建恢复目录

首先，运行RMAN程序打开恢复管理器，执行语句如下：

```
RMAN CATALOG rman/zzuli TARGET orc
```

执行结果如图8-10所示。

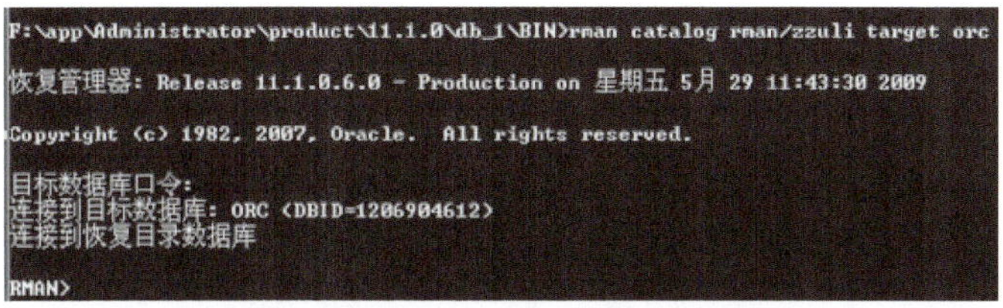

图 8-10　运行 RMAN 程序打开恢复管理器

然后，使用表空间创建恢复目录，恢复目录为rman，语句如下：

RMAN >CREATE CATALOG TABLESPACE rman_ts;

执行结果如图8-11所示。

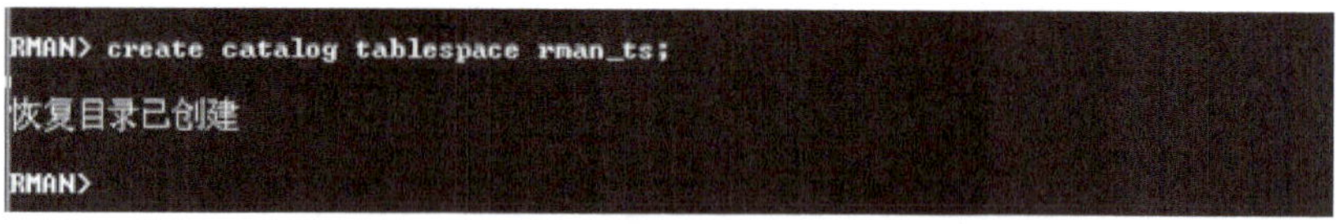

图 8-11　创建恢复目录

5. 注册目标数据库

只有注册的数据库才可以进行备份和恢复，使用REGISTER DATABASE命令可以对数据库进行注册。

RMAN>REGISTER DATABASE;

执行结果如图8-12所示。

图 8-12　注册目标数据库

6. 使用RMAN程序进行备份

使用RUN命令执行一组可执行的语句，进行完全数据库备份。

RMAN>RUN {
2> allocate channel dev1 type disk;
3> backup database;
4> release channel dev1;
5> }

执行结果如图8-13所示。

也可以执行一组语句备份归档日志文件。

RMAN>RUN {
2> allocate channel dev1 type disk;
3> backup archivelog all
4> release channel dev1;
5> }

执行结果如图8-14所示。

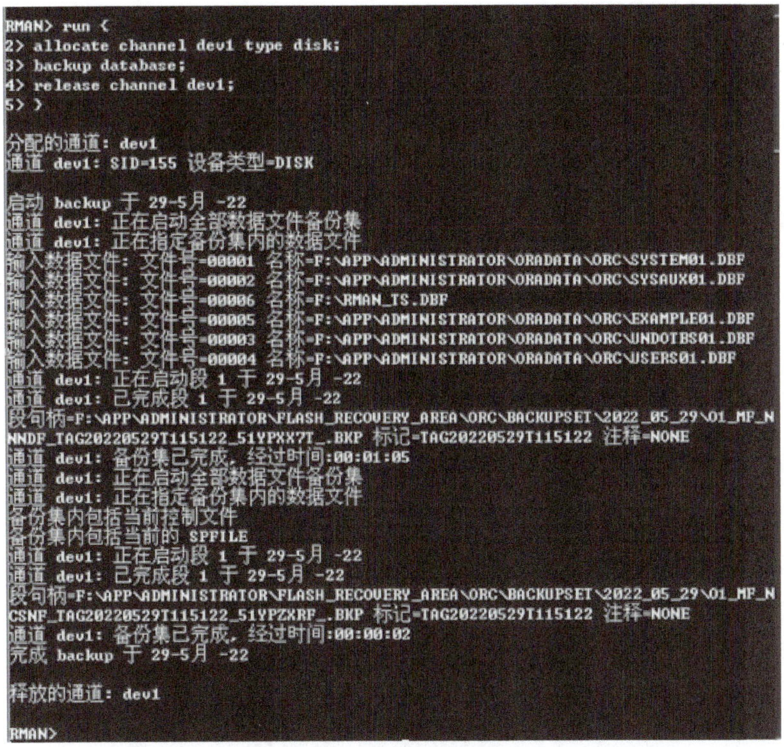

```
RMAN> run {
2> allocate channel dev1 type disk;
3> backup database;
4> release channel dev1;
5> }

分配的通道: dev1
通道 dev1: SID=155 设备类型=DISK

启动 backup 于 29-5月 -22
通道 dev1: 正在启动全部数据文件备份集
通道 dev1: 正在指定备份集内的数据文件
输入数据文件: 文件号=00001 名称=F:\APP\ADMINISTRATOR\ORADATA\ORC\SYSTEM01.DBF
输入数据文件: 文件号=00002 名称=F:\APP\ADMINISTRATOR\ORADATA\ORC\SYSAUX01.DBF
输入数据文件: 文件号=00006 名称=F:\RMAN_TS.DBF
输入数据文件: 文件号=00005 名称=F:\APP\ADMINISTRATOR\ORADATA\ORC\EXAMPLE01.DBF
输入数据文件: 文件号=00003 名称=F:\APP\ADMINISTRATOR\ORADATA\ORC\UNDOTBS01.DBF
输入数据文件: 文件号=00004 名称=F:\APP\ADMINISTRATOR\ORADATA\ORC\USERS01.DBF
通道 dev1: 正在启动段 1 于 29-5月 -22
通道 dev1: 已完成段 1 于 29-5月 -22
段句柄=F:\APP\ADMINISTRATOR\FLASH_RECOVERY_AREA\ORC\BACKUPSET\2022_05_29\O1_MF_N
NNDF_TAG20220529T115122_51YPXX7T_.BKP 标记=TAG20220529T115122 注释=NONE
通道 dev1: 备份集已完成, 经过时间:00:01:05
通道 dev1: 正在启动全部数据文件备份集
通道 dev1: 正在指定备份集内的数据文件
备份集内包括当前控制文件
备份集内包括当前的 SPFILE
通道 dev1: 正在启动段 1 于 29-5月 -22
通道 dev1: 已完成段 1 于 29-5月 -22
段句柄=F:\APP\ADMINISTRATOR\FLASH_RECOVERY_AREA\ORC\BACKUPSET\2022_05_29\O1_MF_N
CSNF_TAG20220529T115122_51YPZXRF_.BKP 标记=TAG20220529T115122 注释=NONE
通道 dev1: 备份集已完成, 经过时间:00:00:02
完成 backup 于 29-5月 -22

释放的通道: dev1

RMAN>
```

图 8-13　完全数据库备份

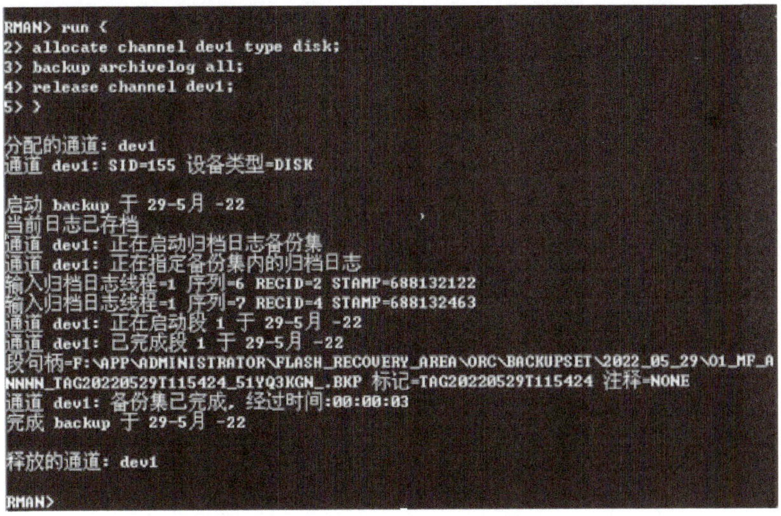

```
RMAN> run {
2> allocate channel dev1 type disk;
3> backup archivelog all;
4> release channel dev1;
5> }

分配的通道: dev1
通道 dev1: SID=155 设备类型=DISK

启动 backup 于 29-5月 -22
当前日志已存档
通道 dev1: 正在启动归档日志备份集
通道 dev1: 正在指定备份集内的归档日志
输入归档日志线程=1 序列=6 RECID=2 STAMP=688132122
输入归档日志线程=1 序列=7 RECID=4 STAMP=688132463
通道 dev1: 正在启动段 1 于 29-5月 -22
通道 dev1: 已完成段 1 于 29-5月 -22
段句柄=F:\APP\ADMINISTRATOR\FLASH_RECOVERY_AREA\ORC\BACKUPSET\2022_05_29\O1_MF_A
NNNN_TAG20220529T115424_51YQ3KGN_.BKP 标记=TAG20220529T115424 注释=NONE
通道 dev1: 备份集已完成, 经过时间:00:00:03
完成 backup 于 29-5月 -22

释放的通道: dev1

RMAN>
```

图 8-14　备份归档日志文件

备份完成后，可以使用LIST BACKUP命令查看备份信息。

```
RMAN>LIST BACKUP;
```

执行结果如图8-15所示。

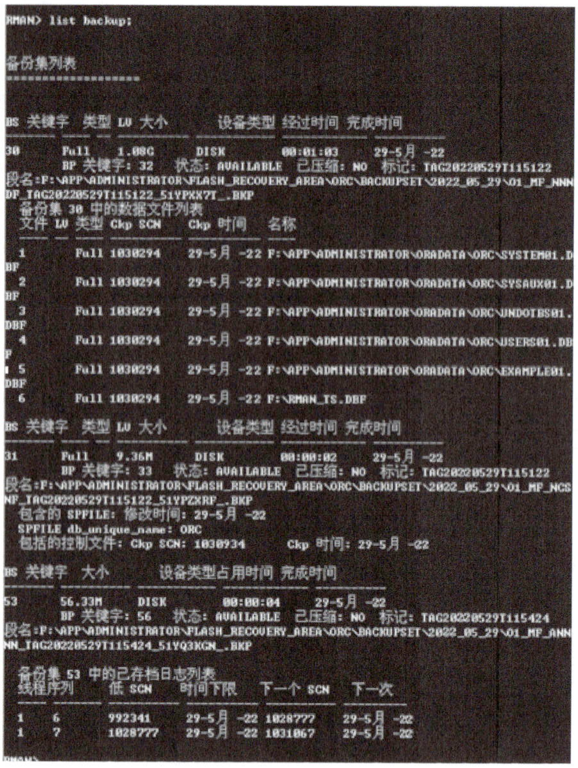

图 8-15 查看备份信息

8.4.2 使用RMAN程序进行联机恢复

要恢复备份信息,可以使用RESTORE命令。例如,恢复归档日志,可执行下面一组语句。

RMAN>RUN {

2> allocate channel dev1 type disk;

3>restore archivelog all;

4> release channel dev1;

5> }

执行结果如图8-16所示。

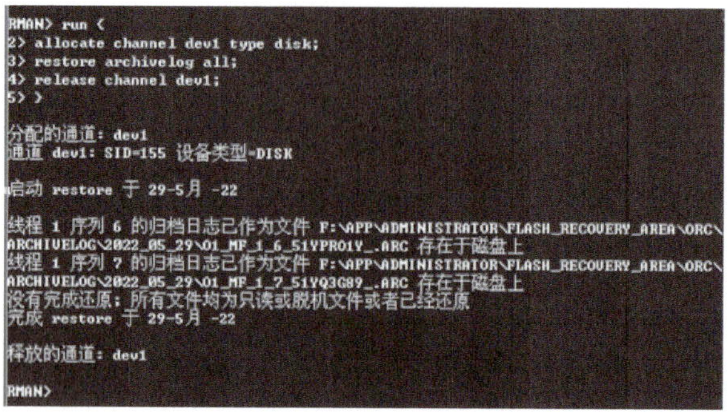

图 8-16 恢复备份信息

8.5 各种备份与恢复方法的比较

逻辑备份与恢复是利用实用程序实现数据库、方案、表结构的数据备份与恢复。这种方式有许多可选参数，比脱机备份与恢复灵活，也能实现数据的传递和数据库的升级。

物理备份将组成数据库的数据文件、重做日志文件、控制文件、初始化参数文件等操作系统级的文件进行复制，将形成的副本保存到与当前系统独立的磁盘或磁带上。物理备份包括脱机备份和联机备份。脱机备份是在关闭数据库的状态下把数据库文件复制到要备份的地方，脱机恢复是脱机备份的逆过程。联机备份与恢复是在数据库打开的状态下使用RMAN技术实现的。

在物理备份时，数据库如果工作在归档模式下，则数据库可以进行热备份，也可以进行冷备份；而在非归档模式下只能进行冷备份。在归档模式下既可以进行完全恢复，也可以进行不完全恢复。

数据库备份应遵循以下原则与策略：
- 在刚建立数据库时，应该立即进行数据库的完全备份。
- 将所有的数据库备份保存在一个独立磁盘上（必须是与当前数据库系统正在使用的文件不同的磁盘）。
- 应该保持控制文件的多路复用，且控制文件的副本应该存放在不同磁盘控制器下的不同磁盘设备上。
- 应该保持多个联机日志文件组，每个组中至少应该保持两个日志成员，同一日志组的多个成员应该分散存放在不同磁盘上。
- 至少保证两个归档重做日志文件的归档目标，不同归档目标应该分散于不同磁盘。
- 如果条件允许，尽量保证数据库运行于归档模式。
- 根据数据库数据变化的频率情况确定数据库备份的规律。
- 在归档模式下，当数据库结构发生变化时，如创建或删除表空间、添加数据文件、重做日志文件等，应该备份数据库的控制文件。
- 在非归档模式下，当数据库结构发生变化时，应该进行数据库的完全备份。
- 在归档模式下，对于经常使用的表空间，可以采用表空间备份方法提高备份效率。
- 在归档模式下，通常不需要对联机重做日志文件进行备份。
- 使用RESETLOGS方式打开数据库后，应该进行一个数据库的完全备份。
- 对于重要的表中的数据，可以采用逻辑备份方式进行备份。

数据库恢复应遵循以下原则与策略：
- 根据数据库介质故障的原因，确定采用完全介质恢复还是不完全介质恢复。
- 如果数据库运行在非归档模式，则当介质发生故障时，只能进行数据库的不完全恢复，将数据库恢复到最近的备份时刻的状态。
- 如果数据库运行在归档模式，则当一个或多个数据文件损坏时，可以使用备份的数据文件进行完全或不完全的数据库恢复。

- 如果数据库运行在归档模式，则当数据库的控制文件损坏时，可以使用备份的控制文件实现数据库的不完全恢复。
- 如果数据库运行在归档模式，则当数据库的联机日志文件损坏时，可以使用备份的数据文件和联机重做日志文件不完全恢复数据库。
- 如果执行了不完全恢复，则当重新打开数据库时应该使用RESETLOGS选项。

拓展阅读

建设基础网络、数据中心、云、数据、应用等一体协同的安全保障体系。开展通信网络安全防护，研究完善海量数据汇聚融合的风险识别与防护技术、数据脱敏技术、数据安全合规性评估认证、数据加密保护机制及相关技术检测手段。

——《"十四五"国家信息化规划》

课后作业

1. 选择题

（1）不属于Oracle支持的导出方式是（   ）。
  A. 表方式   B. 用户方式
  C. 全库方式   D. 表空间方式

（2）下列关于数据库备份应遵循的原则与策略，不正确的是（   ）。
  A. 在刚建立数据库时，用户可自行决定是否进行数据库的完全备份
  B. 将所有的数据库备份保存在一个独立磁盘上
  C. 如果条件允许，尽量保证数据库运行于归档模式
  D. 在非归档模式下，当数据库结构发生变化时，应该进行数据库的完全备份

2. 填空题

（1）脱机备份是在关闭数据库后进行的完全镜像备份，其中包括参数文件、_____、_____、数据文件和_____等。

（2）物理备份包括_____和_____两种。

3. 实训题

（1）使用冷物理备份对数据库进行完全备份。

（2）假定丢失了一个数据文件ex001.dbf，尝试通过前面做过的完全备份对数据库进行恢复，并验证恢复是否成功。

（3）使用热物理备份对表空间users01.dbf进行备份。

第 9 章 闪回技术

内容概要

　　闪回技术（flashback）是Oracle强大的数据库备份与恢复机制的一部分，在数据库发生逻辑错误的时候，闪回技术能提供快速且损失最小的恢复。闪回技术是Oracle数据库独有的，它支持任何级别（包括行、事务、表和数据库等）的恢复。使用闪回技术，不仅可以查询以前的数据版本，还可以执行更改分析和自助式修复，实现在保持联机的同时将数据库从逻辑损坏中恢复。本章要讲解的闪回技术包括闪回查询、闪回版本查询、闪回事务查询、闪回数据库、闪回表、闪回回收站等。

9.1 闪回技术概述

基于回滚段的闪回查询（flashback query）技术，是指从回滚段中读取一定时间内对表进行操作的数据，恢复错误的DML操作。

采用闪回技术，可以针对行级和事务级发生过变化的数据进行恢复，从而减少了数据恢复的时间，而且操作简单，通过SQL语句就可以实现数据的恢复，大大提高了数据库恢复的效率。

闪回技术的分类如下：

- **闪回查询**（flashback query）：查询过去某个时间点或某个SCN（system change number，系统修订号）值时表中的数据信息。
- **闪回版本查询**（flashback version query）：查询过去某个时间段或某个SCN段内表中数据的变化情况。
- **闪回事务查询**（flashback transaction query）：查看某个事务或所有事务在过去一段时间内对数据进行的修改。
- **闪回表**（flashback table）：将表恢复到过去的某个时间点或某个SCN值时的状态。
- **闪回删除**（flashback drop）：将已经删除的表及其关联对象恢复到删除前的状态。
- **闪回数据库**（flashback database）：将数据库恢复到过去某个时间点或某个SCN值时的状态。

闪回查询、闪回版本查询、闪回事务查询以及闪回表主要是基于撤销表空间中的回滚信息实现的；闪回删除、闪回数据库是基于Oracle中的回收站（recycle bin）和闪回恢复区（flash recovery area）特性实现的。为了使用数据库的闪回技术，必须启用撤销表空间自动管理回滚信息。如果要使用闪回删除技术和闪回数据库技术，还需要启用回收站、闪回恢复区。

9.2 闪回查询技术

闪回查询是指利用数据库回滚段存放的信息查看指定表中过去某个时间点的数据信息，或过去某个时间段数据的变化情况，或某个事务对该表的操作信息等。

为了使用闪回查询功能，需要启动数据库撤销表空间来管理回滚信息。

与撤销表空间相关的参数包括：

- **UNDO_MANAGEMENT**：指定回滚段的管理方式，如果设置为AUTO，则采用撤销表空间自动管理回滚信息。
- **UNDO_TABLESPACE**：指定用于回滚信息自动管理的撤销表空间名。
- **UNDO_RETENTION**：指定回滚信息的最长保留时间。

9.2.1 闪回查询

使用闪回查询可以查询指定时间点表中的数据。要使用闪回查询，必须将UNDO_MANAGEMENT设置为AUTO。

闪回查询的SELECT语句的语法格式为：

SELECT column_name[,…]
　　FROM table_name
　　[AS OF SCN|TIMESTAMP expression]
　　[WHERE condition];

可以基于AS OF TIMESTAMP闪回查询，也可以基于AS OF SCN闪回查询。

事实上，Oracle在内部都是使用SCN的，即使指定的是AS OF TIMESTAMP，Oracle也会将其转换成SCN。系统时间与SCN之间的对应关系可以通过查询sys模式下的SMON_SCN_TIME表获得。

闪回查询的应用。

例如，首先，设置系统显示当前时间，语句如下：

SET time ON

然后，创建一个示例表，再从创建的示例表中删除一条记录，语句如下：

CREATE TABLE hr.mydep4 AS SELECT * FROM hr.departments;
DELETE FROM hr.mydep4 WHERE department_id=300;
COMMIT;

此时使用SELECT查询示例表hr.mydep4是查询不到刚删除的记录的，但使用闪回查询可以找到。闪回查询的语句如下：

SELECT * FROM hr.mydep4 AS OF TIMESTAMP
　　TO TIMESTAMP(to_date('2009-05-29 10:00:00', 'yyyy-mm-dd hh24:mi:ss')) WHERE department_id=300;

> **知识点拨**
>
> 闪回查询主要是根据UNDO表空间数据进行多版本查询，针对v$和x$动态性能视图无效，但对DBA_、ALL_、USER_是有效的。

9.2.2 闪回版本查询

使用闪回版本查询可以对查询提交后的数据进行审核。查询方法是在SELECT语句中使用VERSION BETWEEN子句。

利用闪回版本查询，可以查看一行记录在一段时间内的变化情况，即一行记录的多个提交的版本信息，从而实现数据的行级恢复。

闪回版本查询语句的基本语法格式为：

```
SELECT column_name[,…] FROM table_name
 [VERSIONS BETWEEN SCN|TIMESTAMP
 MINVALUE|expression AND MAXVALUE|expression]
 [AS OF SCN|TIMESTAMP expression]
 WHERE condition;
```

主要参数说明如下：
- VERSIONS BETWEEN：用于指定闪回版本查询时查询的时间段或SCN段。
- AS OF：用于指定闪回查询时查询的时间点或SCN。

在闪回版本查询的目标列中，可以使用下列几个伪列返回版本信息。
- VERSIONS_STARTTIME：基于时间的版本有效范围的下界。
- VERSIONS_STARTSCN：基于SCN的版本有效范围的下界。
- VERSIONS_ENDTIME：基于时间的版本有效范围的上界。
- VERSIONS_ENDSCN：基于SCN的版本有效范围的上界。
- VERSIONS_XID：操作的事务ID。
- VERSIONS_OPERATION：执行操作的类型，I表示INSERT，D表示DELETE，U表示UPDATE。

在进行闪回版本查询时，可以同时使用VERSIONS短语和AS OF短语。AS OF短语决定了进行查询的时间点或SCN，VERSIONS短语决定了可见行的版本信息。对于在VERSIONS BETWEEN下界之前开始的事务，或在AS OF指定的时间或SCN之后完成的事务，系统返回的版本信息为null。

> **知识点拨**
>
> 所谓版本（version）指的是每次事务所引起的数据行的变化情况，每次变化就是一个版本，这里的变化都是已经提交了的事务引起的变化，没有提交的事务引起的变化不会显示。闪回版本查询利用的是UNDO表空间里记录的UNDO数据。

闪回版本查询的应用。

例如，首先，创建一个读者信息表reader，语句如下：

```
CREATE TABLE reader (id VARCHAR2(10), name VARCHAR2(20));
```

其次，在reader表中插入一条记录，语句如下：

```
INSERT INTO reader VALUES('13100110', 'zs');
```

再次，更新reader表中刚刚插入的那条记录的数据，并提交修改，语句如下：

```
UPDATE reader SET id='13100101' WHERE name='zs';
COMMIT;
```

最后，使用闪回版本查询，查询语句如下：

SELECT VERSIONS_STARTTIME,VERSIONS_OPERATION,id,name
　FROM reader VERSIONS BETWEEN TIMESTAMP MINVALUE AND MAXVALUE;

执行结果如图9-1所示。

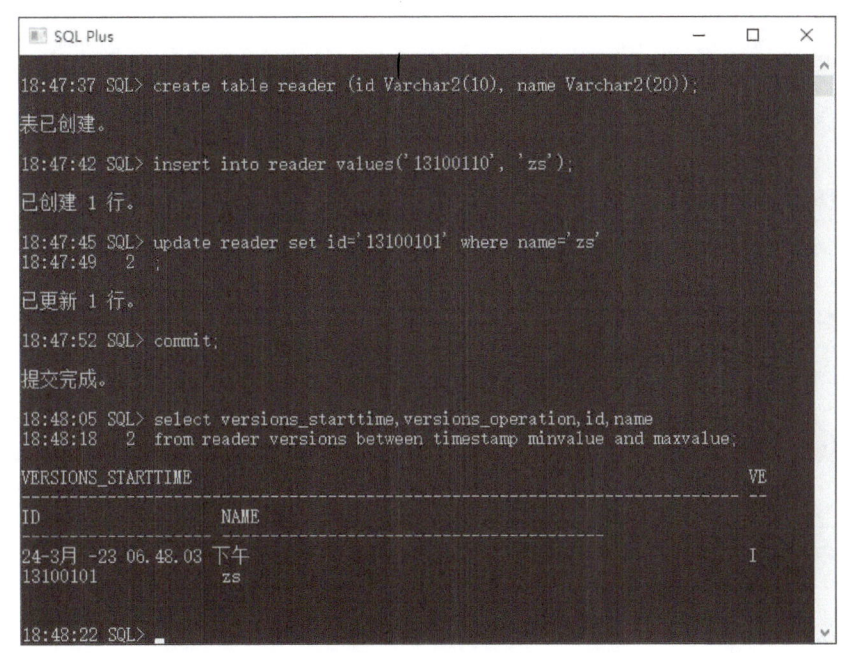

图 9-1　闪回版本查询

■9.2.3　闪回事务查询

闪回事务保存在表flashback_transation_query中，闪回事务查询提供了一种查看事务级数据库变化的方法。对于已经提交的事务，可以通过闪回事务查询回滚段中存储的事务信息，也可以将闪回事务查询与闪回版本查询相结合，先利用闪回版本查询获取事务ID及事务操作结果，再利用事务ID查询事务的详细操作信息。

对于已经提交的事务，通过闪回事务查询，语句可以采用如下形式：

CONNECT sys /zzuli AS SYSDBA
SELECT table_name, undo_sql FROM flashback_transaction_query WHERE rownum<n;

其中，table_name表示事务涉及的表名，undo_sql表示撤销事务所要执行的SQL语句，n为一个正整数值。

9.3　闪回错误恢复技术

闪回错误恢复技术是一种在数据库中进行异常数据恢复的技术，主要包括闪回数据库、闪回表和闪回回收站3种。

9.3.1 闪回数据库

使用闪回数据库可以快速将Oracle数据库恢复到以前的某个时间点。

要使用闪回数据库，必须首先配置闪回恢复区，包括对db_recovery_file_dest进行恢复区位置的配置和对db_recovery_file_dest_size进行恢复区大小的配置。

例如，在SQL*Plus中配置闪回数据库，语句如下：

```
CONNECT sys /zzuli AS SYSDBA
SHUTDOWN IMMEDIATE
STARTUP MOUNT
ALTER DATABASE FLASHBACK ON;
ALTER DATABASE OPEN;
```

设置日期时间显示方式，语句如下：

```
ALTER SESSION SET NLS_DATE_FORMAT= 'yyyy-mm-dd hh24:mi:ss' ;
```

此时，从系统视图v$FLASHBACK_DATABASE_LOG中可以查看闪回数据库日志信息，语句如下：

```
SELECT * FROM v$FLASHBACK_DATABASE_LOG;
```

用户可以使用FLASHBACK DATABASE语句闪回恢复数据库，语句如下：

```
FLASHBACK DATABASE
TO TIMESTAMP(TO_DATE( '2023-03-25 12:30:00' , 'yyyy-mm-dd hh24:mi:ss' ));
```

闪回恢复后，再打开数据库实例时，需要使用RESETLOGS或NORESETLOGS参数，语句如下：

```
ALTER DATABASE OPEN RESETLOGS;
SELECT * FROM hr.mydep;
```

9.3.2 闪回表

闪回表是将表恢复到过去的某个时间点的状态，为DBA提供了一种在线、快速、便捷地恢复因对表进行插入、修改、删除等操作而导致错误的操作方法。

与闪回查询只是得到表在过去某个时间点上的快照而并不改变表的当前状态不同，闪回表会将表及附属对象一起恢复到以前的某个时间点。

利用闪回表技术恢复表中数据的过程，实际上是对表进行DML操作的过程。Oracle自动维护与表相关联的索引、触发器、约束等，不需要DBA参与。

为了使用数据库闪回表功能，必须满足下列条件：

- 用户具有FLASHBACK ANY TABLE系统权限，或者对所操作的表具有FLASHBACK对象权限。
- 用户对所操作的表具有SELECT、INSERT、DELETE和ALTER对象权限。
- 数据库采用撤销表空间进行回滚信息的自动管理，合理设置UNDO_RETENTION参数值，保证指定的时间点或SCN对应信息保留在撤销表空间中。
- 启动被操作表的ROW MOVEMENT特性，可以通过下面的语句实现。

ALTER TABLE table ENABLE ROW MOVEMENT;

闪回表操作的语句格式为：

FLASHBACK TABLE [schema.]table TO
 SCN|TIMESTAMP expression
 [ENABLE|DISABLE TRIGGERS];

主要参数说明如下：
- SCN：将表恢复到指定SCN时的状态。
- TIMESTAMP：将表恢复到指定的时间点。
- ENABLE|DISABLE TRIGGERS：在恢复表中数据的过程中，与表关联的触发器是激活还是禁用（默认为禁用）。

> **提示**：sys用户或以SYSDBA身份登录的用户不能执行闪回表操作。

例如，删除闪回表，语句如下：

```
SET time ON
CREATE TABLE hr.mydep1 AS SELECT * FROM hr.department;
DELETE FROM hr.mydep1 WHERE department_id=10;
FLASHBACK TABLE hr.mydep1 TO TIMESTAMP
  TO TIMESTAMP(to_date( '2010-10-29 10:00:00' , 'yyyy-mm-dd hh24:mi:ss' ));
```

> **知识点拨**
>
> 闪回表就是对表的数据做回退，回退到之前的某个时间点，它利用的是UNDO表的历史数据，与UNDO_RETENTION设置有关，默认设置是1 440 min（1 d）。

9.3.3 闪回回收站

闪回删除可恢复用DROP TABLE语句删除的表，是一种对意外删除的表的恢复机制。

闪回删除功能的实现主要是通过Oracle数据库中的"回收站"（recycle bin）技术。在Oracle数据库中，当执行DROP TABLE操作时并不立即回收表及其关联对象的空间，而是将它们重命名后放入一个称为"回收站"的逻辑容器中保存，直到用户决定永久删除它们或存储该表的表空间存储空间不足时，表才真正被删除。

要使用闪回删除功能，需要启动数据库的"回收站"，即将参数RECYCLEBIN设置为ON，语句如下。默认情况下，"回收站"已启动。

SHOW PARAMETER RECYCLEBIN
ALTER SYSTEM SET RECYCLEBIN=ON;

当执行DROP TABLE操作时，表及其关联对象被重命名后保存在"回收站"中，一般可以通过查询USER_RECYCLEBIN或DBA_RECYCLEBIN视图获得被删除的表及其关联对象的信息。

要查看"回收站"中的数据，语句如下：

SELECT OBJECT_NAME, ORIGINAL_NAME, CREATETIME, DROPTIME FROM DBA_RECYCLEBIN;

从"回收站"中恢复数据，语句如下：

FLASHBACK TABLE hr.mydep2 TO BEFORE DROP;

如果在删除表时使用了PURGE短语，则表及其关联对象就会被直接释放，空间被回收，相关信息就不会再进入"回收站"中了。例如，执行以下语句序列：

CREATE TABLE test_purge(ID NUMBER PRIMARY KEY , name CHAR(20));
DROP TABLE test_purge PURGE;
SELECT OBJECT_NAME,ORIGINAL_NAME,TYPE FROM USER_RECYCLEBIN;

此时，显示的"回收站"中的内容是没有表test_purge的。

由于被删除表及其关联对象的信息保存在"回收站"中，其存储空间并没有被释放，因此需要定期清空"回收站"，或清除"回收站"中没用的对象（表、索引、表空间），释放其所占的磁盘空间。

清除回收站的语句格式为：

PURGE [TABLE table | INDEX index]|
　[RECYCLEBIN | DBA_RECYCLEBIN]|
　[TABLESPACE tablespace [USER user]]

参数说明如下：
- TABLE：从"回收站"中清除指定的表，并回收其磁盘空间。
- INDEX：从"回收站"中清除指定的索引，并回收其磁盘空间。
- RECYCLEBIN：清空用户"回收站"，并回收所有对象的磁盘空间。
- DBA_RECYCLEBIN：清空整个数据库系统的"回收站"，只有具有SYSDBA权限的用户才可以使用。

- TABLESPACE：清除"回收站"中指定的表空间，并回收磁盘空间。
- USER：清除"回收站"中指定表空间中特定用户的对象，并回收磁盘空间。

例如，删除回收站中指定的数据，如表hr.mydep1，语句如下：

PURGE TABLE hr.mydep1;

例如，清空回收站，可以使用如下语句：

PURGE DBA_RECYCLEBIN;

> **拓展阅读**
>
> 探索建立面向未来的量子信息设施和试验环境，持续推进国家新型互联网交换中心、国家互联网骨干直联点结构优化和规模试点。
>
> ——《"十四五"国家信息化规划》

课后作业

1. 选择题

（1）（　　）是指查询过去某个时间段或某个SCN段内表中数据的变化情况。

  A. 闪回查询

  B. 闪回版本查询

  C. 闪回事务查询

  D. 闪回表

（2）闪回表利用的是UNDO表的历史数据，与UNDO_RETENTION设置有关，默认设置是（　　）min。

  A. 360

  B. 720

  C. 1 440

  D. 2 880

2. 填空题

（1）闪回技术包括_____、_____、_____、_____、_____、_____。

（2）闪回数据库是利用数据库的闪回恢复区中存储的_____和_____将数据库恢复到过去某个时间点的状态。

3. 实训题

（1）查询编号为13100的员工前一个小时的工资值。

（2）将test表恢复到2019-3-24 09:17:51的状态。

第 10 章 综合应用案例

内容概要

Java 2平台企业版（Java 2 Platform Enterprise Edition，J2EE）是目前流行的企业级软件应用开发标准，提供了丰富的企业软件组件和技术规范。基于MVC（Model-View-Controller，模型-视图-控制器模式）分层设计思想的软件开发模式，是当前应用软件开发的主流趋势。SSH（Struts+Spring+Hibernate）集成框架，是当前Java EE软件开发的主流框架之一，可以快速构建各类行业应用软件系统。本章选择SSH软件开发框架，开发基于Oracle数据库的应用系统——学校教学管理系统，以此示例使读者对Oracle数据库的应用有进一步的了解。

10.1 项目概述

教学管理是学校众多事务中最为核心和繁重的一项业务,也是广大学生读者非常熟悉的领域。随着信息技术的日益发展,利用高效的信息系统来提升学校的管理效率尤为必要。

教学管理涉及学生、教师和教务管理人员。本项目将基于J2EE架构,以MyEclipse为开发工具,采用SSH框架设计,实现一个基于B/S(browser/server,浏览器/服务器模式)架构的教学管理系统。该系统能给学生、教师和管理员提供不同的权限,各类人员可通过不同的操作来满足自己相应的需求:针对学生,要实现学生选课、查询选课信息和查询成绩等功能;针对教师,要实现查询自己教授的课程、查询对应课程的学生、给上课的学生判定成绩等功能;针对管理员,要实现管理教师、课程和学生等功能。教学管理系统的功能模块图如图10-1所示。

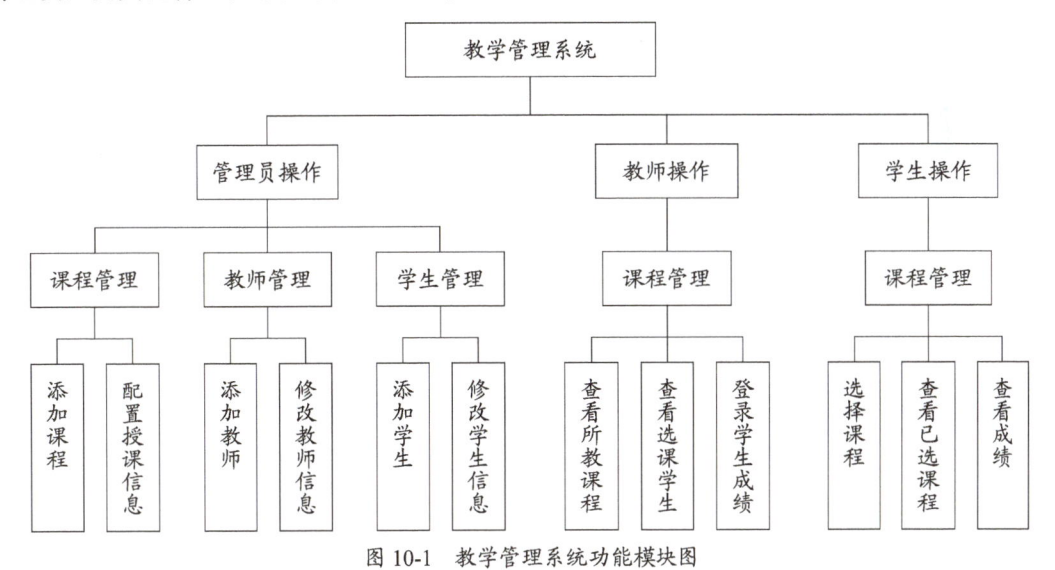

图 10-1 教学管理系统功能模块图

10.2 系统架构

MVC是模型(model)、视图(view)、控制器(controller)的缩写。MVC是一种软件设计范式,它用一种业务逻辑和数据与界面显示分离的方法组织代码,将业务逻辑聚集到一个部件里面,在改进和个性化定制界面及用户交互的同时,不需要重新编写业务逻辑。由于MVC采用的是功能分层的设计思想,因而非常适合大型应用软件的开发。

在本项目开发过程中,将采用SSH技术构建分层的体系结构,使教学管理系统的表示层、持久层和业务层分离,便于系统开发和项目后期的维护。SSH是指"Struts+Spring+Hibernate"的一个集成框架,是目前较流行的一种Web应用程序开发的开源框架。集成SSH框架的系统从职责上分为三层:表示层、业务逻辑层、数据持久层。这种框架可以帮助开发人员在短期内搭建出结构清晰、复用性好、维护方便的Web应用程序。

Struts2是一个基于MVC设计模式的Web应用框架,它本质上相当于一个服务器端组件(servlet),在MVC设计模式中,Struts2作为控制器,用于建立模型与视图的数据交互。在本项目开发中，将主要通过Strust2实现表示层，即实现教师、学生和管理员等不同用户的交互界面。

Hibernate是对象持久化框架，用于在实体类和数据库表之间建立关系。通过Hibernate，操作类就会触发相应的SQL语句，程序设计人员可以不用写任何基础的增、删、改的SQL语句，就可完成对数据库的操作。Hibernate对JDBC进行了非常轻量级的对象封装，可以在Servlet/JSP的Web应用中使用，也可以在应用EJB的J2EE架构中取代CMP，完成数据持久化的任务。在本项目开发中，通过编写Hibernate配置文件，连接到Oracle的教学管理数据库；利用Hibernate的自动映射功能，将所设计的数据库表映射为Java类对象；然后编写DAO（data access object，数据访问对象），使用Hibernate进行数据库的相关操作。

Spring是一个轻量级的基于控制反转（inversion of control，IOC）和面向切面编程（aspect oriented programming，AOP）的容器框架，它由Rod Johnson创建，目的是解决企业应用开发的复杂性。Spring框架是一个开源的框架，贯穿表现层、业务层和持久层。通过Spring可降低各层组件的耦合度，很好地实现SSH框架的解耦效果。在本项目中，将业务层的各项服务以Service类的形式封装，并将这些Service类在ApplicationContent.xml配置文件中进行注册，依赖Spring所提供的反射机制，配置文件里注册的服务类生成业务层的Bean对象，为表示层和持久层提供服务。

10.3 数据库设计

10.3.1 E-R图

教学管理涉及学生、教师和教务管理员3类人员，而课程是管理的主要对象。通过需求分析，系统可以创建的实体对象有教师、学生、管理员和课程。它们之间的关系为：教师可以讲授多门课程，每门课程也可以由多名教师授课；学生可以选修多门课程，每门课程也可以被多名学生选修；学生可以选学任意一名教师教授的课程，每名教师也可以教授多名学生。根据以上分析，可绘制出教学管理系统的E-R图，如图10-2所示。

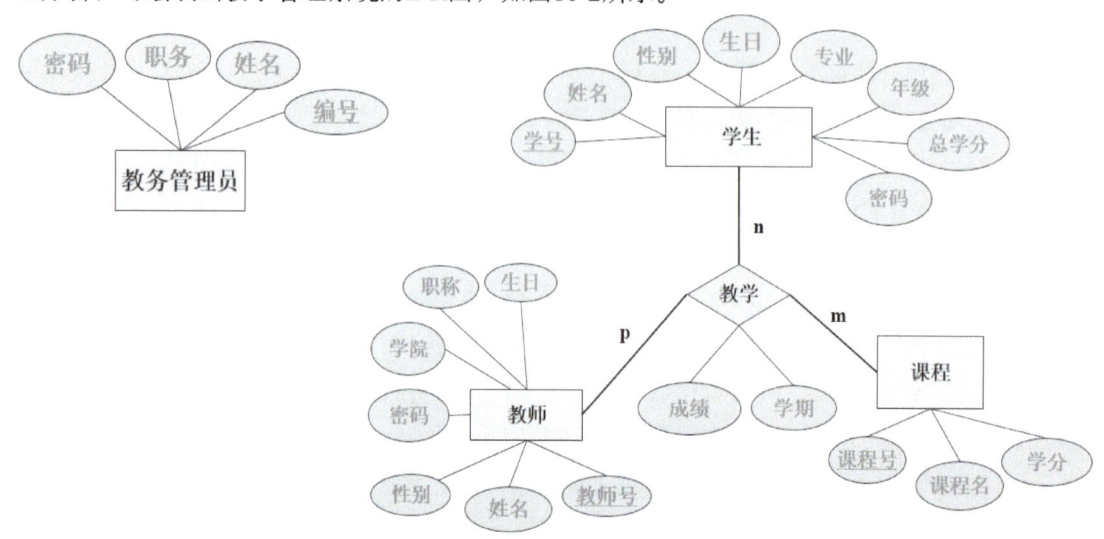

图10-2 教学管理系统的E-R图

10.3.2 表结构设计

根据教学管理系统的E-R图,将其转换为Oracle的关系表,转换规则如下:

(1)将E-R图的每个实体转换为一张表,实体的属性转换为表的列,标记为主码的属性转换为表的主键列。

(2)若实体间联系是m:n:p,则将联系也转换为表,表的列为三端实体类型的键(作为外键)加上联系类型的属性,表的主键为三端实体键的组合。

根据以上转换规则,并结合需求分析得到的实际情况,设计教学管理系统的表结构如表10-1~表10-5所示。

表10-1 学生表 T_Student

列名	描述	数据类型	可空	默认值	说明
XH	学号	CHAR(6)	×	无	主键
XM	姓名	CHAR(20)	×	无	
XB	性别	CHAR(2)	×	无	{男,女}
CSRQ	出生日期	DATE	√	无	
ZY	专业	CHAR(20)	×	无	
NJ	年级	CHAR(4)	×		
ZXF	总学分	NUMBER	√	0	
MM	密码	VARCHAR2(16)	√	无	

表10-2 课程表 T_Course

列名	描述	数据类型	可空	默认值	说明
KCH	课程号	CHAR(6)	×	无	主键
KCM	课程名	CHAR(20)	×	无	
XF	学分	NUMBER	×	无	

表10-3 教师表 T_Teacher

列名	描述	数据类型	可空	默认值	说明
JSH	教师号	CHAR(6)	×	无	主键
XM	姓名	CHAR(20)	×	无	
XB	性别	CHAR(2)	×	无	{男,女}
CSRQ	出生日期	DATE	√	无	
ZC	职称	CHAR(6)	√	无	{教授,副教授,讲师,助教}
XY	学院	VARCHAR2(12)	√	无	
MM	密码	VARCHAR2(16)	√	无	

表 10-4　教学安排表 T_TeachingArrangement

列名	描述	数据类型	可空	默认值	说明
XH	学号	CHAR(6)	×	无	复合主键之一，外键引用T_Student(XH)
KCH	课程号	CHAR(6)	×	无	复合主键之一，外键引用T_Course(KCH)
JSH	教师号	CHAR(6)	×	无	复合主键之一，外键引用T_Teachar(JSH)
XQ	开课学期	CHAR(12)	×	无	
CJ	成绩	NUMBER	✓	无	[0, 100]

表 10-5　管理员表 T_Manager

列名	描述	数据类型	可空	默认值	说明
GLYH	编号	CHAR(6)	×	无	主键
XM	姓名	CHAR(20)	×	无	
ZW	职务	CHAR(8)	×	无	{科员,副科,科长,副处,处长}
MM	密码	VARCHAR2(16)	✓	无	

10.3.3　创建数据库对象

数据库对象包括表空间、表、视图、索引、存储过程、函数、触发器等，下面分别创建项目中需用到的各主要数据对象。

（1）创建表空间Space_JXGL和临时表空间tmpSpace_JXGL。

表空间初始大小为500 MB，自动扩展，每次增加100 MB，最大为10 GB，分区管理模式为local模式；临时表空间初始大小为100 MB，每次增加20 MB，最大为10 GB。

--创建数据表空间Space_JXGL
CREATE TABLESPACE Space_JXGL
　　LOGGING
　　DATAFILE 'E:\Oracle_DBFile\MyData.dbf'
　　SIZE 500M
　　AUTOEXTEND ON
　　NEXT 100M MAXSIZE 10G
　　EXTENT MANAGEMENT LOCAL;

--创建临时表空间tmpSpace_JXGL
CREATE TEMPORARY TABLESPACE tmpSpace_JXGL
　　TEMPFILE 'D:\Oracle_DBFile\MytmpData.dbf'
　　SIZE 100M
　　AUTOEXTEND ON
　　NEXT 20M MAXSIZE 10G
　　EXTENT MANAGEMENT LOCAL;

（2）创建用户User_JXGL，并给用户授予DBA的权限和对表空间的使用权限。

```
CREATE USER User_JXGL IDENTIFIED BY pwd123
    DEFAULT TABLESPACE Space_JXGL
    TEMPORARY TABLESPACE tmpSpace_JXGL
    QUOTA 20M ON Space_JXGL;

GRANT CONNECT, RESOURCE, DBA TO User_JXGL;
GRANT UNLIMITED TABLESPACE TO User_JXGL;
```

（3）在表空间Space_JXGL中创建表。

① 创建学生表T_Student。

```
CREATE TABLE T_Student
  (
    XH          CHAR(6)              primary key,                          --学号
    XM          CHAR(20)             not null,                             --姓名
    XB          CHAR(2)      not null check(XB in ('男','女')),              --性别
    CSRQ        DATE                 null,                                 --出生日期
    ZY          CHAR(20)             not null,                             --专业
    NJ          CHAR(4)              not null,                             --年级
    ZXF         NUMBER               default(0),                           --总学分
    MM          VARCHAR2(16)    null                                       --密码
  ) TABLESPACE Space_JXGL;
```

② 创建课程表T_Course。

```
CREATE TABLE T_Course
  (
    KCH         CHAR(6)              primary key,                          --课程号
    KCM         CHAR(20)             not null,                             --课程名
    XF          NUMBER               not null                              --学分
  ) TABLESPACE Space_JXGL;
```

③ 创建教师表T_Teacher。

```
CREATE TABLE T_Teacher
  (
    JSH         CHAR(6)              primary key,                          --教师号
    XM          CHAR(20)             not null,                             --姓名
    XB          CHAR(2)      not null check(XB in ('男','女')),              --性别
```

```
    CSRQ      DATE               null,                                              --出生日期
    ZC        CHAR(6)            null
                                 CHECK(ZC in ('教授','副教授','讲师','助教')),        --职称
    XY        VARCHAR2(12)       null,                                              --学院
    MM        VARCHAR2(16)       null                                               --密码
) TABLESPACE Space_JXGL;
```

④创建教学安排表T_TeachingArrangement。

```
CREATE TABLE T_TeachingArrangement
(
    XH    CHAR(6)              not null,                                            --学号
    KCH   CHAR(6)              not null,                                            --课程号
    JSH   CHAR(6)              not null,                                            --教师号
    XQ    CHAR(12)             not null,                                            --开课学期
    CJ    NUMBER               CHECK( CJ>=0 and CJ<=100) ,                          --成绩
    CONSTRAINT PK_XKJ PRIMARY KEY (XH, KCH, JSH),                                   --主键约束
    --外键约束
    CONSTRAINT FK_XH FOREIGN KEY(XH) REFERENCES T_Student(XH) ON DELETE CASCADE,
    CONSTRAINT FK_KCH FOREIGN KEY(KCH) REFERENCES Course(KCH) ON DELETE CASCADE,
    CONSTRAINT FK_JSH FOREIGN KEY(JSH) REFERENCES T_Teacher(JSH) ON DELETE CASCADE
) TABLESPACE Space_JXGL;
```

⑤创建管理员表T_Manager。

```
CREATE TABLE T_Manager
(
    GLYH      CHAR(6)            primary key,                                       --编号
    XM        CHAR(20)           not null,                                          --姓名
    ZW        CHAR(8)            null
                                 CHECK( ZW in ('科员', '副科', '科长', '副处', '处长' )), --职务
    MM        VARCHAR2(16)       null                                               --密码
) TABLESPACE Space_JXGL;
```

（4）创建视图。

不同的用户，往往从不同的角度看待数据库中的数据，例如，教师比较关心自己的教学任务安排，学生更关注自己的选课结果，管理员关注的是教学效果，即教学成绩。为提高查询效率，简化查询操作，下面从不同用户的角度创建视图。

①创建教学任务视图V_TeachingTask。

```
CREATE VIEW V_TeachingTask
AS
SELECT T.JSH 教师号, T.XM 教师姓名, C.KCH 课程号, C.KCM 课程名, A.XQ 开课学期
FROM T_Teacher T, T_TeachingArrangement A , T_Course C
WHERE T.JSH=A.JSH AND A.KCH=C.KCH
```

②创建选课视图V_SelectiveCourses。

```
CREATE VIEW V_SelectiveCourses
AS
SELECT S.XH 学号, S.XM 学生姓名,C.KCH 课程号,C.KCM 课程名,A.XQ 开课学期
FROM T_Student S, T_TeachingArrangement A, T_Course C
WHERE S.XH=A.XH AND A.KCH=C.KCH
```

③创建成绩单视图V_Score。

```
CREATE VIEW V_Score
AS
SELECT S.XH 学号, S.XM 学生姓名, C.KCH 课程号, C.KCM 课程名, T.JSH 教师号, T.XM 教师姓名,
A.CJ 成绩, A.XQ 开课学期
FROM T_Student S, T_TeachingArrangement A, T_Course C, T_Teacher T
WHERE S.XH=A.XH AND C.KCH=A.KCH AND T.JSH=A.JSH
```

（5）创建索引。

Oracle的索引是一种物理结构，它能够提供一种以一列或多列的值为基础迅速查找表中行的能力。索引中记录了表中的关键值，提供了指向表中行的指针。学生姓名和教师姓名是教学管理系统查询时经常访问的列，因此，在这两个表上建立姓名的索引，可以提高系统的查询效率。

①在学生表的姓名列上创建一个非唯一索引。

```
CREATE INDEX Idx_Student_XM ON T_Student (XM)
   TABLESPACE Space_JXGL;
```

②在教师表的姓名列上创建一个非唯一索引。

```
CREATE INDEX Idx_Teacher_XM ON T_Teacher (XM)
   TABLESPACE Space_JXGL;
```

（6）创建存储过程和函数。

①创建一个存储过程Proc_GetInfoByCName，实现输入课程名称后，返回所有讲授该课程的教师中平均分最高的教师号、教师名称，以及成绩最高分、最低分和平均分（以参数形式返回）。

```sql
CREATE OR REPLACE Procedure Proc_GetInfoByCName(Cname IN VARCHAR2, Tno OUT VARCHAR2,
Tname OUT VARCHAR2, AvgScore OUT NUMBER, MaxScore OUT NUMBER, MinScore OUT NUMBER)
AS
BEGIN
    SELECT t.教师号 INTO Tno, t. AVG_Score INTO AvgScore
    FROM
        (
        SELECT 教师号, AVG(成绩) AVG_Score
        FROM V_Score
        WHERE 课程名=Cname
        GROUP BY 教师号
        ORDER BY AVG(成绩) DESC
        ) t
    WHERE rownum=1;

    SELECT 教师姓名 INTO Tname, MAX(成绩) INTO MaxScore, MIN(成绩) INTO MinScore
    FROM V_Score
    WHERE 教师号=Tno AND 课程名=Cname
END;
```

②创建函数，实现输入专业名称和课程名称后，返回该专业此门课程的平均分。

```sql
CREATE FUNCTION Fun_GetAvg(specialty VARCHAR2, cour_name VARCHAR2)
RETURN NUMBER
AS
    avg_cour NUMBER;
BEGIN
    SELECT AVG(成绩) INTO avg_cour
    FROM V_Score
    WHERE 课程名称 = cour_name AND 学号 IN
        (SELECT XSH FROM T_Student WHERE ZY= specialty）;
    RETURN(avg_cour);
END;
```

10.4 应用系统设计

SSH框架是以经典MVC模式分层的，分为表示层、业务逻辑层和数据持久层。客户端不直接与数据库交互，而是通过组件与中间层建立连接，再由中间层与数据库交互。本项目采用

Struts+Spring+Hibernate架构进行开发，用Hibernate进行持久层开发，用Spring的Bean来管理组件DAO、Action和业务逻辑，用Struts控制页面的跳转。

10.4.1 持久层设计

持久层利用Hibernate开发，通过以下几个步骤完成：

（1）编写Hibernate配置文件，连接到Oracle的教学管理数据库。

（2）生成简单的Java对象（Plain Ordinary Java Object，POJO）和Hibernate映射文件，将POJO和表映射，POJO中的属性和表中的列映射。

（3）编写DAO，使用Hibernate进行数据库操作。

1. 编写Hibernate配置文件

通过Hibernate封装好的数据库连接驱动，可以方便地访问各种数据库，这也是Hibernate的优势之一。Hibernate把数据库中的表持久化成实例对象，当需要使用的时候，直接通过Hibernate DAO层提供的接口调用实例方法。用户只需配置好Hibernate而无须关注如何实现，就能得到所需的数据库中的相关信息。

具体的Hibernate配置文件可参考如下内容：

```xml
<?xml version='1.0' encoding='UTF-8'?>
<!DOCTYPE hibernate-configuration PUBLIC "-//Hibernate/Hibernate Configuration DTD 3.0//EN"
"http://hibernate.sourceforge.net/hibernate-configuration-3.0.dtd">
<hibernate-configuration>
<session-factory>
<!-- properties -->

<!--Oracle 驱动程序 ojdbc14.jar-->
  <property name="dialect">org.hibernate.dialect.OracleDialect</property>
  <property name="connection.driver_class">oracle.jdbc.driver.OracleDriver</property>
<!-- JDBC URL -->
  <property name="connection.url">jdbc:oracle:thin:@localhost:1521:JXGLDB</property>
<!-- 数据库用户名-->
  <property name="connection.username">User_JXGL</property>
<!-- 数据库密码-->
  <property name="connection.password">pwd123</property>


<!-- mapping files -->
<mapping resource="hibernate/vo/student.hbm.xml"/>
<mapping resource="hibernate/vo/course.hbm.xml"/>
<mapping resource="hibernate/vo/teacher.hbm.xml"/>
```

```xml
<mapping resource="hibernate/vo/manager.hbm.xml"/>
<mapping resource="hibernate/vo/TeachingAarrangement.hbm.xml"/>
</session-factory>
</hibernate-configuration>
```

上述配置文件中包含数据库连接信息，如Oracle的用户名和密码、驱动程序、数据库的选择等配置信息，还包含Hibernate的mapping信息。当有请求发给Hibernate的时候，Hibernate会先在mapping中找到对应的XML文件，之后再做处理。

2. 生成POJO类及映射文件

将数据库表T_Student、T_Course、T_Teacher、T_TeachingAarrangement和T_Manager生成对应的POJO类及映射文件，放置在持久层的包中。包中包括学生实体类Student.java、学生实体类映射文件student.hbm.xml、课程实体类Course.java、课程实体类映射文件course.hbm.xml等。

通过MyEclipse中Hibernate反向工程，可以自动生成表对应的POJO类及相应的映射文件。限于篇幅的原因，下面仅列出学生实体类映射文件student.hbm.xml和学生实体类Student.java的代码。

（1）student.hdm.xml的代码如下所示。

```xml
<?xml version="1.0" encoding="utf-8"?>
<!DOCTYPE hibernate-mapping PUBLIC "-//Hibernate/Hibernate Mapping DTD 3.0//EN"
"http://hibernate.sourceforge.net/hibernate-mapping-3.0.dtd">
<hibernate-mapping>
    <class name="org.model.Student" table="T_Student" schema="dbo" catalog="JXGL">
        <id name="XH" type="java.lang.String">
            <column name="XH" length="6" />
            <generator class="assigned" />
        </id>
        <property name="XM" type="java.lang.String">
            <column name="XM" length="50" />
        </property>
        <property name="XB" type="java.lang.Byte">
            <column name="XB" />
        </property>
        <property name="CSRQ" type="java.util.Date">
            <column name="CSRQ" length="23" />
        </property>
        <property name="ZXF" type="java.lang.Integer">
            <column name="ZXF" />
```

```xml
        </property>
        <property name="ZY" type="java.lang.String">
            <column name="ZY" length="50" />
        </property>
        <property name="NJ" type="java.lang.String">
            <column name="NJ" length="10" />
        </property>
    </class>
</hibernate-mapping>
```

(2) student.java的代码如下所示。

```java
package org.model;
import java.util.Date;
/*  学生实体类   */
public class Student {
    private String XH;// 学号
    private String XM;// 姓名
    private String XB;// 性别
    private Date CSRQ;// 出生日期
    private int ZXF;// 总学分
    private String ZY;// 专业
    private String NJ;// 年级
    public int getXH() {
        return XH;
    }
    public void setXH(int XH) {
        this.XH = XH;
    }
    public String getXM() {
        return XM;
    }
    public void setXM(String XM) {
        this.XM = XM;
    }
    public String getXB() {
        return XB;
    }
    public void setXB(String XB) {
```

```java
    this.XB = XB;
}
public String getCSRQ() {
    return CSRQ;
}
public void setCSRQ(String CSRQ) {
    this.CSRQ = CSRQ;
}
public long getZXF() {
    return ZXF;
}
public void setZXF(long ZXF) {
    this.ZXF = ZXF;
}
public String getZY() {
    return ZY;
}
public void setZY(String ZY) {
    this.ZY = ZY;
}
public String getNJ() {
    return NJ;
}
public void setNJ(String NJ) {
    this.NJ = NJ;
}
public Student(int XH, String XM, String XB, String CSRQ, int ZXF, String ZY, String NJ) {
    this.XH = XH;
    this.XM = XM;
    this.XB = XB;
    this.CSRQ = CSRQ;
    this.ZXF = ZXF;
    this.ZY = ZY;
    this.NJ = NJ;
}
}
```

3. 实现DAO

将访问数据库的操作放到特定的类中去处理,这个对数据库操作的类称为DAO类。所有DAO层的实现类需要继承HibernateDaoSupport类。学生用户登录操作的DlDaoImp类参考代码如下,其他操作类读者可参考该DAO类进行改写。

```
package org.dao.imp;
import java.util.List;
import org.dao.DlDao;
import org.model.Student;
import org.springframework.orm.hibernate3.support.HibernateDaoSupport;
public class DlDaoImp extends HibernateDaoSupport implements DlDao{
    public boolean existXh(String xh) {
        List list=getHibernateTemplate().find("from student where xh=?",xh);
        if(list.size()>0)
            return true;
        else
            return false;
    }
    public Dlb find(String xh, String kl) {
        String str[]={xh,kl};
        List list=getHibernateTemplate().find("from student where xh=? and kl=?",str);
        if(list.size()>0)
            return (Student) list.get(0);
        else
            return null;
    }
    public void save(Student user) {
        getHibernateTemplate().sae(user);
    }
}
```

10.4.2 业务逻辑层设计

业务逻辑层主要实现对DAO层的调用,从而将表示层与持久层进行分离。一般可以通过Spring的配置文件对业务逻辑进行管理。

1. 依赖注入

Spring通过依赖注入,将实例化对象的属性赋值托管给配置文件,这样既增加了对象调用的灵活性,同时也简化了程序。依赖注入首先要在需要注入的类中声明一个变量(对象),同时生成该变量（对象）的set方法。其次需要在Spring配置文件中设置需要注入的对象。

例如，要在登录的DlServiceManage类中注入DlDaoImp实例化后的对象，步骤如下：

步骤 01 首先在DlServiceManage中声明DlDao，同时生成DlDao的set方法，参考代码如下：

```java
package org.service.imp;
import org.dao.DlDao;
import org.model.Dlb;
import org.service.DlService;
public class DlServiceManage implements DlService{
    //对DlDao进行依赖注入
    private DlDao dlDao;
    public void setDlDao(DlDao dlDao) {
        this.dlDao = dlDao;
    }
    public boolean existXh(String xh) {
        return dlDao.existXh(xh);
    }
    public Dlb find(String xh, String kl) {
        return dlDao.find(xh, kl);
    }
    public void save(Dlb user) {
        dlDao.save(user);
    }
}
```

步骤 02 在Spring的配置文件中进行配置，添加的配置项如下：

```xml
<bean id="dlService" class="org.service.imp.DlServiceManage">
    <property name="dlDao">
        <ref bean="dlDao"/>
    </property>
</bean>
```

2. 对业务逻辑增加事务管理

采用BeanNameAutoProxyCreator，根据Bean Name自动生成事务代理的方式。参考代码如下：

```xml
<bean id="transactionManager"
    class="org.springframework.orm.hibernate3.HibernateTransactionManager">
    <!-- HibernateTransactionManager bean需要依赖注入一个SessionFactory bean的引用-->
    <property name="sessionFactory">
```

```xml
        <ref local="sessionFactory" />
    </property>
</bean>
<!-- 配置事务拦截器-->
<bean id="transactionInterceptor"
class="org.springframework.transaction.interceptor.TransactionInterceptor">
    <!-- 事务拦截器bean需要依赖注入一个事务管理器 -->
    <property name="transactionManager" ref="transactionManager" />
    <property name="transactionAttributes">
        <!-- 下面定义事务传播属性-->
        <props>
            <prop key="delete*">PROPAGATION_REQUIRED</prop>
            <prop key="*">PROPAGATION_REQUIRED</prop>
        </props>
    </property>
</bean>
<!-- 定义BeanNameAutoProxyCreator,该bean不需要被引用,因此没有id属性,这个bean根据事务拦截器为目标bean自动创建事务代理-->
<bean class="org.springframework.aop.framework.autoproxy.BeanNameAutoProxyCreator">
    <!-- 指定对满足哪些bean name的bean自动生成业务代理 -->
    <property name="beanNames">
        <!-- 下面是所有需要自动创建事务代理的bean-->
        <list>
            <value>xsService</value>
            <value>kcService</value>
            <value>jsService</value>
            <value>glyService</value>
        </list>
        <!-- 此处可增加其他需要自动创建事务代理的bean-->
    </property>
    <!-- 下面定义BeanNameAutoProxyCreator所需的事务拦截器-->
    <property name="interceptorNames">
        <list>
            <value>transactionInterceptor</value>
            <!-- 此处可增加其他新的Interceptor -->
        </list>
    </property>
</bean>
```

10.4.3 表示层设计

Web应用的前端是表示层,用于实现用户交互,使用Struts2框架来实现。表示层的基本开发流程为:

步骤 01 配置web.xml,增加Struts2的过滤器和Spring的监听器,参考代码如下:

```xml
<filter>
    <filter-name>struts2</filter-name>
    <filter-class>
        org.apache.struts2.dispatcher.FilterDispatcher
    </filter-class>
</filter>
<filter-mapping>
    <filter-name>struts2</filter-name>
    <url-pattern>/*</url-pattern>
</filter-mapping>
<listener>
    <listener-class>
        org.springframework.web.context.ContextLoaderListener
    </listener-class>
</listener>
<context-param>
    <param-name>contextConfigLocation</param-name>
    <param-value>/WEB-INF/classes/applicationContext.xml</param-value>
</context-param>
```

步骤 02 配置Struts2的Action交由Spring来管理。

在struts.xml配置文件中添加的代码"`<constant name="struts.objectFactory" value="spring" />`"是告知Struts2运行时使用Spring来创建对象,Spring在其中主要做的工作就是注入实例,将所有需要类的实例都由Spring生成并管理。参考代码如下:

```xml
<constant name="struts.objectFactory" value="spring" />
```

新建JSP用户交互页面和Action动作交互类,并在struts.xml和applicationContext.xml文件中配置。以登录操作为例,新建DlAction类,该类要继承ActionSupport,同时该类要依赖注入Service层的Bean。

Action类的参考代码如下:

```java
package org.action;
import java.util.Map;
```

```java
import org.model.Dlb;
import org.service.DlService;

import com.opensymphony.xwork2.ActionContext;
import com.opensymphony.xwork2.ActionSupport;
public class DlAction extends ActionSupport{
    private DlService dlService;
    private Dlb dl;
    public Dlb getDl() {
        return dl;
    }
    public void setDl(Dlb dl) {
        this.dl = dl;
    }
    public DlService getDlService() {
        return dlService;
    }
    public void setDlService(DlService dlService) {
        this.dlService = dlService;
    }
    public String execute() throws Exception{
        Dlb user=dlService.find(dl.getXh(), dl.getKl());
        if(user!=null){
            Map session=(Map)ActionContext.getContext().getSession();
            session.put("user", user);
            return SUCCESS;
        }else
            return ERROR;
    }
}
```

在struts.xml配置文件中添加如下代码：

```xml
<action name="login" class="dlAction">
</action>
```

在Spring配置文件中增加该Action类的定义，并注入Service层的Bean。在applicationContext.xml配置文件中添加如下代码：

```
<bean id="dlAction" class="org.action.DlAction">
  <property name="dlService">
    <ref bean="dlService" />
  </property>
</bean>
```

步骤 03 界面设计。

下面以登录界面为例，介绍界面设计的方法。

首先，采用页面前端技术（HTML、CSS、AJAX等）设计并编写一个登录界面的JSP文件（Login.jsp），其图形界面显示如图10-3所示。

图 10-3　登录界面设计

与用户交互的JSP页面文件设计编写完成后，还需要在struts.xml文件中进行注册后才能被正确调用，即在struts.xml配置文件中添加如下代码：

```
<action name="login" class="dlAction">
  <result name="success">/Login_success.jsp</result>
  <result name="error">/Login.jsp</result>
  <result name="input">/Login.jsp</result>
</action>
```

附录 课后作业参考答案

第1章

1．选择题
（1）B　（2）C　（3）B
2．填空题
（1）人工管理阶段、文件系统阶段、数据库系统阶段
（2）外模式、模式、内模式
3．思考题
（1）参考第1.1.1节中的内容。
（2）参考第1.4.3节中的内容。
（3）参考第1.5节中的内容。

第2章

1．选择题
（1）C　（2）A
2．填空题
（1）数据字典表、数据字典视图
（2）逻辑存储结构、物理存储结构
3．实训题（略）

第3章

1．选择题
（1）C　（2）D　（3）B
2．填空题
（1）数据定义、数据操纵、数据控制
（2）DISTINCT
（3）COUNT、SUM
3．实训题（略）

第4章

1．选择题
（1）A　（2）D
2．填空题
（1）声明游标、打开游标、提取游标、关闭游标
（2）说明部分、包体部分
（3）DML触发器、INSTEAD OF触发器、系统触发器
3．实训题（略）

第5章

1．选择题
（1）B　（2）B　（3）C　（4）B

2．填空题
（1）OracleOraDB19Home1TNSListener、OracleServiceSID、OracleJobSchedulerSID
（2）终止例程
（3）PRIMARY KEY
（4）ALTER TABLE
（5）CREATE INDEX
3．实训题（略）

第6章

1．选择题
（1）C　（2）A　（3）D
2．填空题
（1）系统权限、对象权限
（2）权限管理、角色管理、概要文件管理
3．实训题（略）

第7章

1．选择题
（1）A　（2）D　（3）C
2．填空题
（1）系统数据、数据字典数据、索引数据、应用数据
（2）读写、只读、脱机
3．实训题（略）

第8章

1．选择题
（1）D　（2）A
2．填空题
（1）网络连接文件、控制文件、联机重做日志文件
（2）脱机备份、联机备份
3．实训题（略）

第9章

1．选择题
（1）B　（2）C
2．填空题
（1）闪回查询、闪回版本查询、闪回事务查询、闪回表、闪回删除、闪回数据库
（2）回收站、回收恢复区
3．实训题（略）

参考文献

[1] 王英英. Oracle 19c 从入门到精通 [M]. 北京：清华大学出版社, 2021.

[2] 朱亚兴. Oracle 数据库系统应用开发实用教程 [M]. 3 版. 北京：高等教育出版社, 2019.

[3] 张华. Oracle 19C 数据库应用：全案例微课版 [M]. 北京：清华大学出版社, 2022.

[4] 赵明渊. Oracle 数据库教程 [M]. 2 版. 北京：清华大学出版社, 2020.

[5] 郑阿奇. Oracle 实用教程：Oracle 11g 版：含视频教学 [M]. 5 版. 北京：电子工业出版社, 2020.

[6] 尚展垒, 杨威, 吴俭. Oracle 数据库管理与开发：慕课版 [M]. 2 版. 北京：人民邮电出版社, 2021.